講談社選書メチエ

750

機械式時計大全

山田五郎

MÉTIER

亡きG・ダニエルズ博士（右）と古川直昌さんの想い出に

目次

第2章 複雑機構 107

第4章 機械式時計の現状と主なブランド

序章

そもそも機械式時計とは

1 機械式とクオーツ式

人は空間を目で見ることはできますが、時間は直接知覚できません。だから時間の経過を目に見える空間上の変化に置き換えて計る道具、つまり時計を作りました。人類が文明を築く上で、時計は空間を測る物差しと同じくらい重要な発明だったといっても過言ではありません。

最初に作られたのはおそらく**日時計**でしょう。人は太陽が作る影の変化で時間の経過を知り、そこに目盛を刻むことで時間を単位で計れるようになりました。けれども日時計は夜や雨天には使えず、緯度や季節で時間の尺度が変わります。そこで次に**水時計**が登場し、自然条件に左右されない普遍的な時間の概念と、水の重さを動力にしたメカニズムが育《はぐく》まれました。すでに古代ギリシャ時代には、時報や天体表示を歯車機構で動かす水時計が作られていたようです。

その他にも**砂時計**や**蠟燭時計**などさまざまな時計が考案されてきましたが、中でも画期的だったのが13世紀のヨーロッパで発明された**機械式時計**です。人類は機械式時計のおかげでいつでもどこでも秒単位の時刻を知り、社会で共有できるようになりました。今日でも日常的に使われている腕時計の大半は、機械式か**クオーツ式**のどちらかです。

機械式腕時計の復活

クオーツ式とは水晶発振子の振動で調速する、電気で動く時計のこと。元々の原理からして機械式より精度が高い上に量産しやすく、最近では標準時電波やGPS信号を自動受信する正確無比な**電波時計**や**GPSウォッチ**が数万円で売られています。

日本の服部時計店（現・セイコーウオッチ　以下「セイコー」と略）が世界初のクオーツ式腕時計〝クオーツアストロン〟を発売したのが1969年のクリスマス。当時の中型の普通乗用車1台とほぼ同じ値段の超高級機でした。そのクオーツ式が、'70年代後半に入ると量産化が進んで価格も下がり、腕時計市場をたちまち席巻。それまで700年以上の歴史を謳歌してきた機械式は、'80年代には絶滅の危機が囁かれるまでになってしまいました。

ところが**'90年代に入ると腕時計の分野ではなぜか機械式の人気が復活**。今日では「機械式を選ばなければ真の時計好きではない」といわんばかりの風潮さえ見受けられます。

より高機能で安価な新技術に駆逐された旧技術がここまで完全に復活した例は、他に見当たらないでしょう。アナログレコードがどんなに味わい深くてもデジタル音源の普及は止まず、マニュアル車の運転がいかに楽しかろうとAT車の市場は揺るぎません。けれども腕時計に限っては、一度は絶滅しかけた機械式が高級品の代名詞となってクオーツ式から売り場を取り戻し、何百万円もする機械式の時刻を数万円のクオーツ式で合わせて喜ぶ時計好きが後を絶たないのです。

それは**機械式腕時計が単に時刻を知るための道具ではなく**、それ以上に人を惹きつける大きな魅力を秘めているからではないでしょうか。

2 そもそも「機械式」とは何か

にもかかわらず機械式とは何かという肝心の定義に関しては、意外なほど知られていません。筆者は百貨店の時計フェアなどで講演する際は最初に「機械式時計とはどういう時計だと思われますか?」とうかがってみることにしていますが、そういう場にいらっしゃるほどの時計好きでも正確に答えられる方は少ないのです。

最初にあがる声で最も多いのが「手巻時計」。でも自動巻もありますよねというと、次に返ってくる答えが「ゼンマイ時計」です。確かに現在流通している機械式腕時計の大半はゼンマイ動力ですが、童謡の『大きな古時計』で歌われるロングケース・クロックなどは錘《おもり》が下がる力で動く機械式。かつては「電磁テンプ式」といって電気で動く機械式(シチズン時計〝コスモトロン〟など)もありましたし、現在では逆にゼンマイで動くクオーツ制御の機械式ともいえる腕時計(セイコーの〝スプリングドライブ〟はゼンマイで歯車を動かすと同時に発電し、水晶発振子で調速)も存在します。つまり、機械式の定義は動力機構にはないということです。

そこまでいうと、今度は「歯車時計」という声があがります。確かにドイツ語で「Räderuhr(歯車時計)」とも呼ばれるように全ての機械式時計は歯車を用いていますが、古代ギリシャの水時計も複雑な歯車機構を持っていましたし、クオーツ式でもアナログ表示の時計はモーターが歯車を回しています。機械式か否かは、歯車という伝達機構で決まるわけでもありません。

さらに、アナログ表示のクオーツ式もデジタル表示の機械式も存在する以上、表示機構もまた機械式の定義とはなりえないでしょう。

そうなると、残る要素はただひとつ。時計が進む速度を一定に保つ調速機構しかありません。事実、動力や伝達や表示方式を問わず全ての機械式時計は、**歯車の回転の停止と解放を一定周期で繰り返す「脱進機」と呼ばれる機構**で機械的に調速されているのです。

機械式は音でもわかる

ようやく正解にたどり着きました。**「機械式とは脱進機で調速する時計」**。これが正しい定義です。脱進機の仕組みについては次章で詳述しますが、歯車と爪が一定周期でぶつかり合う構造上、俗に「チクタク」と表現される打撃音を発します。クオーツ式の場合はデジタル表示なら無音ですし、アナログ表示ならステップモーターが「ザッザッ」と回る音が聞こえます。つまり、**「機械式とはチクタク音がする時計」**と定義しても間違いではなく、この方がわかりやすいかもしれません。

この脱進機、英語の**「escapement」**の訳語（古くは「逃がし止め」とも訳されました）ですが、言葉として馴染みがない以前に存在自体があまり意識されていないようです。機械式時計の定義があやふやになりがちな原因もここにあるといえるでしょう。

なぜそうなるかというと、脱進機を筆頭に機械式時計の構造は、動きを目にすれば直観的にわかるのに言葉で理解しようとすると途端にややこしくなるからです。そして、まさにこの**「筆舌に尽くしがたい精緻な動きを目で見て楽しめる」**という点こそが、クオーツ式にはない機械式ならではの魅力であり、人気が復活した理由でもあるのです。

そこで本書はまず「筆舌に尽くしがたい基本構造を言葉で説明する」という無謀な試みに挑むことから始めたいと思います。メカにご興味のない方には退屈かもしれませんが、ここを理解しているといないとでは時計の選び方も大きく違ってきますので、少しの間ご辛抱なさってお付き合いいただければ幸いです。

第1章

機械式時計の基本構造

機械式腕時計各部の名称

●各部分はそれぞれ別の時計の一部を簡略化した図解です。
●1 などの番号は，第１章で解説する節の番号に対応しています。

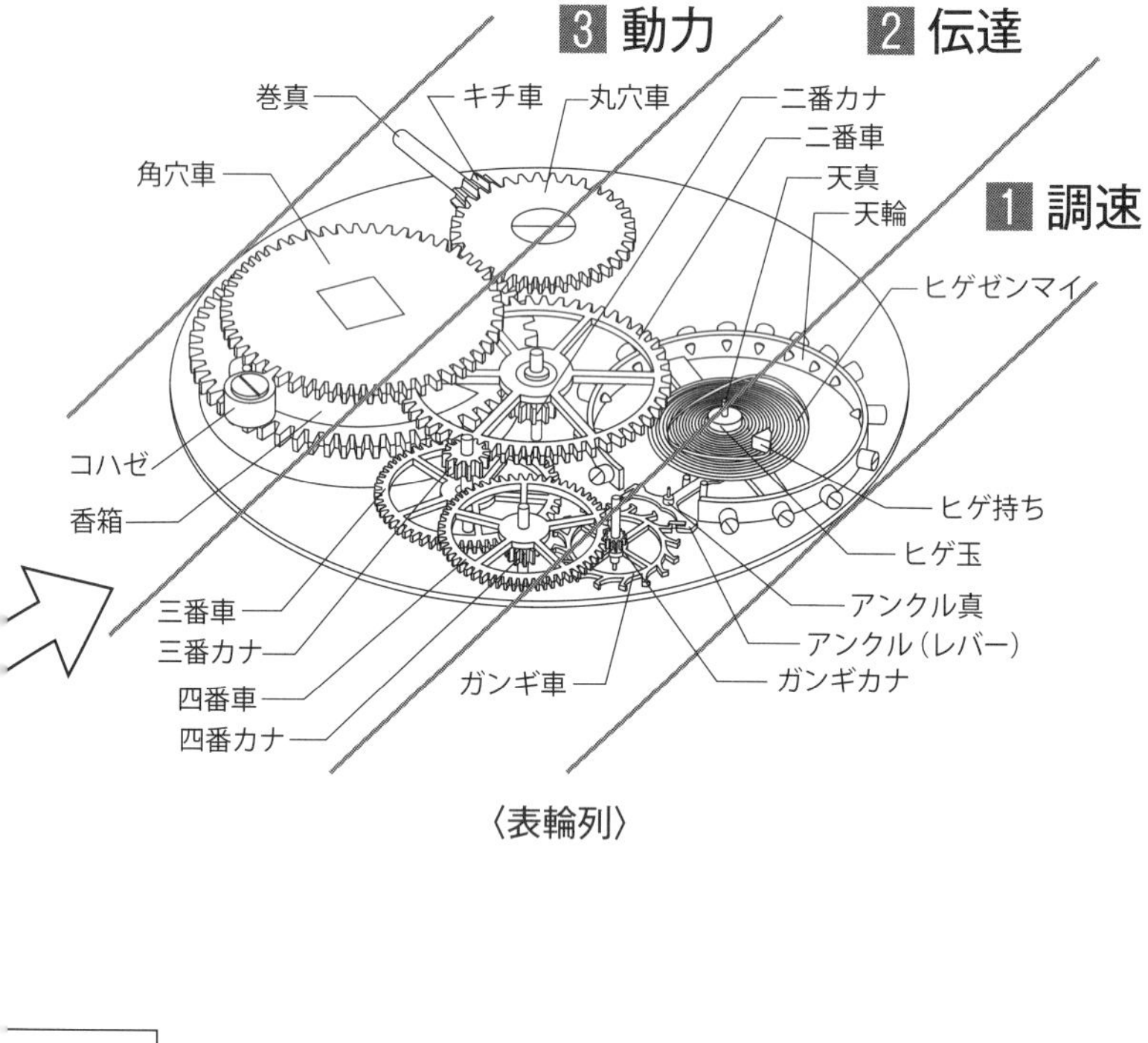

〈表輪列〉

メント

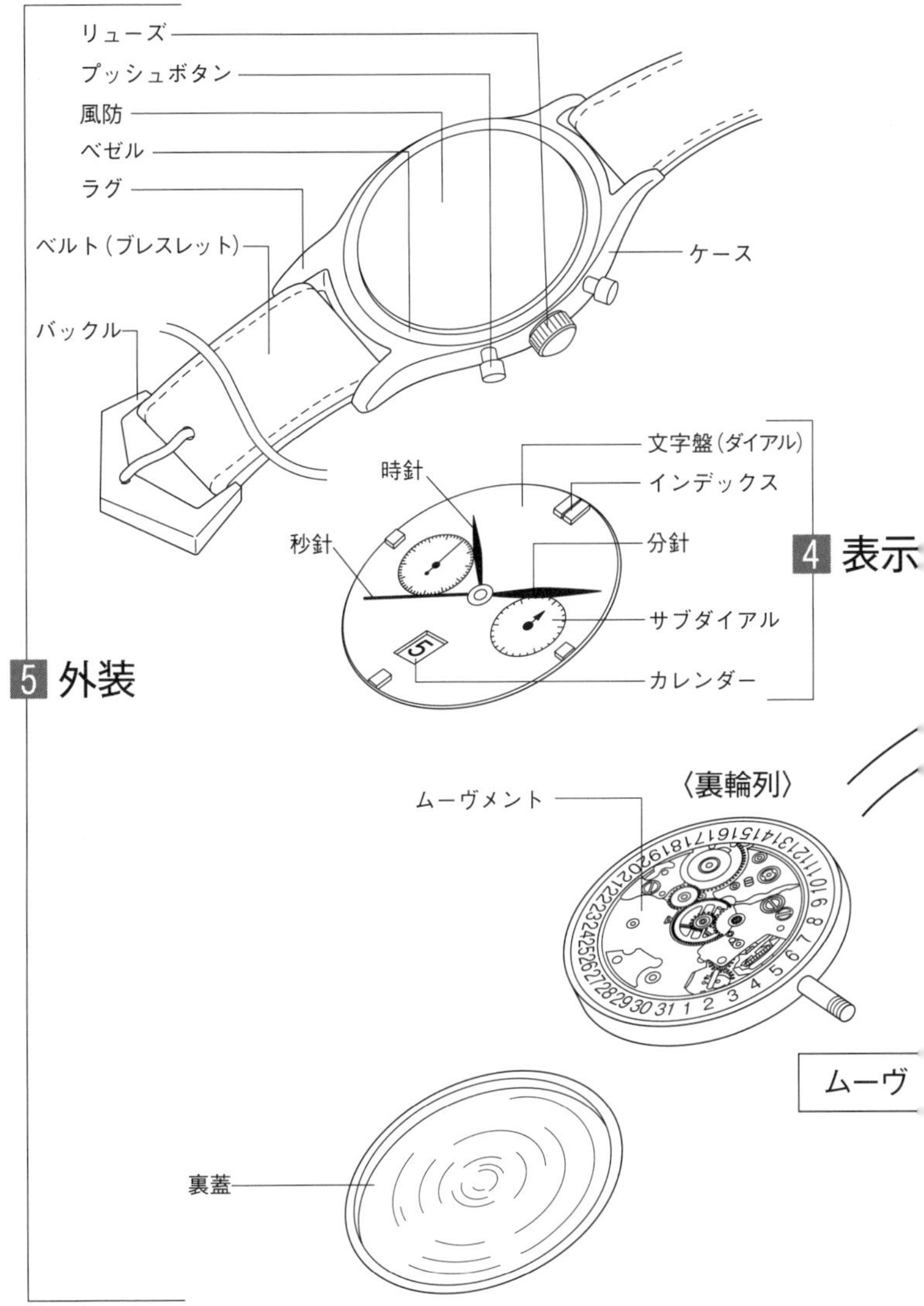
リューズ
プッシュボタン
風防
ベゼル
ラグ
ベルト(ブレスレット)
バックル
ケース
文字盤(ダイアル)
時針
インデックス
秒針
分針
4 表示
サブダイアル
カレンダー
5 外装
〈裏輪列〉
ムーヴメント
ムーヴ
裏蓋

1 調速機構（脱進機と補正機構）

1-1 機械式腕時計の心臓は「レバー脱進機」

機械式時計の調速機構は、歯車の回転の停止と解放を一定周期で繰り返す脱進機。**機械式時計の歴史は脱進機の歴史**だったといっても過言ではありません。

13世紀に発明されたといわれる最初の脱進機は**「ヴァージ&フォリオット脱進機」（図1）**。その名の通り、T字型の縦棒**（ヴァージ）**の上下に90°ほどの開きで爪**（パレット）**が付いています。上の爪が王冠型のガンギ車**（クラウンホイール）**の歯に当たって回転を停め、すぐに押し戻されて横竿**（フォリオット）**が回ると、今度は下の爪がガンギ車の歯に当たって回転を止め、また押し戻されて横棒が逆回転。この往復回転を繰り返す仕組みです。図は置時計用ですが、ヴァージ脱進機は携帯時計にも使われ、横竿の代わりに丸い輪**（円テンプ＝天輪《てんわ》）**が採用されるようになっていきます。

往復回転の周期を制御するのは、（ガンギ車の回転トルクと）横竿や天輪の慣性モーメントだけ。このため、**機械式時計の精度は1日に数十分の誤差が出るのも当たり前な状態が４００年近くも続き**ました。

ところが、詳しくは第3章で述べますが、17世紀に入って科学者たちが「経度の発見」のためにより正確な時計の開発に取り組み、それ自体が等時性を持つ振動で制御する脱進機が登場。それが**振子**と

ヒゲゼンマイ（23頁参照）です。バネの振動が持つ等時性を利用するヒゲゼンマイは、オランダの科学者**C《クリスティアーン》・ホイヘンス**（Huygens, Christiaan：1629-95）が1675年に発明し、今日に至るまでほぼ全ての機械式腕時計に用いられています。

一方、ヴァージよりも精密な停止・解放機構の開発も時を同じくして進み、**「シリンダー」**、**「デュプレックス」**、**「デテント（クロノメーター）」**（**図2**）など、さまざまな脱進機が開発されてきました。とはいえ、ヒゲゼンマイの振動で歯車と爪が一定周期で嚙み合って停止と解放を繰り返すことで時計を調速する基本原理は同じなので、ここではおよそ200年前に完成し今日に至るまで機械式腕時計の大半に使用されている**「スイス式クラブトゥース・レバー脱進機」**（**図2、3**）についてのみ解説しましょう。

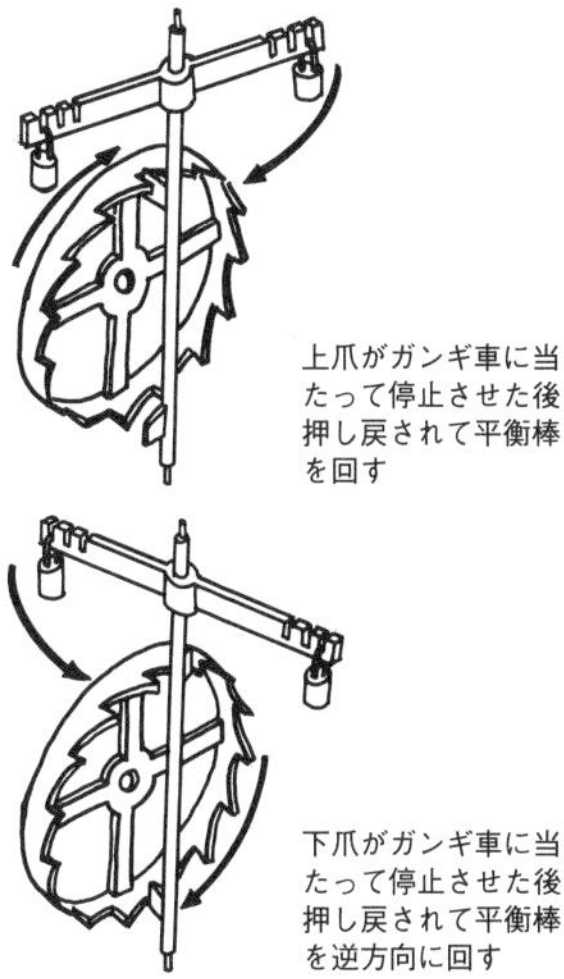
上爪がガンギ車に当たって停止させた後押し戻されて平衡棒を回す
下爪がガンギ車に当たって停止させた後押し戻されて平衡棒を逆方向に回す
図1　ヴァージ&フォリオット脱進機

レバー脱進機とは、**「ガンギ車」**に嚙み合う爪が、ヴァージ脱進機のような縦軸ではなく水平な**「レバー」**に付いた脱進機。その原型は1750年代にイギリスの**T《トマス》・マッジ**（Mudge, Thomas：1715-94）が開発し、ガンギ車の歯（トゥース）が尖っていることから、**「英国式ポインテッドトゥース・レバー脱進機」**と呼ばれます。ちなみにガンギ（雁木）車という日本名も、歯の形からきています。

そこからスイス出身でフランスで活動した時

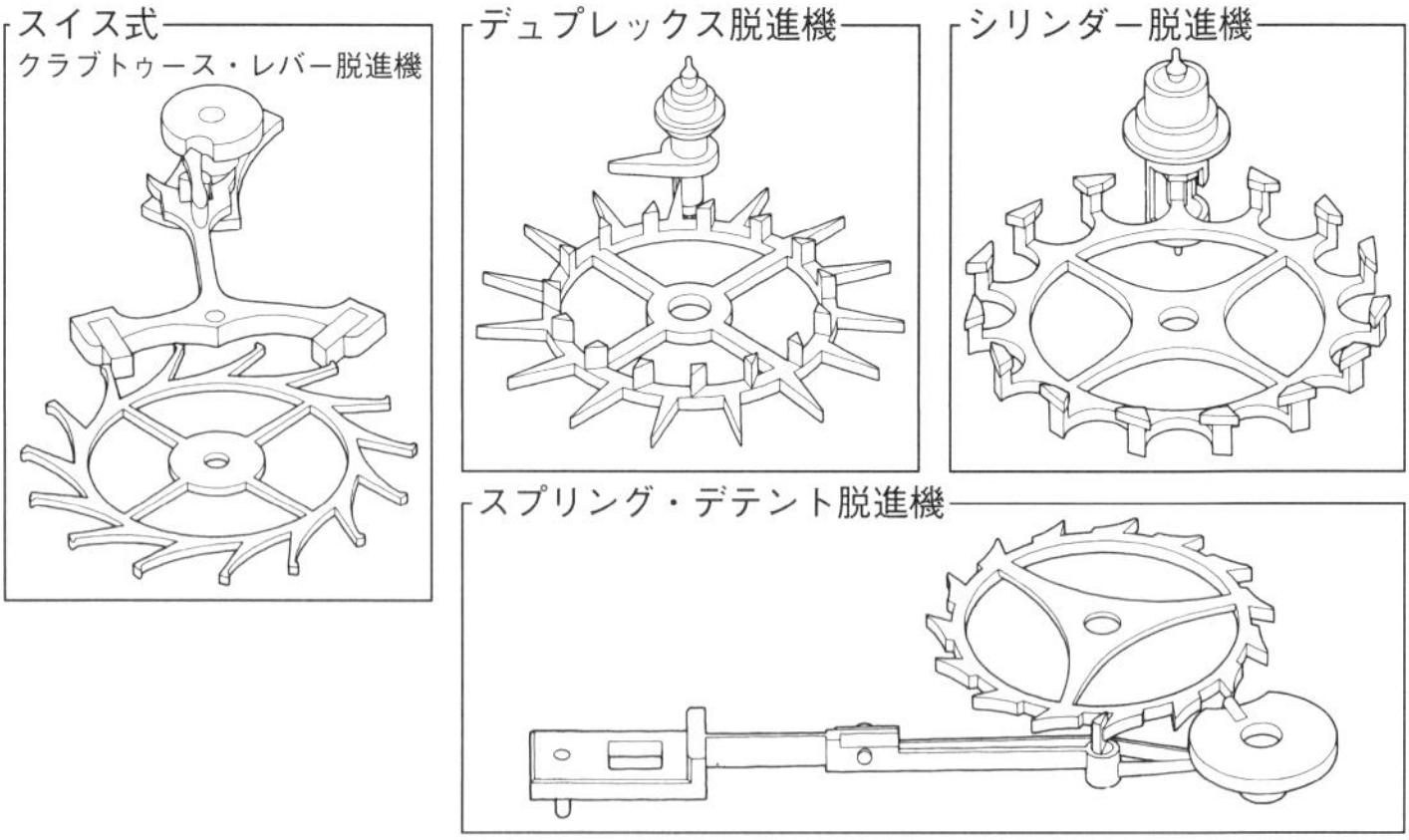

図2　代表的な脱進機

計師A《アブラアム》＝L《ルイ》・ブレゲ（Breguet, Abraham-Louis：1747–1823）らの改良を経て19世紀初頭に完成したのが、スイス式クラブトゥース・レバー脱進機。スイス製の時計によく使われ、ガンギ車の歯がゴルフのクラブに似ているのでこう呼ばれましたが、今日では世界中でこの形がデフォルトになっているため、単に「**レバー脱進機**」というだけで普通はこのタイプを意味します。なお、錨《いかり》（アンカー、フランス語でアンクル）の形に似た逆T字型レバーを「**アンクル**」と呼ぶことから、「アンクル（アンカー）脱進機」と表現されることもありますが、振子時計用の脱進機にも同じ名の別物（237頁参照）があって混同しやすいのでおすすめしません。

1-2 レバー脱進機の基本構造

スイス式クラブトゥース・レバー脱進機（以下、レバー脱進機）を構成するのは、「**テンプ**」と「**アンクル**」と**ガンギ車**の3要素（**図3**）。テンプの回転軸である「**天**《てん》

真《しん》」には「**天輪**」と、「振り石」を据えた「**振り座**」、「**ヒゲゼンマイ**」を巻き付ける「**ヒゲ玉**」が同軸上に重なります。アンクルの横棒部（**アンクル腕**）の両端にはガンギ車と噛み合う「**爪**（**パレット**）」、縦棒部（**アンクル竿**）の先端には二股になった「**クワガタ**」が。振り石が往復するたびにクワガタに当たり、腕と竿の交点にある「**アンクル真**」を中心にアンクルを左右交互に振ります。竿の両脇にある

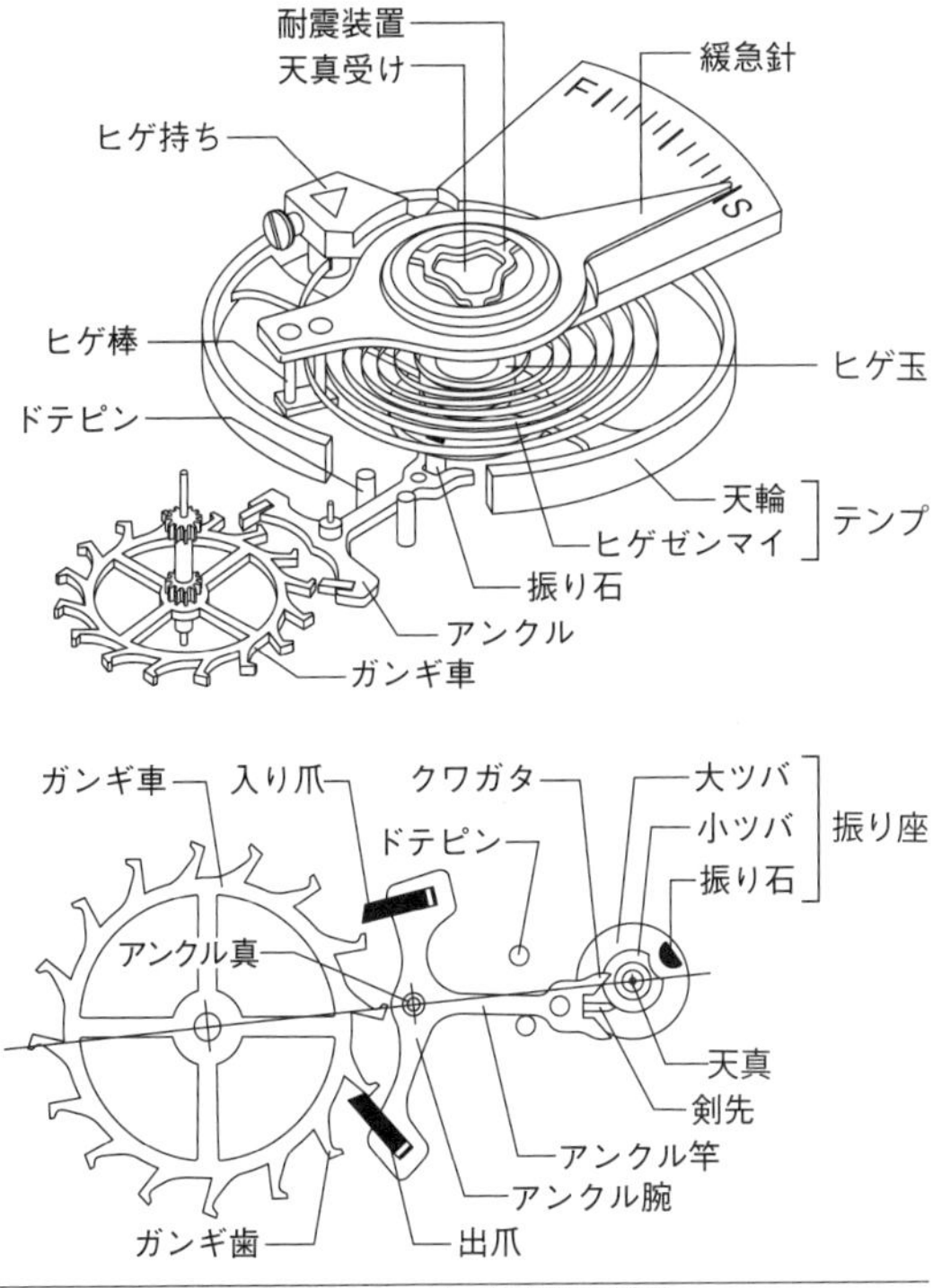

図3　スイス式クラブトゥース・レバー脱進機の構造

「**ドテピン**」は、アンクルが振れすぎないようにする止め棒。振り座に重なる「**小ツバ**」とクワガタの間に伸びる「**剣先**」は、時計が外力を受けた際にアンクルが不慮の振れ方をしないようにする安全装置です。

時計が歩く速さを決める

「**天府**」と当て字されることもあるテンプはラテン語のtempus（時間・テンポ）に由来し、その名の通り時計が進むテンポを決める心臓部。ヒゲゼンマイが天輪の回転で巻かれたりほどかれたりするにつれ反発力を高めてゆき、それが天輪の慣性力を上回ると弾き返して逆回転する動きを繰り返し、そのたびにヒゲゼンマイが心臓のように膨張・収縮します。

天輪の**慣性モーメント**とヒゲゼンマイの**弾性係数**（バネ定数とも）が変わらないかぎり、テンプの振動周期は常に一定。理論上は「**振り角**」（天輪の振り幅）の大小を問わず一定周期を保つこの性質を、「**等時性**」と呼んでいます。

現実には、部品同士の摩擦や気温など諸条件の変化に加え天輪やヒゲゼンマイの重心が偏ることなどで等時性は乱れ、振り角の大きさも影響します。そこで天輪にはバランスを調整する「**チラネジ**」（33頁参照）、ヒゲゼンマイには重心移動を少なくする「**内端カーブ**」をつけるなど、さまざまな工夫がなされます。ちなみに振り角の変化による等時性の乱れを補正するため外端を上に巻上げた「**巻上げヒゲ**」（18頁の図参照）はA＝L・ブレゲが考案したので「**ブレゲひげ**」、巻上げるカーブの形はそれを理論化した**E**《エドゥアール》**・フィリップス**（Phillips, Edouard：1821–89）の名を取って「**フィリップス外端曲線**」

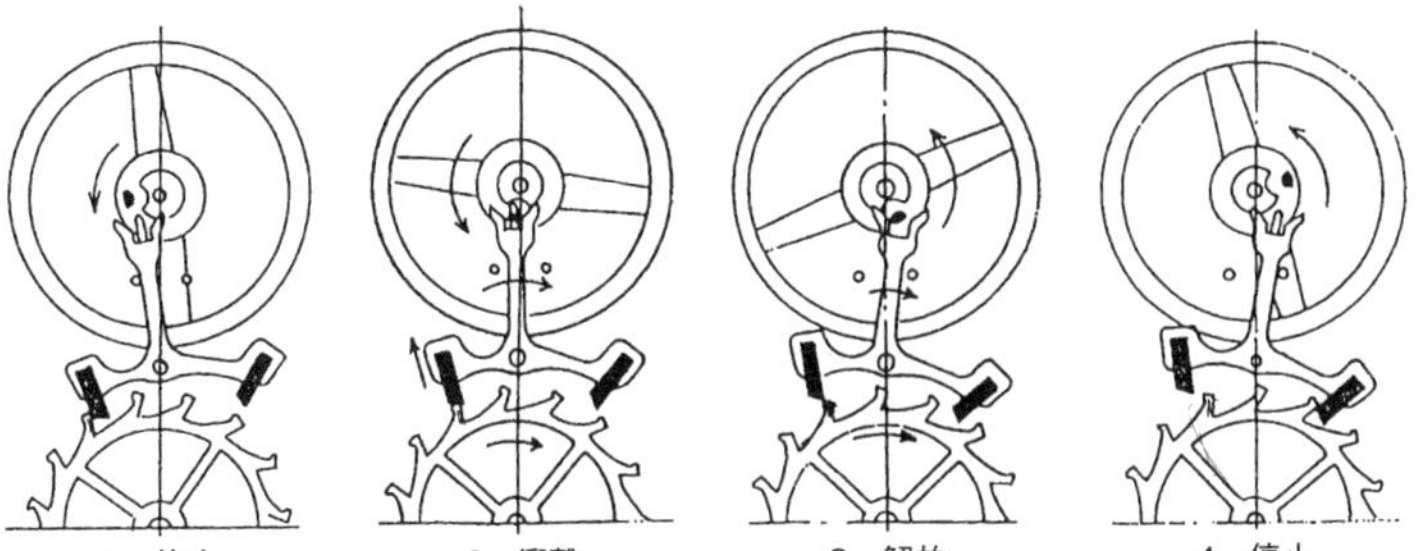

図4　レバー脱進機の基本動作

と呼ばれます。時計のカタログや専門誌にたまに出てくる用語なので覚えておいて損はないでしょう。

また、テンプが司る時計の精度、つまり誤差の範囲を「**歩度**」と呼び、「**日（月・年）差±〇秒（分）**」という表し方をすることは、ぜひ覚えておいてください。テンプという心臓部が、時分針という足の歩く速度を決めるわけです。

脱進機の動きは動画で見たい

天輪の周期運動がどのように歯車の回転を制御してゆくかは、動画では一目瞭然ですが図では理解しづらく、言葉では説明すればするほどかえってわからなくなってしまいがち。腕時計の場合は脱進機が小さく動きも速いので、実物をご覧になって肉眼で確認することも困難です。けれども幸いなことに今日では、インターネット上に脱進機の動作を拡大スローモーションやアニメーションで解説してくれる動画が数多く上がっています。「lever escapement animation」などで検索していただけばすぐに見つかりますので、ここから先はぜひ動画をご覧になりながらお読みください。

図4に示したのは、レバー脱進機の動作の大雑把な流れです。テンプの振り座に付いた振り石が往復するたびに、アンクルのクワガタを左右交互に蹴ってレバーを振り、横棒が左に傾けば左の爪、右に傾けば右の爪がガンギ車の歯に当たって回転を**「停止」**。やがてヒゲゼンマイの反発力で天輪が反転し、振り石がレバーを逆方向に蹴ると、爪が外れてガンギ車が**「解放」**され、反対側の爪が別の歯に当たって再び止まるまで回ります。

ガンギ車の歯は解放される過程で爪を押し上げ、その動きがレバーを介して振り石に順方向の**「衝撃」**を与え、天輪に回転力を供給――。かくして天輪は摩擦で止まることなく一定周期で往復し続け、ガンギ車はその周期に合わせて停止・衝撃・解放を繰り返しながら常に一定速度で回り続けるという流れです。

シンプルだからこそ奥が深い

レバー脱進機は数ある脱進機の中でもとりわけ薄型化と小型化に適し、シンプルな構造で扱いやすくメンテナンス性にも優れています。だからこそ懐中時計時代から200年以上も使われ続けているわけですが、かといって進化が止まっているわけではありません。レバー脱進機はシンプルな構造ゆえに、設計や素材、加工の微妙な差が精度に大きく反映します。そして、これもシンプルな構造ゆえに、100点満点で70点くらいまでの精度を出すのは容易でも、そこから先はどんどん難しくなっていくそうです。そのため、今日でもさまざまな新設計や新素材による開発が途絶えることなく続いています。

ですから一口にレバー脱進機といっても、見た目も性能も千差万別。機械式時計の値段は、そういうところでも違ってきます。時計好きはえてして複雑な機構の方が高級だと思い込みがちですが、見た目に惑わされているだけで実際はむしろ逆。**メカニズムはシンプルな方が誤差や故障が少なく修理しやすい上にエネルギー効率も優れています。**レバー脱進機の精度を極めたといわれるF.P.ジュルヌの〝クロノメーター・スヴラン〟をはじめ本当の意味で高級な時計のレバー脱進機は、意外なほどシンプルでさりげない見た目をしているものです。

1-3 「ハイビート」と「ロービート」

テンプが往復するテンポは、時計によって違います。ややこしいのは、そのテンポを表すのに3種類の方式があり、雑誌等でもしばしば混在している点です。

機械式時計の脱進機は、テンプの往路と復路でそれぞれ1回ずつガンギ車を解放します。このため、時計の世界では古くから、**テンプの往復回転を片道で1振動と数える特殊な単位**が使われてきました。これが第1の方式で、1秒間に何振動するかで「5振動」や「8振動」と数えることが多いのですが、2番目の方式として1時間あたりの振動数で表すこともあり、この場合は「1万8000振動」や「2万8800振動」と数字が3600倍になります。さらに最近では、振動数の国際単位であるHzで表す第3の方式も増加。**Hzは1秒間あたりの往復振動数**で表すため、5振動は2・5Hz、8振動は4Hzと、数字が半分になる点にご注意ください。

一般に**8振動以上を「ハイビート」**、**未満を「ロービート」**と呼んでいます。ハイビートを代表するムーヴメントとしてはゼニスが供給する〝エル・プリメロ〟やセイコーの〝9S85〟(共に10振動)、ロービートではユニタスが開発し現在はETAが供給する〝cal.6497-1〟(5振動)などがよく知られています。ちなみに〝**cal.**〟はムーヴメントの型式を意味する**「キャリバー(caliber)」**の略語で、この先もしばしば登場しますので覚えておいてください。

文字盤の目盛をどれだけ細かく刻もうが、歯車の組み合わせで秒針の動きをどこまで細分化しようが、機械式時計が計測できる時間の最小単位はテンプの振動数を超えられず、5振動は5分の1秒、10振動は10分の1秒まで。つまり、**振動数が多い方がより細かい時間まで計れる**ということです。さらに、振動数が増えれば天輪の回転速度も速くなって遠心力が高まるため、等時性もより安定しやすくなります。

振動数だけで優劣は決まらない

こう書くと、あらゆる点でハイビートの方が優れているように聞こえますが、必ずしもそう言い切れないのが機械式時計の奥深いところ。ハイビートには、テンプの往復回数が多い分だけエネルギーを消費して**「パワーリザーブ**(ゼンマイ動力の持続時間)**」**が短くなり、部品の摩耗も進みやすいという短所もあるのです。一方、ロービートには逆の長所と短所があるわけで、結局はどちらも一長一短。今日では精度に優れたロービートや、パワーリザーブと耐久性が改善されたハイビートも多いので、振動数だけで一概に優劣はつけられません。

時間を細かく刻むハイビートは、**クロノグラフ**（ストップウォッチ機構が付いた時計）によく使われます。先述した〝エル・プリメロ〟もクロノグラフ用に開発されたムーヴメントですし、史上最もハイビートな機械式時計もタグ・ホイヤーが２０１２年に発表したクロノグラフ〝カレラ マイクログーダー〟です。螺旋状のヒゲゼンマイの代わりに直線バネを用いて驚異の２０００振動を達成。１００分割された目盛を持つ文字盤をクロノグラフ針が1秒に20回転することで、２０００分の1秒まで正確に計測できます。これもネットに動画が上がっていますので、いかにすさまじいスピードかご覧になってみてください。

一方、同じクロノグラフでもオメガは〝スピードマスター〟の２０２０年の新作に、かつて使われていたレマニア製 cal.321 の復刻版である5振動のムーヴメントをあえて搭載。5振動でもクロノグラフとして充分な精度が出せるという自信の表明であると同時に、ロービートならではの「味わい」を求める時計好きが少なくない事実の証明ともいえるでしょう。

1-4 脱進機を守る「ショックレジスト」

１秒間に何往復もするテンプの回転軸である天真は、摩擦を減らすため両端を細くして（テンプに限らず歯車の回転軸の先を細くした部分を**「ホゾ」**と呼びます）錐のように尖らせてあるせいで、外部からの衝撃で折れたり曲がったりしがちです。動きの激しい腕時計の場合はなおさらで、**「天真折れ」**は最もよく起きる故障のひとつでした。

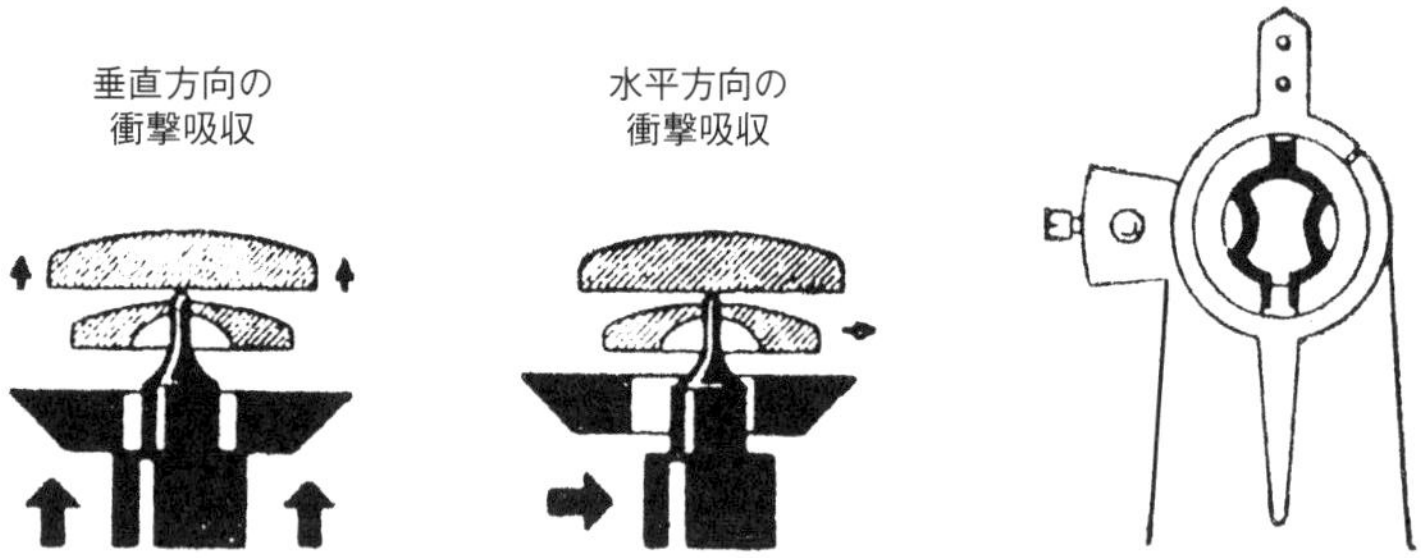

図5 〝インカブロック〞耐震機構

この問題を軽減するために開発されたのが、天真の「**受け石**」（51頁参照）を弾力性のあるバネ板で押さえて衝撃を吸収する「**ショックレジスト**」。日本語では「耐衝撃機構」、「耐震装置」、「衝撃吸収機構」などと訳されます。

A＝L・ブレゲが1790年頃に開発した〝**パラシュート**〞サスペンションが最初の実用品といわれますが、今日最もよく知られているのは1934年にスイスで開発された〝**インカブロック**〞（**図5**）でしょう。板バネに穴を開けた「**皿バネ**」を用いるショックレジスト機構全般の代名詞に使われることも多いようですが、本来はインカブロック社の登録商標。他にもキフ・パラショック社の〝キフ〞やETAの〝エタショック〞、セイコーの〝ダイヤショック〞、ロレックスが2005年から導入している〝パラフレックス〞などさまざまなタイプがあり、基本的な機能は同じです。

テンプの上という目に付きやすい場所に据えられ、見た目のバリエーションも豊富なショックレジストは、時計好きの目を楽しませるアクセントにもなっています。裏蓋がガラスになってムーヴメントが外から見える「**シースルーバック**」（「**トランスパレントバック**」とも。スケルトンと呼ぶのは誤り）の腕時計をご覧になる際には、ぜひチェックしてみてください。

1-5 歩度の調整①「緩急針」

摩擦と並ぶ機械式時計の大敵は**温度差**です。ほとんどの部品が金属製で、温度によって長さが伸び縮みし弾性も変わってくるからです。中でも温度差の影響が深刻なのがヒゲゼンマイ。**機械式時計が夏は遅れがちで冬は進みがち**な理由のひとつは、気温が上がるとヒゲゼンマイが伸びて柔らかくなる(＝弾性が下がる)ので天輪の回転速度が落ち、気温が下がると逆の現象が起きるからです。

こうした温度差や経年によるヒゲゼンマイの弾性変化を補正する機構として昔からよく使われてきたのが、振動可能な部分の長さを変える**「緩急針」**(次頁の**図6**)。天真受けを中心に、一方が調整針、反対側が**「ヒゲ棒」**と呼ばれる2本のピンを植えた竿になっています。このヒゲ棒でヒゲゼンマイを挟み、そこから先の振動を止めることで有効長を変え、振動周期を調整する仕組みです。調整針を目盛のF方向に回すとヒゲ棒はヒゲゼンマイの内端側に動いて有効長を縮めるので時計は進み、S方向に回せばその逆で遅れます。ちなみに**F**／**S**は英語のFastとSlowの頭文字。スイス製の腕時計ではフランス語のAvanceとRetardで**A**／**R**、ドイツ製はVorとNachで**V**／**N**と表されることもあり、いずれも「進む／遅れる」を意味しています。

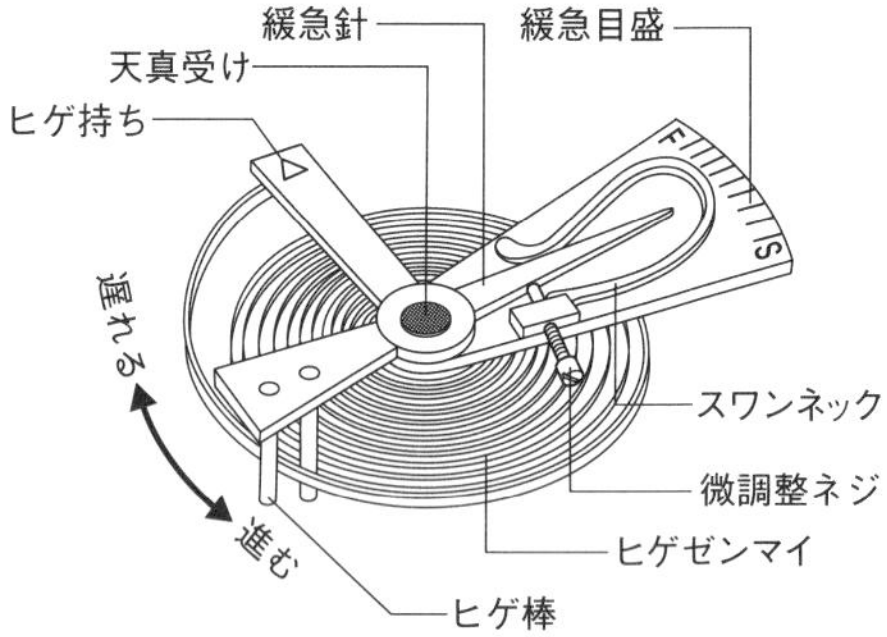

図6　緩急針とスワンネック

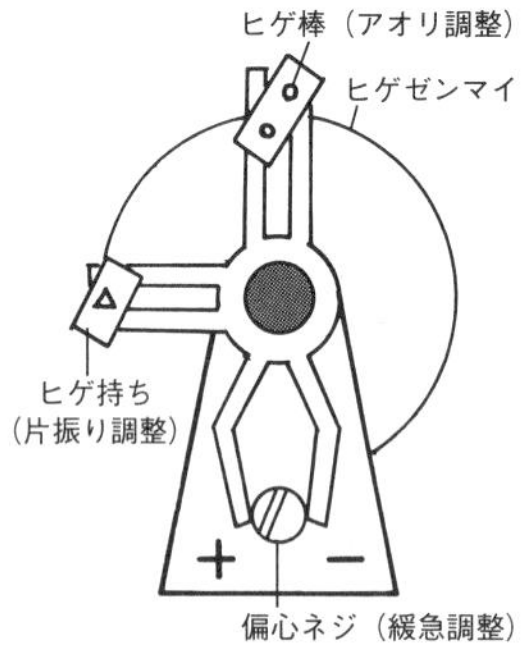

図7　半微動緩急針（エタクロン）

緩急針の進化形

緩急針が外からの衝撃で動かぬよう固定すると同時に微調整しやすくする工夫のひとつが、**「スワンネック緩急針」（図6）**。その名の通り白鳥の首のような形のバネが押さえる針を、反対側の側面から微調整ネジで押し引きして動かす仕組みで、見た目の美しさからファンが多い機構です。

とはいえ現在よく使われるのは、針がないかあっても目立たず、偏心ネジなどでより細かな調整を可能にした**「半微動緩急針」**と呼ばれるタイプ。ＥＴＡの〝エタクロン〟**（図7）**やメイシェの〝トリオビス〟が代表的で、多くはヒゲゼンマイとヒゲ棒の間隔（これを**「アオリ」**といいます）や、ヒゲゼンマイの外端を止める**「ヒゲ持ち」**の位置も調整できます。さらに近年は、ヒゲゼンマイ自体に温度差や経年による変化の少ない新素材を用いることで緩急針を不要にし、天輪につけたネジや偏心錘だけで緩急を調整する**「フリースプラング」**と呼ばれるタイプも増加。緩急針好きの機械式ファンを淋しがらせています。

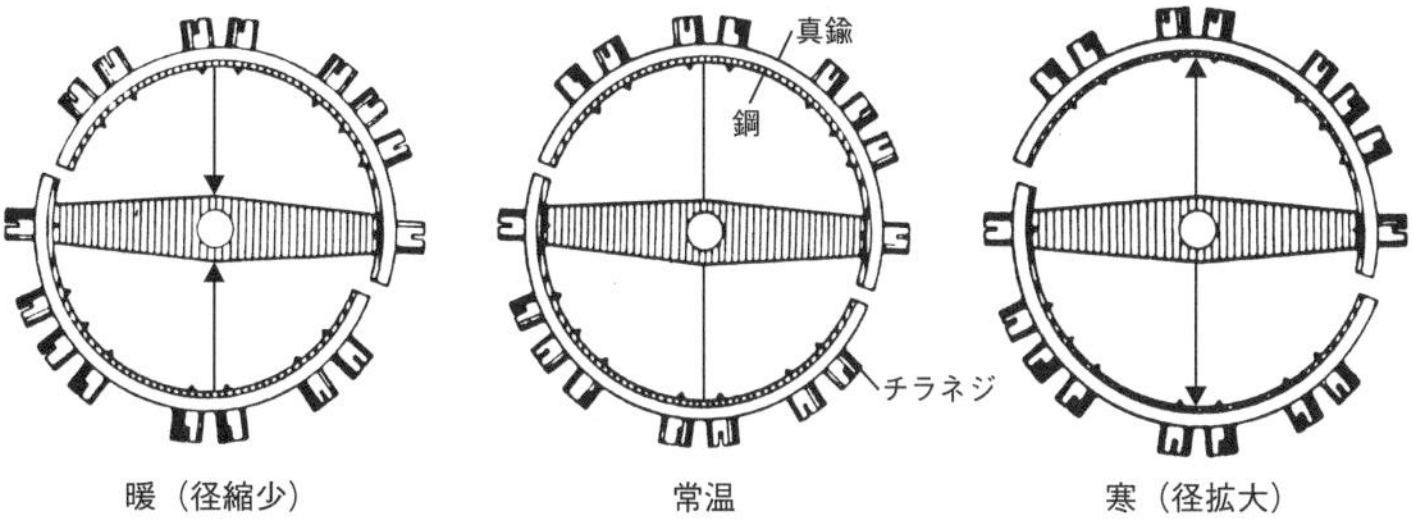

図8　バイメタル切りテンプ

1-6 歩度の調整②「切りテンプ」と「チラネジ」

温度差がもたらす機械式時計の進みや遅れを、ヒゲゼンマイの長さではなく天輪の慣性モーメントを変えることで補正する方法もあります。古くからよく使われてきたのが**「バイメタル温度補正切りテンプ」（図8）**。単に「切りテンプ」とも呼ばれます。

隙間を開けて半円状に「切られた」天輪は、膨張収縮率が異なる2種類の金属を貼り合わせた「バイメタル」製。外側は膨張収縮率が高い真鍮、内側は率が低い鋼などが使われます。気温が上がれば外側の方がより多く伸びるので天輪は内側に曲がって回転半径が小さくなり、慣性モーメントが落ちて回転速度が上昇。気温が下がれば逆の現象が起きて回転速度が下がります。つまり、温度差に応じてヒゲゼンマイに起きるのと逆の変化を自動的に生じさせ、緩急を相殺《そうさい》する仕組みです。

ちなみに図8で天輪の周りに刺さっている棘《とげ》のようなネジは**「チラネジ」**と呼ばれ、バイメタル切りテンプ以外にも使われます。ネジを回して内に引っ込めたり外に出したりすることで、天輪の重心バランスや慣性モーメントを調整できるので、ある程度までの温度差はこれだけでも手動補正が可能。同じ役割を果たすものに**「マスロット」**と呼ばれる偏心錘（**図9**）があり、パテック フィリップの〝ジャイロマックス〟が有名です。この「チラネジ」や「マスロット」も各社さまざまなタイプを開発し続けていて、時計好きが見逃さないチェックポイントのひとつとなっています。

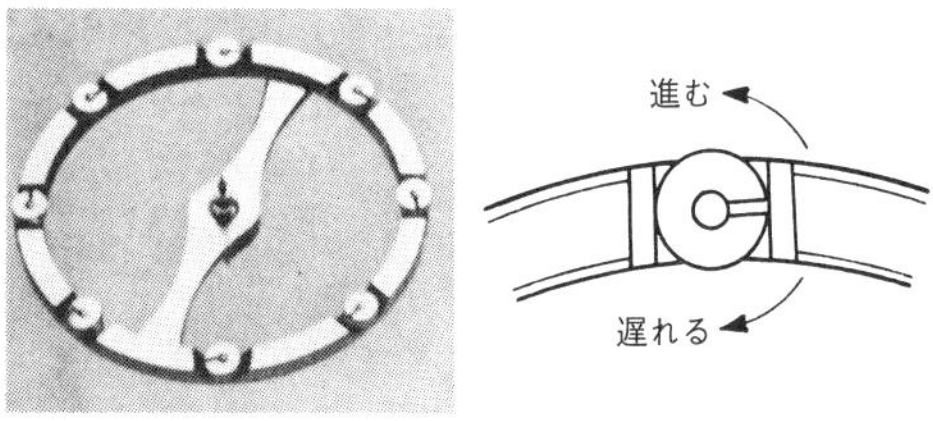

図9　マスロット（ジャイロマックス）

1-7 ヒゲゼンマイと新素材

一方、ヒゲゼンマイ自体を温度差に影響されず経年変化も少ない新素材で作る努力も続けられてきました。この分野で忘れてはならない功績を残したのが、スイスの時計師の家系に生まれた物理学者**C《シャルル》＝E《エドゥアール》・ギヨーム**（Guillaume, Charles-Edouard：1861-1938）です。彼は1896年に常温での体積変化がほとんどないニッケル鉄合金の「不変鋼」**〝インバー**（アンヴァー）〟を発明し、その3年後にはインバーを用いた**「ギヨーム・テンプ」**と呼ばれる温度補正テンプを開発。1913年には常温での弾性変化がほとんどない「弾性不変鋼」**〝エリンバー**（エランヴァー）〟を発明し、ヒゲゼンマイの品質向上に大きく貢献しました。伸び縮みの少ないインバーはメートル原器をはじめ多くの測定器の精度も向上させ、ギヨームはその功績で1920年にノーベル物理学賞を受賞しています。

温度差に左右されないヒゲゼンマイ素材の開発はその後も進められ、スイスのニヴァロックス社（現・ニヴァロックス＝ファー社）が開発した**〝ニヴァロックス〟**は現在も圧倒的なシェアを誇っています。一方セイコーの**〝SPRON〟**は、高弾性・高強度・高耐食性・高耐熱性素材としてヒゲゼンマイだけでなく主ゼンマイにも使われ、さらに歯科治療器具をはじめさまざまな分野で活躍。このように、私たちの暮しを支える技術や素材が実は機械式時計から生まれた例は、昔から枚挙にいとまがありません。

時計好きはシリコン嫌い？

21世紀に入ってからの最大の革命は、**シリコン製ヒゲゼンマイ**の登場でしょう。**シリシウム**とも呼ばれるシリコンは、温度差だけでなく機械式時計のもうひとつの大敵である磁気の影響も受けにくく、摩擦も少なく、しかも軽くて変形しにくいため、ガンギ車などにも適しています。

とはいえ、筆者も含め機械式時計好きはえてして金属好きであり、シリコン部品には一抹の抵抗感を禁じ得ません。時計好きが機械式の最高峰と仰ぐパテック フィリップが2005年にガンギ車、06年にヒゲゼンマイにシリコン素材を導入したときには、ちょっとした騒ぎになりました。同社は11年にいずれもシリコンベース素材のヒゲゼンマイ「スピロマックス」とレバー&ガンギ「パルソマックス」、テンプ「ジャイロマックスSi」を、「オシロマックス」脱進機に統合しています。

このように、温度差や経年変化に強い新素材の登場や加工精度の向上により、最近は緩急針のないフリースプラングでチラネジやマスロットも必要としない脱進機も続々登場。同じ機能が果たせるならメカはシンプルな方がいいと先に断言しましたが、そうはいっても**見た目の美しさや面白さを求めずにはいられないのも人情**で、昔ながらの緩急針やチラネジを懐かしむ時計好きは少なくありません。そうした声に応えるため、最新の機能にクラシックな外観を与える努力も見られます。例えばA.ランゲ&ゾーネは、フリースプラングを新たに採用しながらもあえてチラネジとスワンネック針を残し、後者には緩急調整ではなくヒゲ持ちの位置を調整する役割を与えています。現代の機械式時計に求められるのは時刻を知る道具としての機能性だけではないという事実を如実に物語る一例といえるでしょう。

1-8 「トゥールビヨン」は必要か

機械式時計の歩度に影響する要素には、温度差以外にも**「姿勢差」**があります。姿勢差とは、時計が地面に対してどちらを向くかという「姿勢」の違いによって、テンプが受ける重力の影響が変わることから生じる進みや遅れのこと。腕時計や懐中時計のテンプは文字盤と平行にセットされているので、時計が垂直方向を向いた際の**「縦姿勢差」**が特に問題となります。

縦姿勢差の主な原因は、ヒゲゼンマイの**「偏心」**（重心のズレ）と天輪の**「片重り」**（バランスの偏り）。ヒゲゼンマイも天輪も物理的実体のある機械部品ですから、構造上の限界もあれば加工精度や温度差などの影響もあって完璧な形を保つことは困難で、どうしても偏心や片重りが出てきます。そのため、縦になったときに12時のインデックス（80頁参照）が上下左右どちらを向くかでテンプが受ける重力の影響が変わってきて、姿勢差を生じるのです。片重りの位置と時計の遅進の関係については、101頁のコラム「「エアリーの定理」って、どんな定理？」をご参照ください。

旋風と回転木馬

この姿勢差を補正する機構として有名なのが、A＝L・ブレゲが1801年に特許を取得した「**トゥールビヨン**」（**図10、11**）。フランス語で「旋風」を意味する名の通り、脱進機全体を「**キャリッジ**」あるいは「**ケージ**」と呼ばれる枠に収めて一定周期で回転させることで、天輪の片重りやヒゲゼンマイの偏心を特定の方向に留まらせず、縦姿勢差を平均化して相殺する仕組みです。

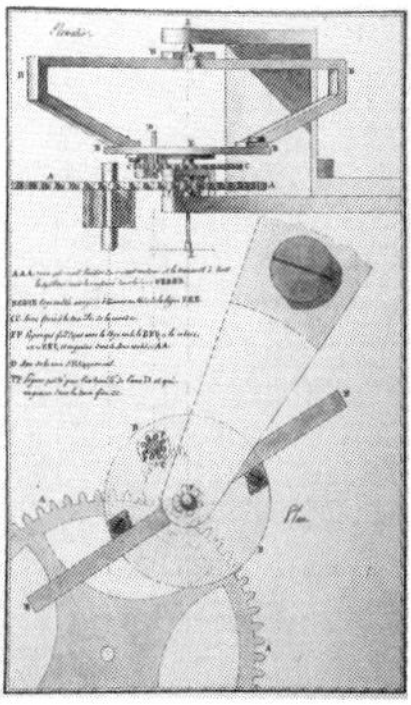

図10　A＝L・ブレゲ：1801年のトゥールビヨン特許申請書

図11　トゥールビヨン（ブレゲref. 3357BR/12/986）

デンマーク出身でイギリスで活動した時計師**B《バーネ》・ボニクセン**（Bonniksen, Bahne：1859-1935）が1892年に特許を取った「**カルーセル**」も、原理は同じ。ただ、トゥールビヨンが3番車がキャリッジを回しガンギ車が固定された4番車の周りを遊星歯車のように回るのに対し、フランス語で「回転木馬」を意味するカルーセルは別系統の輪列でキャリッジを台座ごと回すため4番車も回転する点が異なります（**図12**）。天輪とキャリッジが

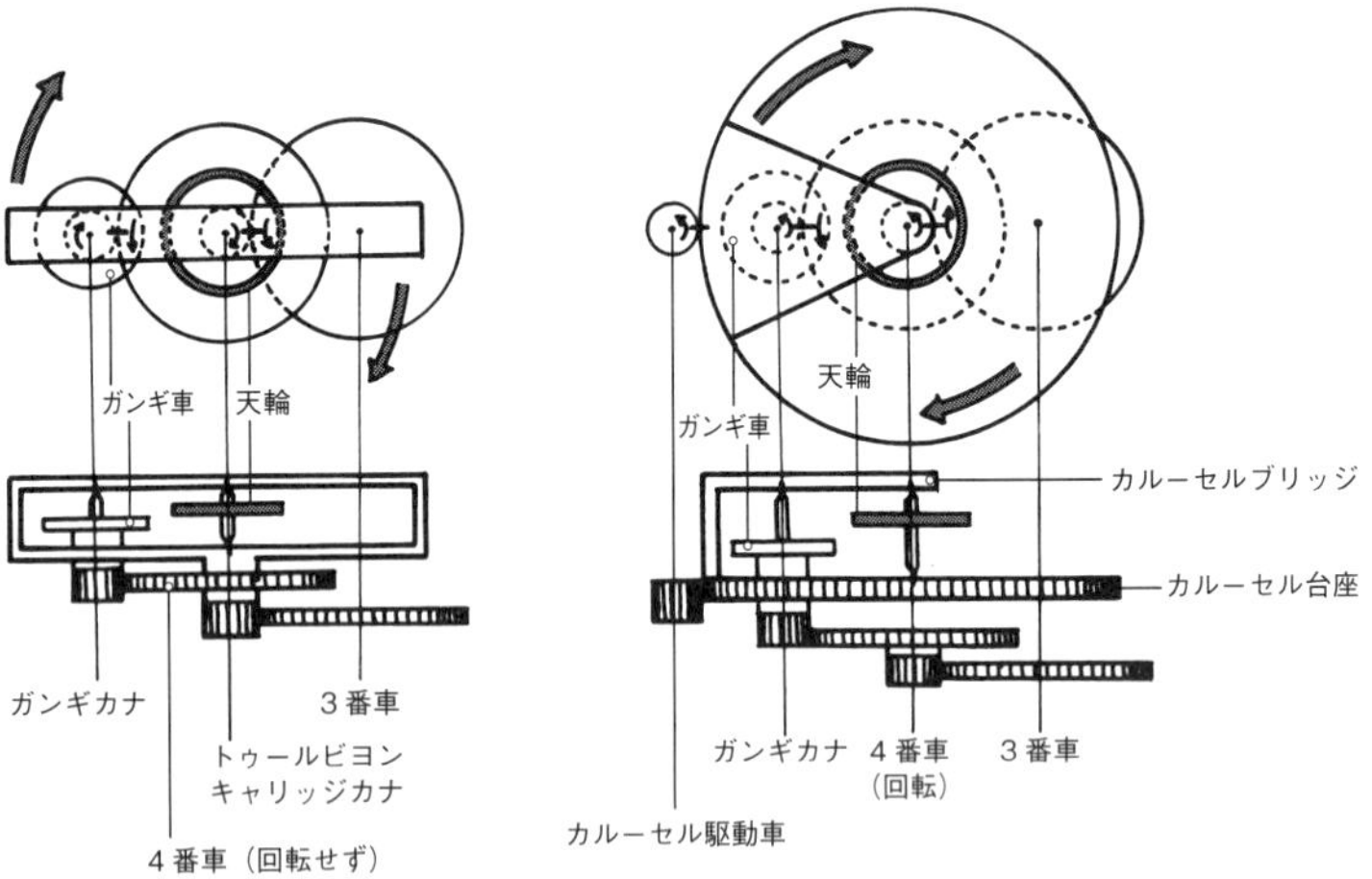

図12　トゥールビヨン（左）とカルーセル（右）の違い

同軸上で回るのがトゥールビヨンで回転軸が異なるのがカルーセルだと思われがちですが、必ずしもそうではありません。両者の違いは回転軸の位置ではなく、4番車が回転するか否かにあるのです。

いずれも複雑機構の代表として語られがちで、実際に複雑な機構ではありますが、付加機能ではなく基本機能としての脱進機の精度を補正する機構なので、ここで解説しておきます。

目が回る多軸トゥールビヨン

トゥールビヨンのキャリッジは重くなるため、回転軸がぶれないよう丈夫なブリッジ（49頁参照）で支えられ、その形の違いも時計好きの注目ポイント。しかし最近は新素材の登場などで部品の軽量化が進んだためブリッジがないタイプも登場し、**「フライングトゥールビヨン」**と呼ばれています。同様に**「フライングカルーセル」**もあり、ブランパンの〝トゥールビヨン カルーセル〟**（図13）**のように1

台の時計に両方を搭載した珍しいモデルもあります。

また、懐中時計のように縦横だけでなくさまざまな向きで使われる腕時計のための姿勢差補正をうたい、異なる方向に同時回転する**「多軸トゥールビヨン」**も続々登場。イギリスの**A《アンソニー》・ランドール**(Randall, Anthony : 1938-) が1977年に開発した2軸を先駆けとし、ジャガー・ルクルトが2004年に発表した3軸で全方向に回転する球形の**〝ジャイロトゥールビヨン〟(図14)** でひとつの極みを迎えました。あらゆる方向に同時回転する縦横無尽な動きはとても言葉では語り尽くせませんので、ぜひネットに上がっている動画をご覧になってみてください。

実はなくても困らない？

1990年代から機械式人気の復興を牽引し、今も各社が毎年のように新作を発表しているトゥー

図13　ブランパン〝トゥールビヨン カルーセル〟(ref. 2322 3631 55B)

図14　ジャガールクルト〝マスター・グランド・トラディション・ジャイロトゥールビヨン 3〟(ref. 5033401)

ルビヨン。最も製作困難な複雑機構であり、姿勢差を補正できる唯一の機構であるかのように書かれた記事も目にしますが、それはちょっと言い過ぎです。

'90年代のトゥールビヨン・ブームのきっかけを作ったのは、ドイツの時計史家でA.ランゲ&ゾーネ復興時のプロダクトマネージャーも務めた**R**《ラインハルト》**・マイス**（Meis, Reinhard：1940-）氏が１９８６年に上梓した大著『Das Tourbillon』だったといわれています。そのマイス氏ご本人がかつて筆者に語ってくださったように、トゥールビヨンが限られた数しか作られてこなかった本当の理由は、作るのが難しかったからというよりも、**むしろ需要が少なかった**からにほかなりません。

実のところ姿勢差は、ヒゲゼンマイの内端に特殊なカーブをつけて重心の移動を減らしたり、天輪の片重りをチラネジで修正したり、振り角を220°前後に保って片重りの影響を相殺したり（１０４頁参照）といった、よりシンプルな方法でも、少なくとも民生品には充分なレベルにまで補正することができるのです。その証拠に、トゥールビヨンを搭載していなくても**「Adjusted 5 Positions」**と刻まれた機械式腕時計はざらにあります。これは平置きで文字盤が上と下、縦姿勢で３時、６時、９時の方向をそれぞれ上にした**「5姿勢で歩度調整済み」**という意味です。

また、筆者は複数の時計師から「形だけのトゥールビヨンなら作るのは面倒なだけで難しくはない」とも聞きました。事実、今日ではトゥールビヨン・ユニットの量産もなされていて、それを組み込んだ安価なモデルも出ています。その一方で、厳密に姿勢差を補正できるトゥールビヨンは、作るのも調整するのも手間がかかりすぎて量産モデルには向かないそうです。

そもそも腕を動かすたびに姿勢が変わる腕時計は、ジャケットやベストのポケットの中で同じ垂直姿勢が続く懐中時計ほど縦姿勢差が深刻ではありません。何度も述べてきたように、機能が同じならメカはシンプルな方がベター。より簡単な方法で姿勢差を補正できるなら、機構が複雑な分だけ調整もメンテナンスも大変になるトゥールビヨンをあえて使う必要はないでしょう。

それでもトゥールビヨンが人気の理由

にもかかわらずトゥールビヨン人気は今も衰えず、より必要とされたはずの懐中時計時代の何千倍もの数が作り続けられています。そして、高精度であるがゆえに高価なはずのトゥールビヨンの時刻を安価なクオーツ式で合わせるという矛盾した行いも、当たり前のように続いています。

この謎を解く鍵は、現在のトゥールビヨンの姿に隠されています。トゥールビヨンはクロノグラフや永久カレンダーのように追加情報を表示する複雑機構ではありませんから、かつては他の補正機構と同様にケースの中に隠されているのが普通でした。ところが最近のトゥールビヨンのほとんどは、文字盤に穴を開けて回転が見えるように作られています。これはトゥールビヨンに姿勢差の補正という機能だけではなく、見た目の複雑さや美しさ、動きの面白さが求められている証拠といえるでしょう。自分が楽しいだけでなく他人に見せつけることで優越感も得られる、**時計じかけの高級アクセサリー**。それが今日のトゥールビヨンの正体かもしれません。

とはいえ、それは機械式時計好きにとって必ずしも邪道ではなく、むしろ王道の楽しみ方のひとつです。第3章で述べるように、機械式時計は誕生した瞬間から単に時刻を知るための道具ではなく、機械で動く高級玩具としての側面を保ち続けてきたのですから。だからこそ、精度と価格で勝るクオーツ式に完全に滅ぼされることなく復活できたのです。トゥールビヨンが機械式人気の復活を牽引する象徴的存在となったのも、ただの偶然ではないでしょう。

1-9 脱進機のニューフェイス

脱進機の最終進化形ともいうべきレバー脱進機にも弱点があります。それは**摩擦が大きい**こと。**図15**が示すように、レバー脱進機はガンギ車の歯が停止から解放される過程で爪と擦り合う距離と時間が長いのです。しかもその際に爪を押し上げて天輪に衝撃を与え回転力を供給する力がかかるため、大きな摩擦が生じ、これが天輪の振動やガンギ車の回転速度を乱して精度に影響します。

人は長所が弱点になるといいますが、レバー脱進機も同じ。解放と衝撃という二つの過程を同じ歯と爪で同時に行うことができる長所が、摩擦の大きさという弱点を生む原因にもなっているのです。この摩擦を少しでも減らそうと、レバー脱進機の爪や振り石には摩擦の少ない硬石（人造ルビーなど）が用いられますが（51頁参照）、それでも**「注油」**が欠かせません。いかに潤滑油の質が向上したとはいえ、1秒に何振動も繰り返すレバー脱進機の精度を保つためには、やはり定期的な注油と**「オーバーホール**（点検整備）**」**が望まれます。

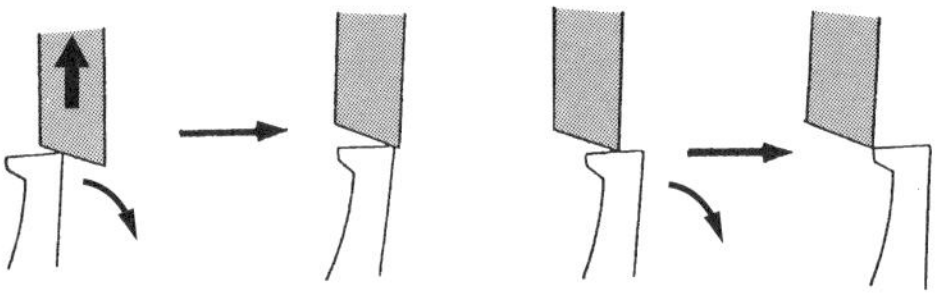

図15　アンクル爪とガンギ歯の摩擦

新たな王座に就くのは「コーアクシャル」か「デュアルインパルス」か

このため、レバー脱進機に代わるオイルフリーな腕時計用脱進機の開発も盛んに試みられてきました。スイスのL《ルートヴィヒ》・エクスリン博士（Oechslin, Ludwig：1952–）が2001年に開発してユリス・ナルダンの〝フリーク〟に搭載された2枚のシリコン製ガンギ車を持つ「**デュアルダイレクト脱進機**」や、同じく2枚のガンギ車を持つジラール・ペルゴの「**コンスタント脱進機**」、逆T字型アンクルに代わり直線的レバーを用いたオーデマ ピゲの「**AP脱進機**」など、新素材や新技術を用いた摩擦の少ない新しい脱進機が次々に実用化されています。ただ、現時点ではいずれも限られた高価なモデルにしか採用されていないため、おいそれとはお目にかかれません。ご興味がおありの方は、ネットで検索してご覧ください。

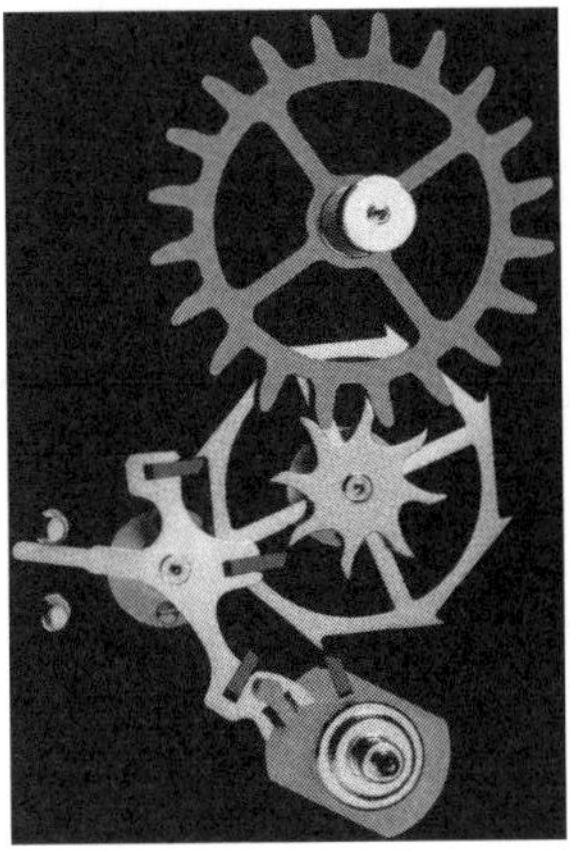
図16　コーアクシャル脱進機

そんな中、会社員にも手が出せる価格帯のモデルにまで広く普及しているのが、イギリスの時計師G《ジョージ》・ダニエルズ博士（Daniels, George：1926–2011）が1970年代に開発して80年に特許を取得し、オメガが99年に量産化に成功した「**コーアクシャル脱進機**」（**図16**）。その名の通り同軸上（コーアクシャル）にガンギ車を2枚重ね、レバーの爪石も3個に増やした上で専用の振り石も設け、ガンギ歯の停止・解放とテンプへの衝撃を分けることで、接触と摩擦を大幅に減らして精度も向上させた画期的な脱進機です。現在ではさらに改良が加えられ、〝デ・ヴィル〟や〝シーマスター〟をはじめオメガの多くのモデルに搭載されています。ちなみに、あくまで一個人の体験にすぎませんが、筆者が99年に購入した〝デ・ヴィル　コーアクシャル〟ファーストモデルは、2004年にダニエルズ博士ご本人に簡単な点検（注油なし）をしていただいた以外はオーバーホールにも出していませんが、20年以上経つ今日まで故障もせず精度を保ち続けています。

また、セイコーが2020年にグランドセイコー60周年記念モデルで発表した**「デュアルインパルス脱進機」（図17）**は、ガンギ車から直接《ダイレクト》衝撃を受けるもうひとつの振り石を加え、従来のアンクルを介した間接的《インダイレクト》衝撃との二重衝撃（＝デュアルインパルス）で摩擦を低減し、エネルギー効率を高めたハイビート向きの新脱進機。今後、他のモデルにも搭載していく予定だそうです。

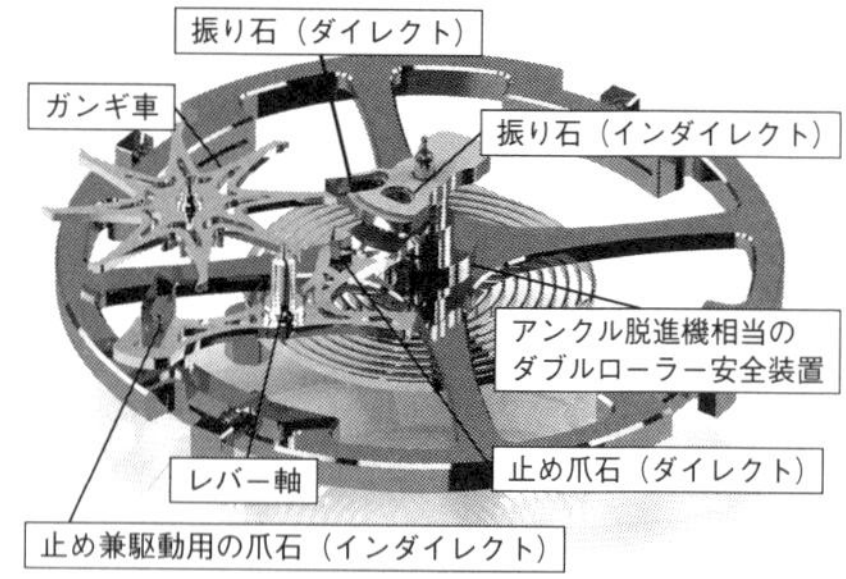

図17　セイコー　デュアルインパルス脱進機

もっとも、いずれもそれぞれのメーカーの特許機構。どちらがレバー脱進機の王座を奪うかは、双方の特許が切れて他のメーカーも使えるようになった後に決まるでしょう。

2 伝達機構（輪列とブリッジ）

2-1 機械式時計は「輪列」でできている

機械式腕時計の基本となるメカニズムは5枚の歯車から成り立っています（図1）。どんな複雑時計も、これがベース。逆に超シンプルな腕時計でも最低限この5枚は必要な場合がほとんどです。

こうした歯車の連なりを「**輪列**」といい、少しややこしいのですがムーヴメントの土台となる「**地板**」の裏蓋側に配置される輪列を「**表輪列**」、文字盤側を「**裏輪列**」と呼んでいます。

「歯車 5《ファイヴ》」の役割分担

基本となる5枚の歯車は、通常は表輪列。一番車は円筒形をしていることから「**香箱**」あるいは英語で「**バレル**（樽）」と呼ばれ、輪列全体に動力を供給するゼンマイを収納するため大ぶりです。続く「**二番車**」は通常は**分針**を回し、「**三番車**」は二番車と「**四番車**」を同方向に回転させる仲介役。四番車は**秒針**を回すのが基本ゆえ、分針と同方向に回らなければならないからです。最後にくる五番目が、脱進機の一部をなす**ガンギ車**。このガンギ車が一定の周期でアンクルと噛み合って停止と回転を繰り返し、時計の進み具合をコントロールすることは、先に述べた通りです。

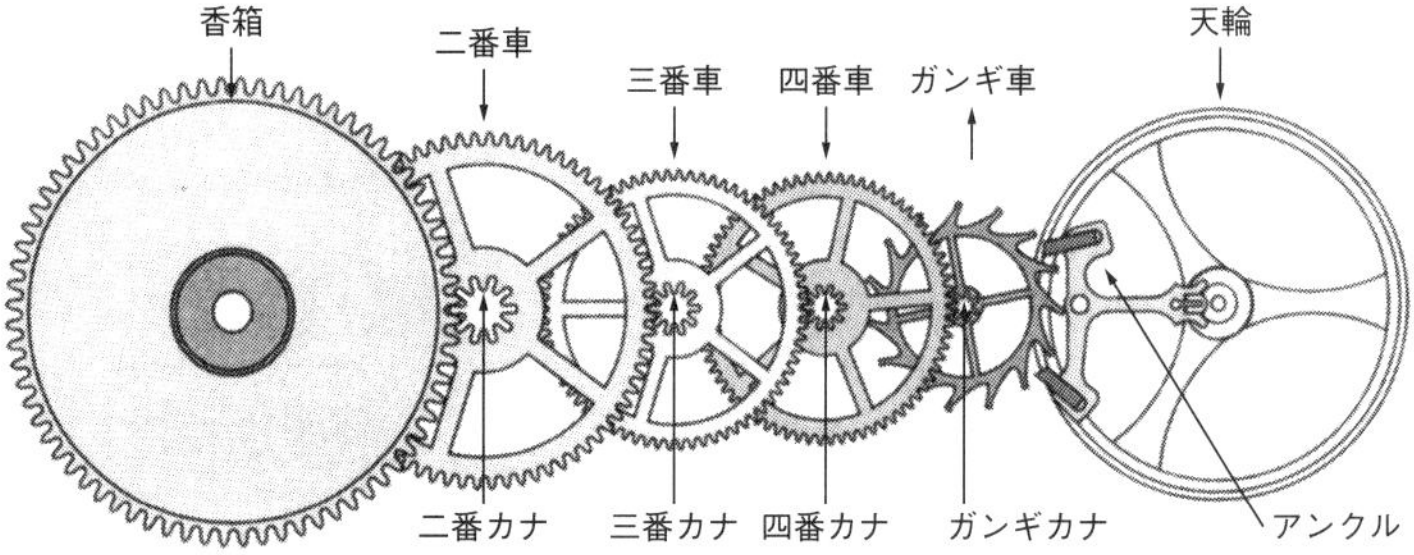

図1　機械式腕時計の基本輪列

一方、**時針**は筒状の軸を持つ**「筒車」**に取り付けられて二番車の軸を囲む形でセットされ、分針を回す二番車の回転を**「日の裏車」**で12分の1に減速して受け取る形が基本。筒車や日の裏車、ゼンマイの巻上げや時間合わせを行う**「キチ車」**や**「つづみ車」**や**「小鉄車」**などは、通常は地板の文字盤側に配されて裏輪列を構成します。

多くの歯車には日本語で**「カナ」**、英語で**「ピニオン」**と呼ばれる小径の歯車が同軸上に付き、これを介して互いに重なり合う形で噛み合っています。後述するように、カナを介することで歯車の回転数を調整しやすくなると同時に、スペースも節約できるからです。

優れた輪列は見た目も美しい

腕時計の場合はさらにスペースを有効活用すべく、輪列を一列に並べず折りたたんで収納するのが一般的。**図2**では四番車が二番車の真下にきていますが、ここに秒針をつければ**「スモールセコンド」**（秒針専用のサブダイアル＝小文字盤があるタイプ）、通称**「スモセコ」**になることがおわかりでしょう。秒針を時分針と同軸の**「センターセコンド」**にするには、例えば**図3**のように二番車と四番車が同軸上に重なる配置にするなど、さまざまな方法があります。

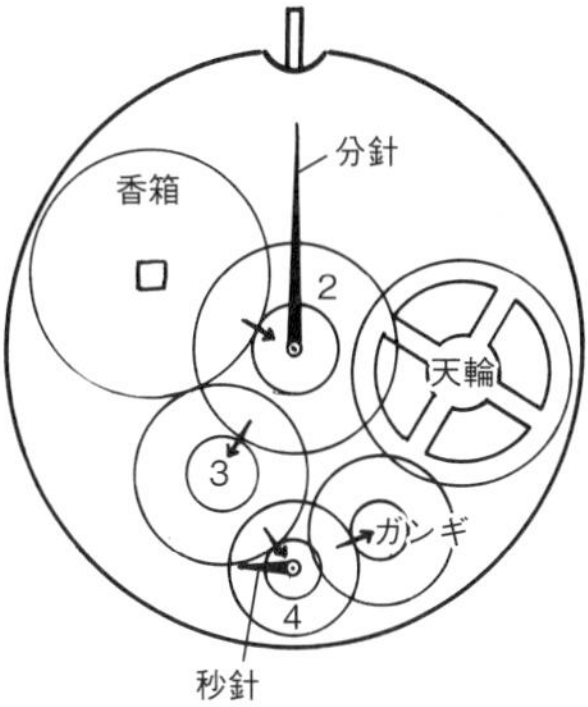

図2　スモールセコンド輪列

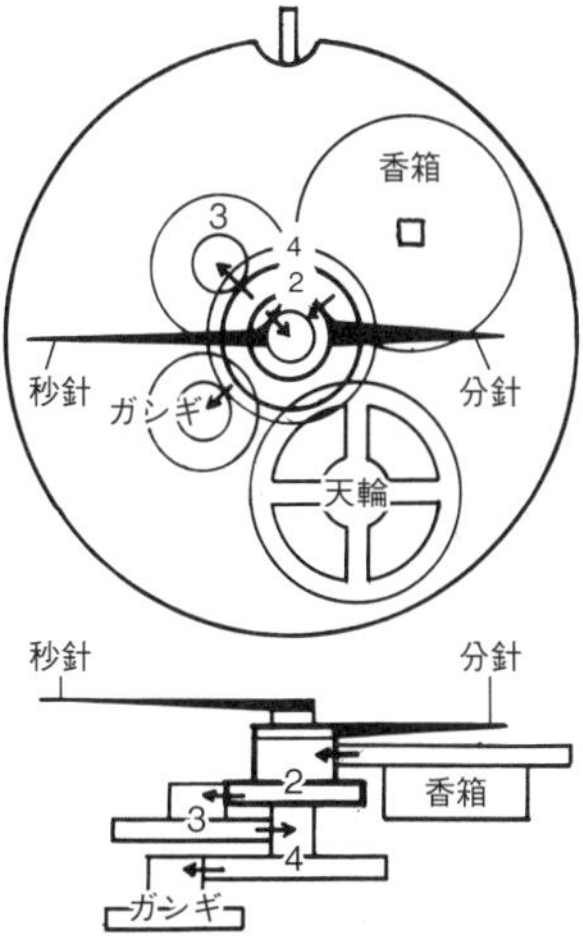

図3　センターセコンド輪列

秒針の位置だけでなく他の複雑機構との兼合いも含め、基本の5枚に何枚の歯車を加えていかなるギア比（次頁参照）でどのような輪列を構成するかによって、ムーヴメントの外観も時計の性能も大きく変わってきます。全ての精密機械と同様に、優れた輪列は見た目もきれい。機械式好きが外装のデザインだけでなくムーヴメントの種類すなわちキャリバーの違いにこだわる所以《ゆえん》です。

時計はギア比の積み重ね

それでは、テンプの振動がどのように輪列を調速してゆくかを見てゆきましょう。例えば5振動の時計の場合、テンプは1秒に2・5往復。1往復するごとにガンギ車が1歯分回るとして、15歯なら15÷2・5＝6で、6秒に1回転する計算になります。そこでガンギカナの歯数を8、四番車を80にして1：10のギア比で減速すれば、秒針を回す四番車を6秒×10＝60秒＝1分で1回転させられます。同様に四番カナと三番車のギア比も1：10にして600秒＝10分に1回転まで減速した上で、三番カナと二番車のギア比を1：6にすれば、分針を回す二番車を600秒×6＝3600秒＝60分＝1時間で1回転させられるという流れです。さらに二番カナと香箱のギア比を1：10にすれば、香箱1回転で10時間分の駆動力が得られる計算。このように、大きな歯車と小さなカナを同軸上に組み合わせることで、少ない枚数の歯車で大幅な加減速がしやすくなるわけです。

2-2 「地板」と「ブリッジ」は縁の下の力持ち

各歯車の回転軸は、土台となる地板と上から押さえる**「受け板」**に開けられた穴に挟まれます。小さくて丈夫なネジを作る技術がなかった18世紀中頃までの機械式携帯時計の受け板は、地板と同じ大きさで、四方を支える柱に楔止《くさび》めされていました。最初期はムーヴメント全体を完全に覆う形でしたが、それだと緩急ひとつ調整するにもいちいち受け板を外さなければならないため、やがて天輪とヒゲゼンマイ部分だけを受け板の上に露出させる形**（図4）**に変化。結果、時計の厚みは増し、18世紀には「オニオン・ウォッチ」と呼ばれるぶ厚い懐中時計が多く作られました。

18世紀後半に入ると、全体の4分の3ほどを一枚の受け板で覆い、調整する機会が多い脱進機部分だけ露出させることで薄型化した形が普及。受け板なのに日本ではなぜか**「3／4地板」**と呼ばれるこのタイプ**（図5）**は、**F**《フェルディナント》**・A**《アドルフ》**・ランゲ**（Lange, Ferdinand Adolph：1815-75）が好んで用い、彼が時計産業で村おこししたドイツ・ザクセン州グラスヒュッテで作られる懐中時計の代名詞となりまし

図4　全地板
（18世紀のオニオンウォッチ）

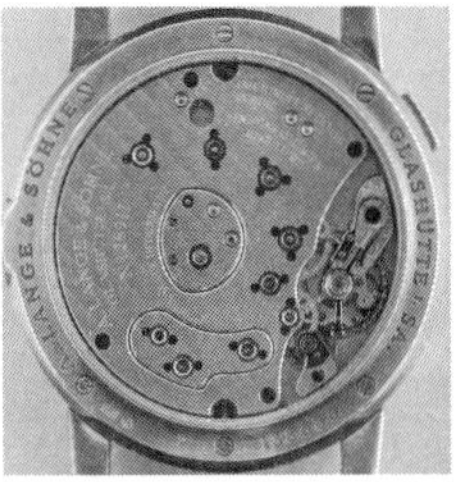

図5　4分の3地板
（〝ランゲ1〞）

図6　ブリッジ
（ブレゲ〝トラディション〞）

た。A.ランゲ&ゾーネはじめグラスヒュッテの多くのブランドはその伝統を踏襲し、今日の腕時計にもあえて3／4地板を用いています。

忘れられがちな「ブリッジ」の革新性

もっとも、ランゲより前の時代にすでにネジ加工技術が向上し、部品のパートごとに独立した受け板を地板にネジ留めする手法が確立されていました。このような独立型の受け板を**「ブリッジ」**と呼びます**（図6）**。懐中時計時代には細長い形が多く、留めネジと歯車の穴石を繋ぐ橋のように見えたからです。ちなみに日本では受け板もブリッジも単に**「受け」**と呼ぶことが多く、「天真受け」や「香箱受け」といった表現が用いられます。

ブリッジを最初に用いたのは、18世紀フランスの時計師**J《ジャン》＝A《アントワーヌ》・レピーヌ**（Lépine, Jean-Antoine：1720–1814）だったといわれます。今日では当たり前すぎて意義を忘れがちですが、**ブリッジは機械式時計のメンテナンス性と量産性を飛躍的に高めた画期的な発明**でした。啓蒙思想家ヴォルテールと共に史上初の「時計による村おこし」に取り組んだレピーヌの功績は、第3章で紹介します。

2-3 摩擦を軽減する「穴石」

そのレピーヌに学んだといわれるA＝L・ブレゲは、ルイ16世に「完璧な時計を作ってみせよ」と無茶振りされて「ならば完璧な潤滑油をお与えください」と返したという、一休さんのような逸話を残しています。真偽の程はともかく、物理的実体を持つ歯車が噛み合って回る機械式時計にとって摩擦がいかに大敵であるかを物語る伝説といえるでしょう。機械式時計の歴史は脱進機の歴史であると同時に摩擦との戦いの歴史でもあり、**優れたムーヴメントとは摩擦が少ないムーヴメント**であるといっても過言ではないほどです。

「石数」は品質のバロメーター

摩擦を軽減する上で潤滑油と並んで重要なのが、歯車の回転軸を支える**「穴石」（図7）**です。腕時計に「25jewels」などと刻まれ、カタログのスペックに「25石」などと書かれる数字は、**穴石の数**を意味しています。石なのになぜstoneではなくjewelなのかというと、金属とどんなに激しく擦れ合っても摩耗しない硬さと滑らかさを持つ石は、モース硬度で9のルビーとサファイア（この二つは鉱物としては同じ）、そして10のダイヤモンドくらいしかないからです。

古くは天然の宝石を手作業で加工していたため、穴石はとても高くつきました。1902年にフランスの**A《オーギュスト》・V《ヴィクトール》・L《ルイ》・ヴェルヌーイ**（Verneuil, Auguste Victor Louis：1856–1913）が**人造ルビー**の量産に成功し、現在では機械研磨の技術も進みましたが、穴石のセッティングに手間と熟練を要することに変りはなく、時計の機能が多いほど多くの歯車と穴石が必要な点も同じ。だから**穴石の数は時計の品質を示す指標**として今も誇らしげに刻まれているわけです。

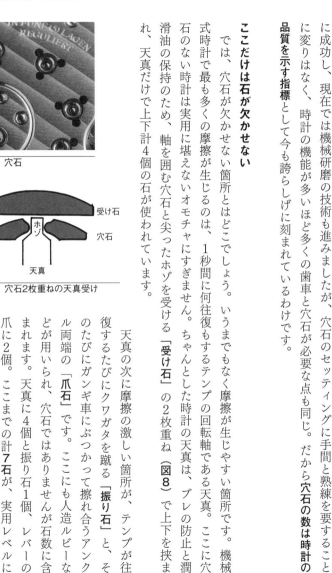

ここだけは石が欠かせない

では、穴石が欠かせない箇所とはどこでしょう。いうまでもなく摩擦が生じやすい箇所です。機械式時計で最も多くの摩擦が生じるのは、1秒間に何往復もするテンプの回転軸である天真。ここに穴石のない時計は実用に堪えないオモチャにすぎません。ちゃんとした時計の天真は、ブレの防止と潤滑油の保持のため、軸を囲む穴石と尖ったホゾを受ける**「受け石」**の2枚重ね（**図8**）で上下を挟まれ、天真だけで上下計4個の石が使われています。

図7　穴石

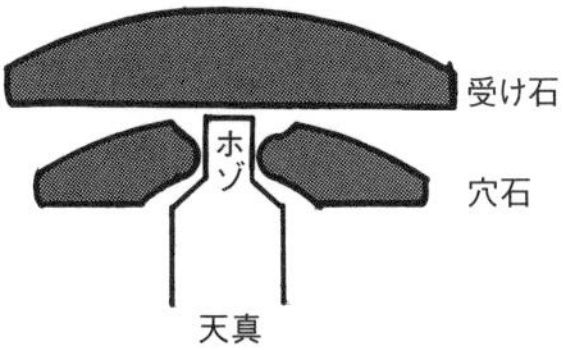

図8　穴石2枚重ねの天真受け

天真の次に摩擦の激しい箇所が、テンプが往復するたびにクワガタを蹴る**「振り石」**と、そのたびにガンギ車にぶつかって擦れ合うアンクル両端の**「爪石」**です。ここにも人造ルビーなどが用いられ、穴石ではありませんが石数に含まれます。天真に4個と振り石1個、レバーの爪に2個。ここまでの計**7石**が、実用レベルに達する上で最低限必要な石数といえるでしょう。古い安価な腕時計でも大抵これくらいは使われています。

この7石に、摩擦が多い順にアンクル真、ガンギ車、四番車、三番車、二番車までの5ヵ所上下で計10個の穴石を加えた**17石**が、複雑機構を持たない手巻の3針時計で充分な精度を得るために必要な石数とされています。これを基本に、香箱軸などにも穴石を使ったり2枚重ねを増やしたり、自動巻やクロノグラフなど機構を追加して歯車数が増えたりするにつれ、石数はどんどん増加。加工技術の発達で穴石の低価格化が進んだ1960年代には**「多石化競争」**が起き、自動巻ローターの回転軌道に至るまであらゆる摩擦箇所に人造ルビーとサファイアをちりばめて複雑機構なしで100石に達したオリエント〝グランプリ100〟なども登場しました。

穴石自体にもグレードが

数の多少とは別に、個々の穴石自体にも品質と加工のランクがあります。最近は裏蓋がガラスになったシースルーバックの腕時計が増えたため、穴石の外観も問われるようになってきました。ルビー自体の品質までは素人目に判断できませんが、色の違いはわかります。人造でも天然と同様に、宝石界でピジョン・ブラッドと呼ばれる濃い赤が上質とされるようです。

軸を通す穴の加工は、真っ直ぐに通しただけの**「ストレート」**より、角を丸く磨いた**「オリーベ」**の方が上質。表面の加工も、平らに切った**「フラット」**よりドーム型に磨いた**「ミ・グラス（ボンベ）」**の方がよく**（図9）**、さらに底面もドーム状に穿《うが》ったものが最上です。いい機械式腕時計の天真受けは、そのような穴石とミ・グラス型の受石の二枚重ねになっています。

潤滑油を保持する**「油留」**という窪みがきれいに磨かれているかどうかも、穴石の品質を見分けるポイント。また、穴石をセットする地板の**「くり形面」**が球面状に深くきれいに磨かれているかどうかなども、加工精度の高さを見分ける目安となるでしょう。

A.ランゲ&ゾーネはじめドイツのグラスヒュッテにあるメーカーの多くは、穴石を18金の**「シャトン**（留め輪）**」**で囲ってネジ留めするという（**図7**参照）懐中時計時代の高級品に使われた手法を腕時計にも用いています。シャトン留めは穴石の加工精度が低かった時代に中心位置を補正するために使われた、現在では必ずしも必要ではない手法ですが、見た目の美しさであえて採用しているのでしょう。

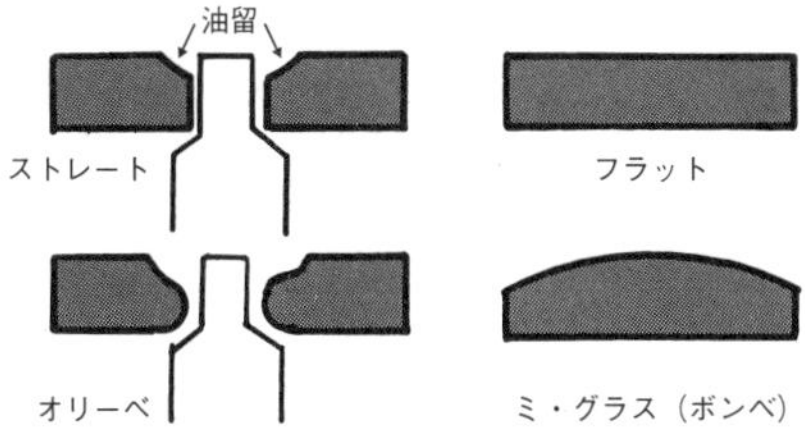

図9　穴石の種類

こうした外見上の仕上げもまた、機能だけではなく見た目の問題。とはいえ手間は確実にかかっているわけで、時計の品質や値段に対する一定の担保材料にはなるかもしれません。

2-4 輪列が映《ば》える「仕上げ」と「面取り」

同じように手間のかかり方から機械式腕時計の品質を見極める要素となりうるのが、部品の表面の**「仕上げ」**（磨き）やエッジの**「面取り」**です。仕上げは英語で**「ポリッシュ」**、面取りの方はフランス語で**「アングラージュ」**とも呼ばれます。

ほとんどの部品は金属の板から型抜きされたり切り出されたりして作られます。工作機械の加工精度がナノレベルで向上した今日でも、そのままの状態（俗にいう**「切りっぱなし」**）では微細なバリ（突起）や切削痕が残ることもあり、美観を損ねるだけでなく、部品によっては性能にまで影響を及ぼしかねません。

このため、いい機械式時計の部品にはそれなりの面取りや仕上げが施されているものです。文字盤上の指針やインデックス、あるいはシースルーバックから覗くブリッジや歯車の表面なら、元々が見せるための箇所ですから素人でも肉眼で善し悪しを判別できます。見映えをよくするための装飾とはいえ、部品全体の加工レベルを推測するよすがにはなるでしょう。指針やインデックスについては後の項でも触れるので、ここではムーヴメントの部品を例にチェックポイントを紹介します。

いい腕時計は「盛り」上手

目に付きやすいのは受け板やブリッジの表面仕上げ。スイス製の高級時計では**「コート・ド・ジュネーヴ」**と呼ばれるストライプ仕上げ（図10A）がよく使われます。その名の通り「ジュネーヴ湖岸」に寄せる漣《さざなみ》をイメージした模様だそうです。ドイツのグラスヒュッテにあるメーカーも同様のストライプ仕上げを多用し、こちらは**「グラスヒュッテ・ストライプ」**と呼ばれます。いずれもストライプを織りなす研磨痕が均等で、光の加減で立体的に波打って見えることが、仕上げの良さを表す指標となるでしょう。

他にも受けの表面仕上げには、粒感のある艶消し仕上げの**「梨地」**（図10B）や、細かく平行な研磨痕をつける「**ヘアライン**」（**図10C**）など。厚さを抑えるため受け板をくり抜いて露出させることが多い香箱の表面には、同心円状の「**セルクラージュ**」（**図10D**）や放射渦巻き状の「**ソレイアージュ**」（**図10E**）。見えにくい場所ですが地板にも、真珠のような小さな円を重ねた「**ペルラージュ**」（**図10F**）といった仕上げが見られます。また、受けの側面にも、ヘアライン仕上げなどが施されることが多いようです。いずれも模様や研磨痕の均質さと美しさが品質を見分けるポイントとなることは変わりがありません。

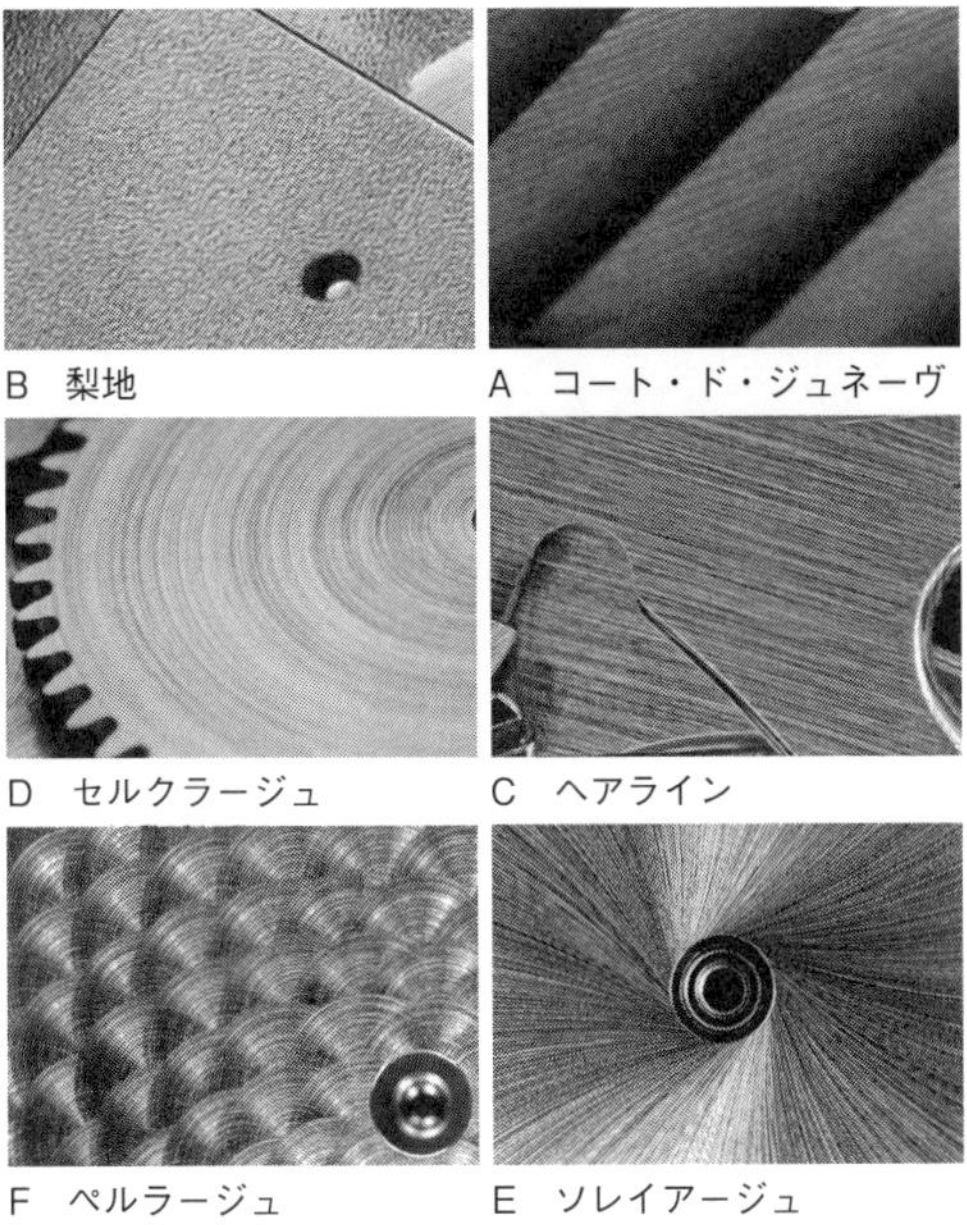
A　コート・ド・ジュネーヴ　B　梨地　C　ヘアライン　D　セルクラージュ　E　ソレイアージュ　F　ペルラージュ

図10　代表的表面仕上げ

ルックスのよさが品質の証

次に受け板やブリッジの面取りですが、こちらはきれいに角が取れているか、鏡のように磨かれた「**鏡面**」仕上げになっているかを見てください。面取り部分の幅が広く、平面ではなく微妙に丸みを帯びていればなお結構（**図11**）。ちなみに、鏡面をさらに亜鉛板などで磨いて黒光りさせた「**ブラックポリッシュ**」仕上げは、最上級機種の証とされています。

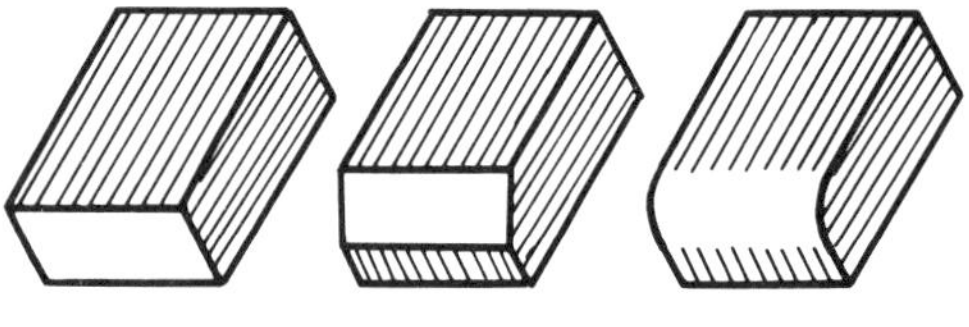

図11　いい面取り

ここまでで充分におわかりいただけたかと思いますが、仕上げや面取りの善し悪しを判断するのは至って簡単。要するに、**素人目で見ても美しいか否か**でわかるのです。

一部の時計好きの間には「乾燥させた**ジャンシャン**（スイス・ジュウ渓谷に自生するリンドウ科植物）の枝にダイヤモンドペーストをつけて手作業で磨いたものが最上」といった「手仕事信仰」が根強く残っているようです。けれども最近は工作機械の性能が驚くほど向上していますし、機械仕上げの美しさは逆にそのメーカーの工作技術の高さを物語ります。仕上げや面取りに限らず、性能と見た目の美しさが同じなら、手仕事か機械加工かにこだわる必要はありません。

3 動力機構

3-1 「ゼンマイ」は機械式腕時計の活力《エネルギー》源

機械式時計には重錘《じゅうすい》が下がる力で動くものもありますが、腕時計など携帯時計に限ればほぼ全てが板バネを渦巻き状に巻いたゼンマイを動力としています。そもそもゼンマイそのものが、15世紀のヨーロッパで機械式時計の動力として発明されたとする説も。だとすれば、ここでも機械式時計が生んだ発明が他の多くの分野に応用され、私たちの暮らしを支えてきたといえるでしょう。

ゼンマイのジレンマ

腕時計のゼンマイはS字型の板バネを**「香箱真」**に巻き、香箱に収められています（図1）。**ゼンマイ動力の持続時間は長さに比例**し

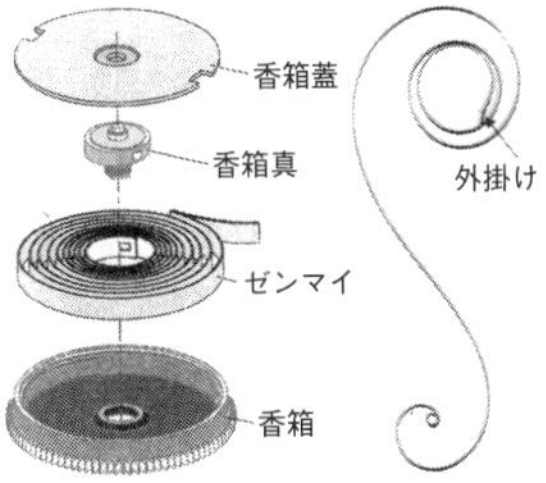

図1　香箱

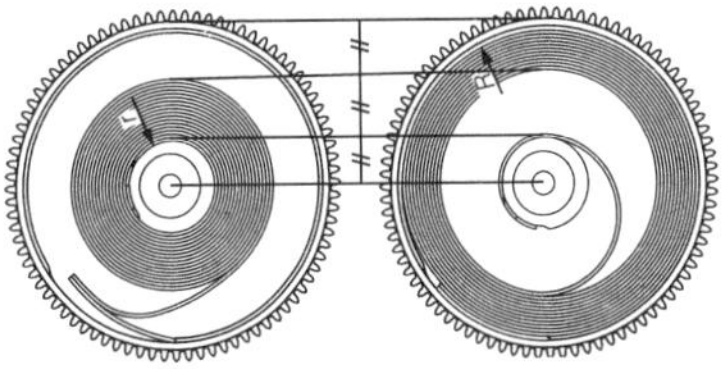

図2　3等分法

ますが、単に長ければよいとは限りません。**ゼンマイのトルク（駆動力）は長さに反比例し、厚さの3乗と幅に比例する**からです。香箱内の限られたスペースで、長さを増せば厚さが減り、厚さを増せば長さが減少。持続時間を取るか駆動力を取るかのジレンマです。かといってゼンマイの幅を広げれば、その分、時計が厚くなってしまいます。

充分なトルクがなければ時計は正常に動きませんから、ゼンマイに必要な厚さは自ずと決まってきます。幅はデザインで決まるとして、問題はトルクに反比例する長さの設定。素材の性能にもよりますが、一般には完全にほどけた状態で巻真《まきしん》とゼンマイと隙間の幅が同じになる**「3等分法」（図2）**で長さを決めるのが最も効率がよいとされています。

竜の頭で巻いて合わせる

腕時計のゼンマイは、通常はケースの外に付いた**「リューズ」**を回して巻きます。フランス語のような響きですが純然たる日本語で、漢字で書くと**「竜頭」**。お寺の鐘を吊す輪（竜の意匠が彫られることが多いため竜頭と呼ばれました）を思わせる形状から命名されました。

リューズの中心から伸びる軸が**「巻真」**で、巻真を軸とする**「キチ車」**が香箱についた**「角穴車」**と噛み合う**「丸穴車」**と直交連結してゼンマイを巻上げます**（図3上）**。キチ車には巻上げ方向にのみ噛み合うラチェットカナが付いていて、逆方向にリューズを回すとこれが空回りしてキチキチ鳴るのが名の由来。手巻時計を巻上げる際に聞こえるあの音です。

このキチ車のラチェットは、同じく巻真を軸とする**「鼓（ツヅミ）車」**のラチェットと連結し、クラッチの役割も果たします。通常はクラッチが繋がった状態なので、ラチェットが噛み合う方向に巻真を回せばキチ車も一緒に回転してゼンマイを巻上げます。ところがリューズを引き出すと、「**オシドリ**」および「**カンヌキ**」と呼ばれるレバーが鼓車をスライドさせてクラッチが切れ、キチ車が回らなくなる代わりにツヅミ車の反対側に付いた歯車が日の裏車の輪列に続く「**小鉄車**」と連結して時分針を回転させ（**図3下**）、**時刻合わせ**ができるようになる仕組みです。

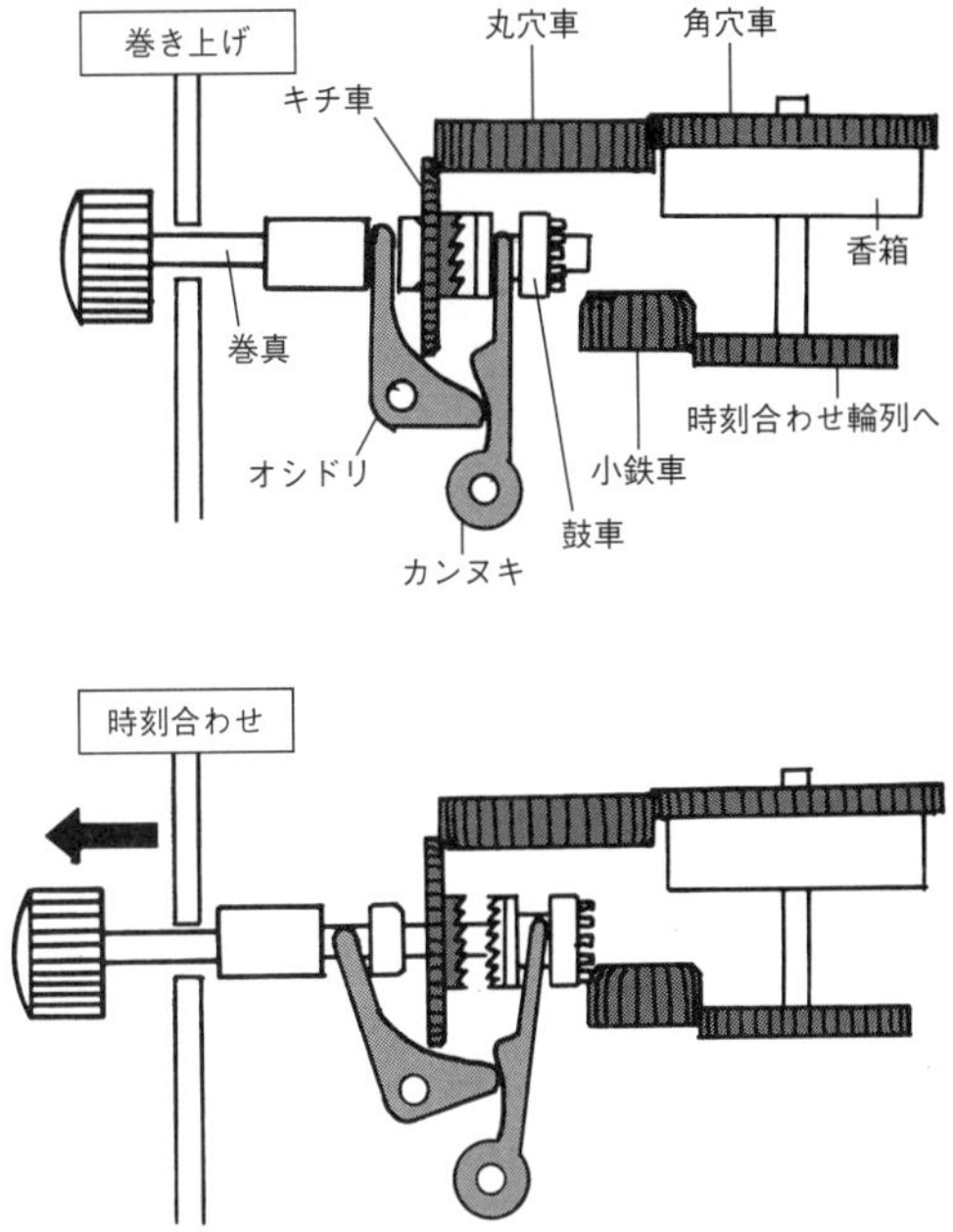

図3　巻上げ・時刻合わせ切替機構

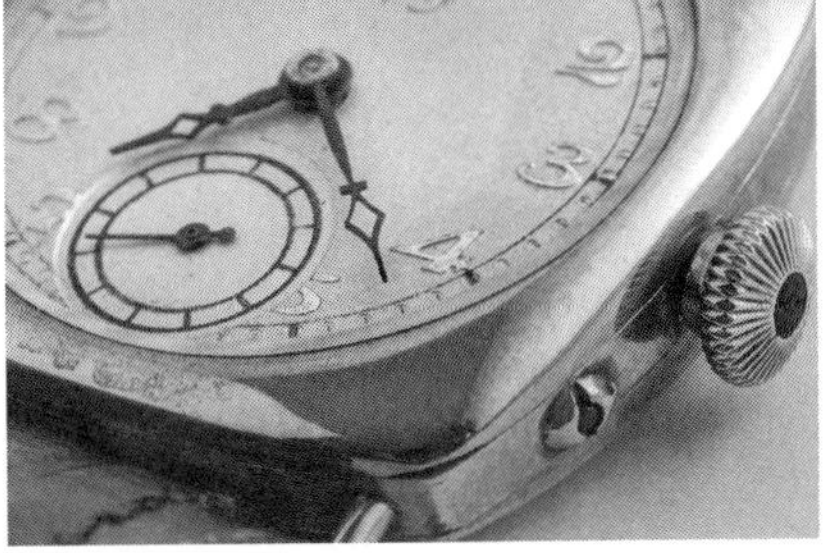
図4　『カニ目』時刻合わせ

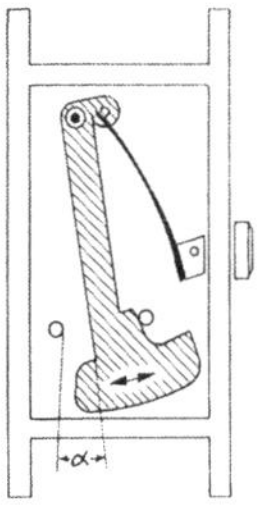

図5　振子式

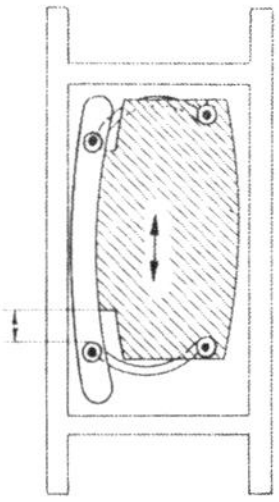

図6　ウィグワグ式

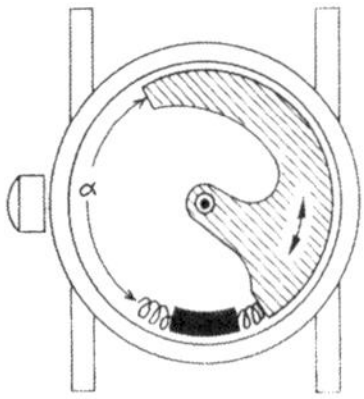

図7　半回転ローター式

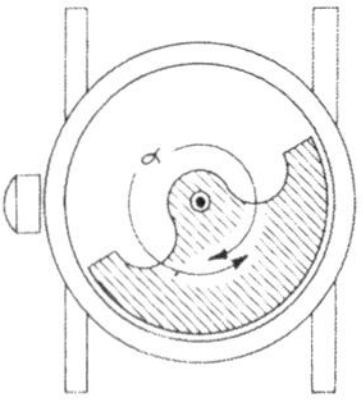

図8　全回転ローター式

腕時計の時刻合わせは今ではこの**「リューズ引き」**がデフォルトですが、これが開発される以前にはケース横に飛び出た小突起を押しながらリューズを回して合わせる**「ダボ押し」**、通称**「カニ目」（図4）**もあり、この場合は無理にリューズを引くと壊れてしまうので、アンティークウォッチに触れる際にはご注意ください。

また、リューズを引くと秒針の動きが止まる**「ハック機能」**（秒針停止機能）が付加された腕時計も少なくありません。戦場で兵士達が「ハック！」という掛け声と共に時計を合わせたことから、こう呼ばれるそうです。秒針を0時位置で「ハック」して止めておき、時報に合わせてリューズを押すことで秒単位の時刻合わせができる便利な機能ですが、ムーヴメントに負担がかかるため、高級モデルでもあえて採用しない場合があります。

3-2 腕時計が進化させた「自動巻機構」

着用者の体の動きを利用してゼンマイを巻上げる自動巻機構の歴史は意外に古く、懐中時計時代の1777年前後にスイスの**A《アブラアム》＝L《ルイ》・ペルレ**（Perrelet, Abraham-Louis：1729-1826）が最初に開発。数年後にこれを実用化して〝ペルペチュエル〟と銘打ったのが、出身国もファーストネームも同じA＝L・ブレゲです。いずれも現在の歩数計のように着用者が歩くと上下に振れる錘でゼンマイを巻上げる**「振子式」（図5）**でした。モリッツ・グロスマンの〝ハマティック〟は、この方式を今日の腕時計に再現した機構といえるでしょう。

腕時計の時代に入ると、着用者が腕を動かす動きが利用できるようになったため、自動巻機構の開発はにわかに活気を帯びてきます。1920年にはフランスのルロア社が振子式を発表。30年にはスイスのロールス社などがムーヴメントの上下をバネで挟みケースの中で揺れる動きを利用して巻上げるという、ショックレジストも兼ねた方式を開発し、このタイプで有名になったメーカーの名前から**「ウィグワグ式」（図6）**などと呼ばれました。

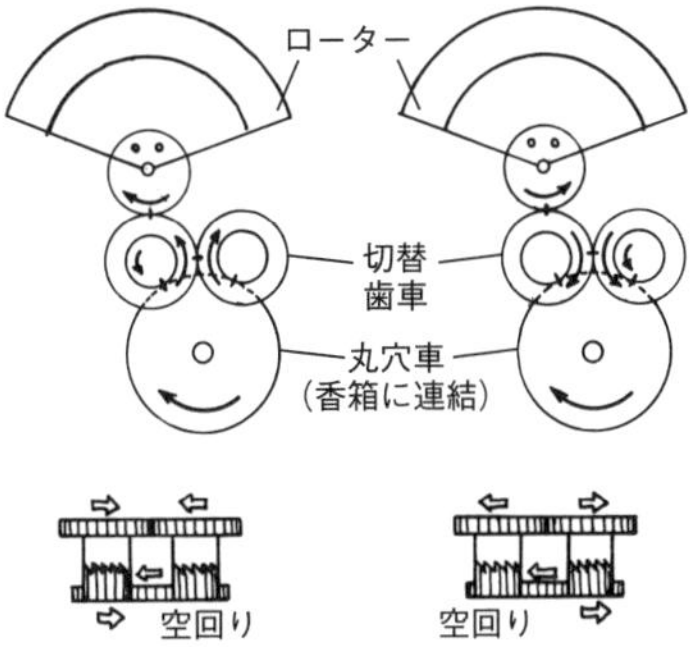

図9　切り替え歯車式自動巻機構

「全回転型センターローター式」はロレックスから

腕時計の中心を軸に扇形のローターを回して巻上げる**「センターローター式」**の原型は、24年にイギリスのJ《ジョン》・ハーウッド(Harwood, John：1893-1964) が**「半回転型」（図7）**で特許を取得。そして**「全回転型」**で31年にロレックス社が特許を取ったのが、今も人気の〝パーペチュアル〟です。この**「全回転型センターローター式」（図8）**が、以後の腕時計の自動巻機構のデフォルトとなりました。ちなみにローターがどちらの方向に回転してもゼンマイを巻上げられる**「切り替え歯車」（図9）**も、ロレックスが'50年代に開発した〝cal.1030〟に使用したのが最初といわれています。
一方、ＩＷＣ社の**Ａ《アルベール》・ペラトン**（Pellaton, Albert：1898-1966）は、ローターがどちらに回っても同じ往復運動に変換する偏心カムと爪付きレバーを組み合わせた機構で50年に特許を取得。今も同社の看板となっている**「ペラトン自動巻機構」（図10）**です。回転を往復運動に変換する**「爪レバー式」**で

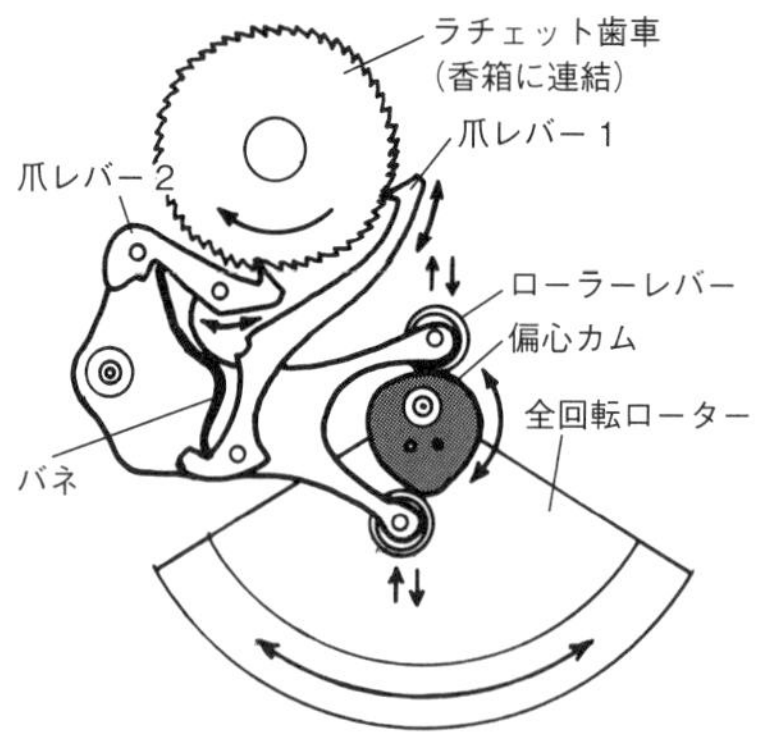

図10　ペラトン自動巻機構

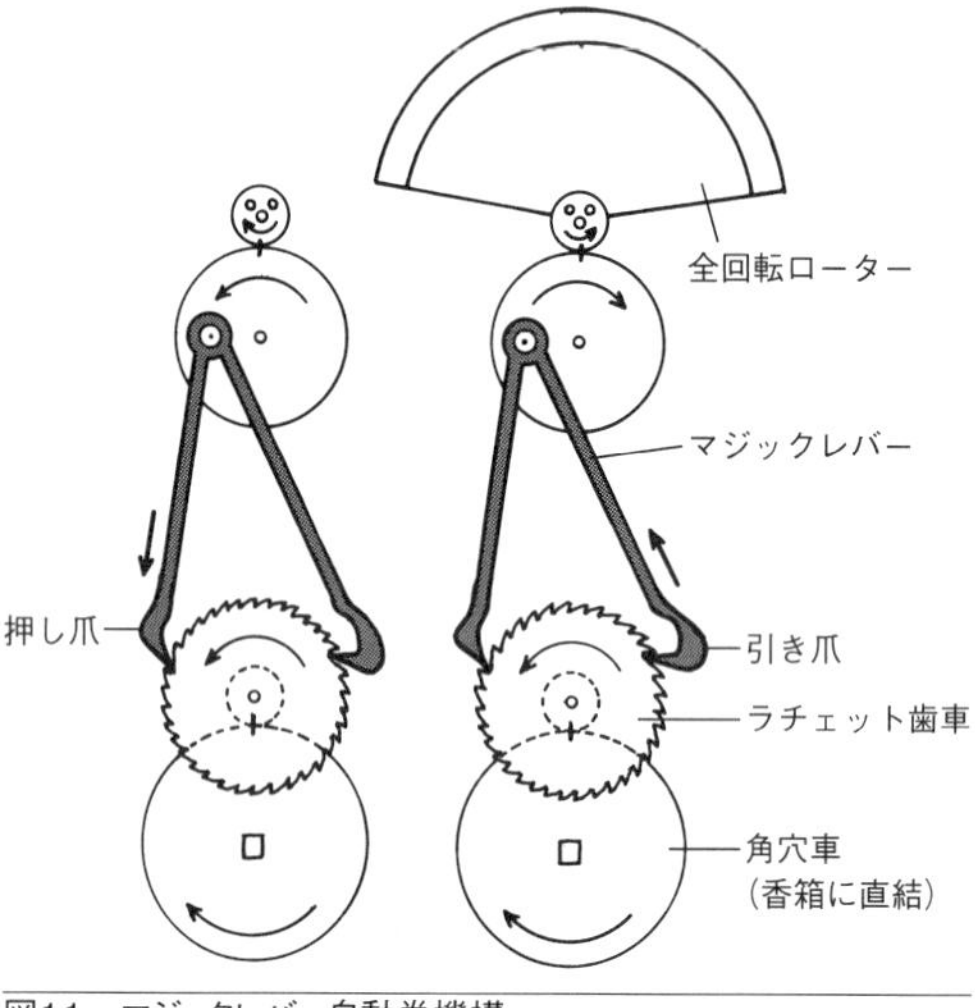

図11　マジックレバー自動巻機構

は、セイコーが59年に特許を取得した**「マジックレバー」**(図11)も現役で、こちらはよりシンプルな構造。現在でも、より少ない動きで効率よくゼンマイを巻上げる自動巻機構の開発が続けられています。

図12　マイクロローター(パテック　フィリップcal. 240HU)

エレガントな薄型時計には「マイクロローター」

自動巻機構のローターの外周には、慣性モーメントを高めて巻上げ効率をあげるため、タングステンのような比重の高い金属が使われます。高級モデルでは、ローター全体をさらに比重が高い金やプラチナで作り、磨き上げたり透かし彫りを施したりしてシースルーバックから覗かせているものも少なくありません。とはいえ、センターローターは大きすぎて他の部品を見えにくくするだけでなく、ムーヴメントの上にかぶせるため時計を厚くしがちです。そこで登場したのが、小さなローターをムーヴメントの窪みに収める**「マイクロローター」**(図12)。'70年代から多くのモデルに採用しているパテック フィリップが有名ですが、ピアジェの〝アルティプラノ〟をはじめ他社の薄型時計にもしばしば用いられています。

3-3 トルクを安定させる「定力機構」

手巻の腕時計のゼンマイを巻上げていくと、次第にリューズが重くなることに気づくはず。それはトルクが強まっていくからです。ゼンマイのトルクは完全に巻上げた状態が最大で、ほどけ出した直後にガクンと落ち、その後なだらかに減衰し、ほどけきる手前で再びストンと落ちます（図13）。近年は35頁で紹介したセイコーの〝SPRON〟はじめ優れた新素材のおかげで主ゼンマイの性能も大きく向上していますが、それでもトルクの変動を完全になくすことはできないようです。

ゼンマイのトルクが落ちるとガンギ車が与える衝撃力も弱まって、天輪の振り角が小さくなります。理論上は振り角が変わっても振動周期は同じはずですが、実際はさまざまな要素が関係してくるため、振り角が小さくなると振動周期が変わって精度が落ちることがよく起きます（104頁参照）。

このようなゼンマイのトルク変動を補正するのが**「定力機構」**。「定力装置」などとも呼ばれます。ゼンマイの質が悪かった時代にこそ求められた機構だけに歴史は古く、15世紀にゼンマイ時計が誕生した直後から使われていたようです。その証拠に、かのレオナルド・ダ・ヴィンチが1500年頃に次に述べる**「フュゼー」**という定力機構の改良案を描いたスケッチ（**図14**）が残っています。

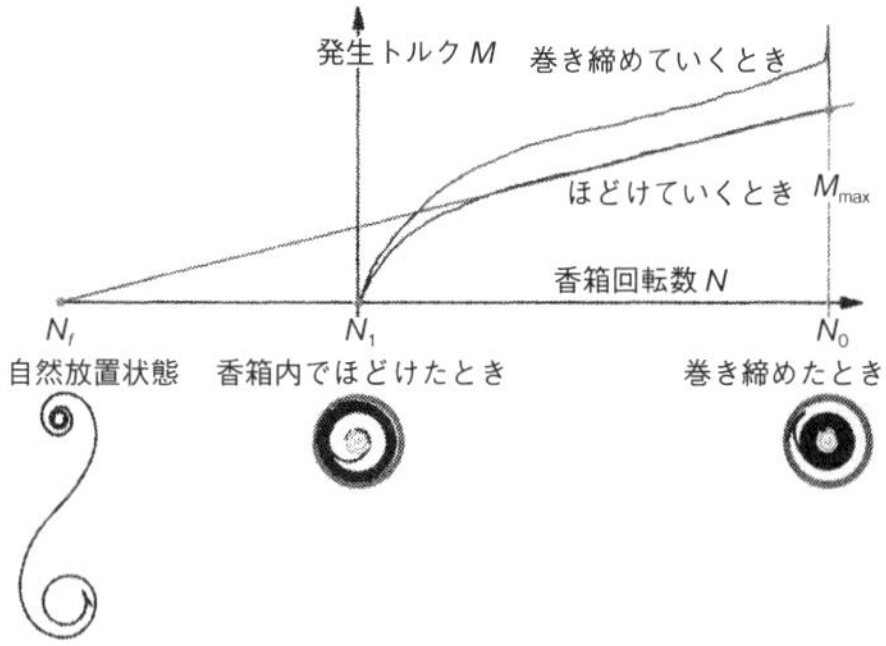

図13 トルク減衰曲線

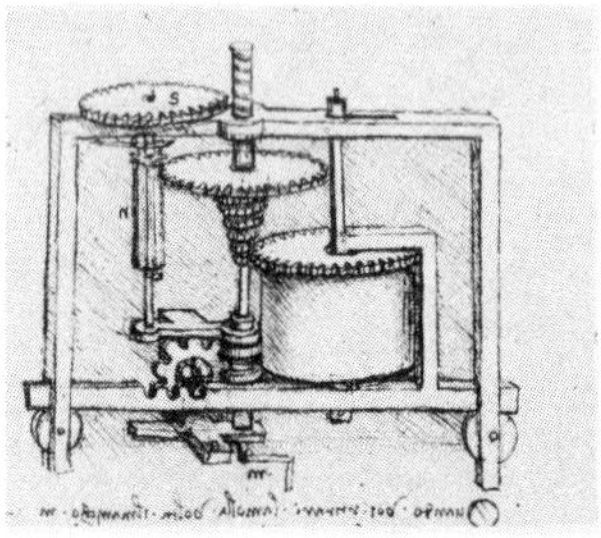

図14 ダ・ヴィンチが考案した鎖なしフュージ

とはいえ、定力機構を腕時計のサイズに収めるには高度な技術が求められます。そのため複雑機構に数えられることも多いのですが、定力機構も前述のトゥールビヨンと同様に精度という基本性能を上げるための補正機構なので、ここで紹介しておきます。

「フュージ」は500歳超えの現役機構

レオナルドの時代から今日の腕時計にまで使われ続けている最も歴史のある定力機構が、フランス語で**「フュゼー」**（糸巻きを意味する「フュゾー」の転訛）、英語読みして**「フュージ」**と呼ばれる円錐滑車（**図15**）。その構造から英語で「チェーン&フュージ」、日本では**「鎖引き」**とも呼ばれます。変速ギア付きの自転車にお乗りになったことがある方なら、径の大きなギアを使った方がより少ない力で漕げることをご存知でしょう。フュージはいわば**「歯のない自動変速ギア」**。螺旋状に溝をつけた円錐に巻き付けた鎖（古くはガット＝腸線）を香箱に繋ぎ、ゼンマイがほどけトルクが減衰するにつれ自動的により径の大きな溝と連動させてゆく仕組みです。

　フュージは単純な原理の割にトルク補正機能が高く、海洋精密時計《マリンクロノメーター》（239頁参照）をはじめ高精度を要求され

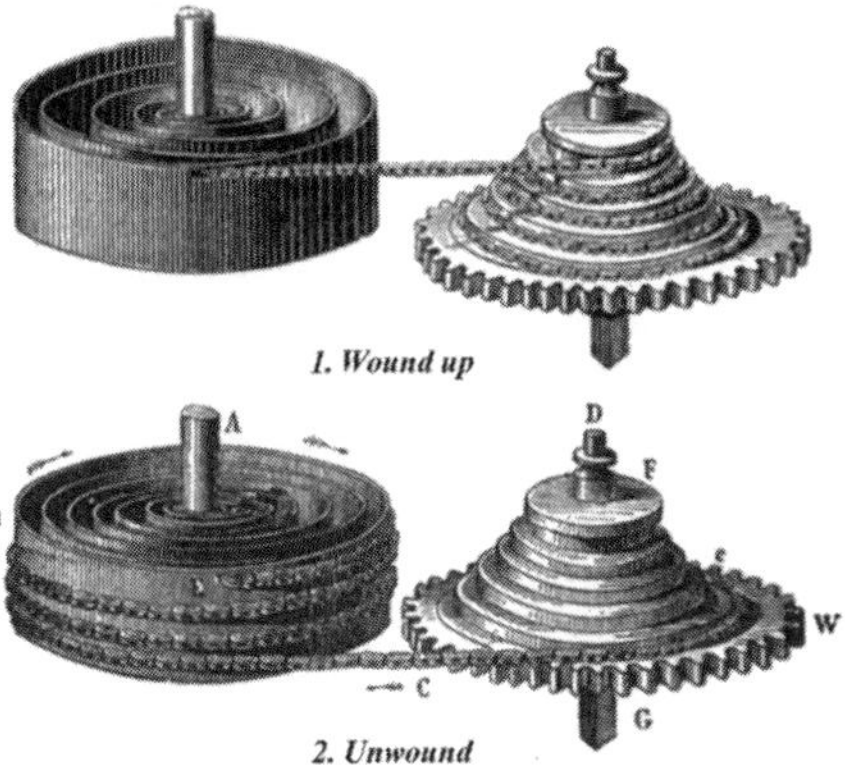

図15　チェーン&フュージ

るゼンマイ時計には今もしばしば使われます。とはいえ腕時計に用いられるようになったのは、素材と加工技術が進歩して極細で強度のある鎖が作れるようになってから。1994年にA.ランゲ&ゾーネの〝プール・ル・メリット〟に搭載されたのが最初です。その後も同社の後継モデルやブレゲの〝トラディション トゥールビヨン・フュゼ〟、ローマン・ゴティエの〝ロジカル・ワン〟など、限られた最高級品にしか使用されていません。

ゼンマイでゼンマイを巻上げる

一方、「**ルモントワール**」と「**コンスタントフォース**」は、A＝L・ブレゲらが活躍した18世紀に登場。前者はフランス語で「再巻上げ」、後者は英語で「定力」を意味します。

ゼンマイのトルクは長さと駆動時間に反比例しますから、より短いゼンマイをより短い時間だけ駆動させた方が安定したトルクが得られます。そこで精度を司る脱進機には短いゼンマイや板バネを介して瞬間的な駆動力を与え、香箱の主ゼンマイがそれを再巻上げし続けるようにしたのが、「ルモントワール」と「コンスタントフォース」。主ゼンマイのトルクが、短いゼンマイや板バネのそれを下回ると再巻上げができなくなり時計は止まってしまうので、持続時間より精度を優先する時計に採用されることが多いようです。

原理が似ているため混同されがちですが、定義に厳格なフランス出身の時計師**F**《フランソワ》**＝P**《ポール》**・ジュルヌ**(Journe, François-Paul：1957–)氏は、「脱進機に内蔵されて天輪に与える衝撃力《フォース》を毎回同じ《コンスタント》にする機構をコンスタントフォース、脱進機の外部から数秒ごとに安定したトルクを供給しながら再巻上げ《ルモントワール》する機構をルモントワールと呼び分けるべきだ」と力説なさっています。彼が開発した〝トゥールビヨン・スヴラン〟には、より精度を上げるため1秒周期で再巻上げする独自のルモントワールが搭載されています。一方、脱進機に内蔵されたコンスタントフォースの代表例はジラール・ペルゴの〝コンスタント・エスケープメントL.M.〟。どちらも1000万円超えの超高級時計です。

「二重香箱」の知られざる効果

これに対して、会社員にも手の届く価格帯のモデルにも搭載されていながらその意義が見逃されがちなのが「二重香箱」。英語で「ツインバレル」とも呼ばれます。その名の通り香箱を2つ繋いだ機構で、当然、ゼンマイも2つです。

二重香箱は単にパワーリザーブを伸ばすための機構と思われがちですが、それだけではありません。まず、ゼンマイのトルクは長さに反比例しますから、同じ駆動時間でも1本のゼンマイを長くするより2本に分けた方が高トルクが得やすくなります。さらに、2本のゼンマイを連結すれば、一方がほどけきる手前でトルクを落とす頃に他方がほどけはじめて高トルクを供給するなどトルク変動をある程度まで相殺し、定力機構としての役割も果たすのです。

二重香箱はA.ランゲ&ゾーネの〝ランゲ1〟やブレゲの〝クラシック・ツインバレル〟などの高級モデルから、最近では定力効果の程は不明ですが数万円で買える普及品にも搭載されています。また、ショパールの〝L.U.Cクアトロ〟は、二重香箱をさらに二段積みしてゼンマイを4本（〝クアトロ〟はイタリア語で4）にすることで効果を高めた特許機構です。

4 表示機構

4-1 「文字盤」は時計の顔

時計の「**文字盤**」を英語で「**ダイアル**」と呼ぶのは今日の語感ではやや違和感があるかもしれませんが、語源的にはむしろ正統。dialは「日」を意味するラテン語diesに由来し、元来が日時計（英語でsundial）やその文字盤を意味する言葉だったのですから。

日本の時計業界で「**エト（干支）**」と呼ぶのは、江戸時代の和時計（２２４頁参照）の文字盤に十二支で表す時刻が刻まれていた名残。日本産業規格（ＪＩＳ）の時計部品用語では「**文字板《いた》**」ですが、本書では一般に馴染みの深い文字盤と表記します。

腕時計の顔ともいえる文字盤は、人の顔に劣らぬほどバリエーション豊富です。使われている素材だけを見ても、金銀はじめあらゆる金属に加え、ラピスラズリなどの貴石やメテオライト（隕石）といった石材やセラミック、ＭＯＰ（マザー・オブ・パール＝真珠母貝）や木や紙など有機物に至るまで、千差万別。さらに多様なメイクアップ（加工・仕上げ）が施されています。

人の性格は顔に出るといいますが、腕時計の品質も顔である文字盤とそこに配された「**指針**」や「**インデックス**」や「**サブダイアル**」などの素材や加工や仕上げに表れます。腕時計を選ぶ際にも最初に目に入る部分なので、ぜひ基本知識を押さえておきたいところです。

「セトエト」ってそもそも何語？

とはいえ、文字盤に施される加工ひとつとっても、あまりにも種類が多すぎて、ひとつひとつ紹介していけばキリがありません。ここでは筆者が時計フェアなどでよく質問を受ける2つの加工法についてのみ簡単に説明しておきましょう。

まずは「**セトエト**」。片仮名で書くと何語かわかりませんが純然たる日本語で、漢字で書くと「瀬戸干支」です。瀬戸物のように見える文字盤だからで、英語でも「**ポーセリン・ダイアル**」などと呼ばれます。とはいえ実際には陶器ではなく、金属板にガラス質の釉薬《ゆうやく》を焼き付けた琺瑯《ほうろう》。つまりエナメルの一種です。エナメルのカラフルな印象に対して、琺瑯は昔の浴槽や食器によく使われた白をイメージしがち。時計の文字盤でもセトエトというと一般に白かオフホワイトのものを指し、色のあるものはエナメルと呼び分けられることが多いようです。

セトエトにもグレードがあり、ブレゲの〝クラシック〟に使われている「ホワイトエナメル・ダイアル」などは「**グラン・フー**（高温焼成）」で何層にも焼かれています。このタイプのセトエトは独特の透明感と艶があるので、見比べれば素人目にも違いがわかります。

「ギョーシェ」か「ギョウシュ」か

「ウ」と「ー」、「シェ」と「シュ」のどちらが正しいかと、たまに尋ねられます。どちらでもかまい

図1　ブレゲの「クル・ド・パリ」ギヨシェ模様

図2　フランク・ミュラーの「ソレイユ」ギヨシェ模様

ませんが、どちらも微妙。フランス語のguillochéを片仮名表記するなら**「ギヨシェ」**が最も近いでしょう。金属板などに細かい斜め格子（日本でいう**「魚子《ななこ》」**）模様を彫ることを意味する動詞の過去分詞で、名詞にすると「ギヨシュール（guillochure）」。時計の世界では、魚子に限らず**旋盤彫りの模様**全般を意味します。

　このギヨシェ文字盤を普及させたのもA＝L・ブレゲ。現在でも同社の腕時計には、彼が懐中時計に用いたのと同じ魚子模様のギヨシェ**「クル・ド・パリ」**（パリの鋲）がよく使われています**（図1）**。また、フランク ミュラーは**「ソレイユ（太陽）」**と呼ぶ放射状に配した波模様のギヨシェをトレードマークにしています**（図2）**。

　ギヨシェの上に半透明のエナメルをかけて模様を透かせるのが**「バスタイユ」**。ギヨシェに限らず金属面を彫って窪み部分だけエナメルで埋めるのが**「シャンルヴェ」**。金属線で囲った図柄や模様をエナメルで満たすのが**「クロワゾネ」**――。いずれも日本では**「七宝焼き」**と呼ばれるジャンルに入る技法で、高級宝飾時計の文字盤にしばしば用いられます。

　エナメルやギヨシェなど文字盤に施された加工と仕上げの美しさも、時計の品質を見分ける一要素といえるでしょう。

4-2 「サブダイアル」は時計の目

文字盤が腕時計の顔なら、さまざまな追加情報を表示する副文字盤**「サブダイアル」**（**「インダイアル」**とも）は目鼻や口に喩えられるかもしれません。もっとも、サブダイアルがない時計も多く、その場合は時分針だけなら**「二針」**、秒針が加わると**「三針」**と呼んでいます。

丸い目玉のバリエーション

最も目にする機会が多いサブダイアルは、時分針とは別軸の秒針**「スモールセコンド」**（46頁参照）と、クロノグラフと連動して分や時間単位の経過を示す**「積算計」**（**「カウンター」**）（132頁参照）でしょう。分積算計と時積算計はスモールセコンドと同じ直径で3、6、9、12時位置のいずれかに配されるのが基本。日本の時計好きは、2つが並ぶものを**「二眼」**または**「二ツ目」**、3つが三角形に配されたものを**「三ツ目」**などと呼びます。

「カレンダー」のうち日付《デイト》や曜日《デイ》を指針で示すタイプも多くは丸目。たまに扇形で指針が往復する**「レトログラード」**（後述）表示もあります。四角い窓に表示するタイプはサブダイアルではなく単にカレンダーと呼ばれることが多く、特に日付の数字が大きなものを**「ビッグデイト」**と呼びます。いずれのタイプも基本的に日付は31日で1周するので、小の月の終わりには**「日送り」**しなければなりません。これを自動的に行う**「年次カレンダー」**や**「永久カレンダー」**については、次の「複雑機構」

の章で解説します。

別の時間帯の時刻を表す時分針を持つサブダイアルは、その数に応じて「**デュアルタイム**」や「第3時間帯表示」などと呼ばれます。ちなみに「**ワールドタイム**」という場合は、文字盤の外周を24時間で1回転する輪と、世界の主要都市名が記された輪の組み合わせで各地の時刻を示すタイプ（**図3**）をいいます。

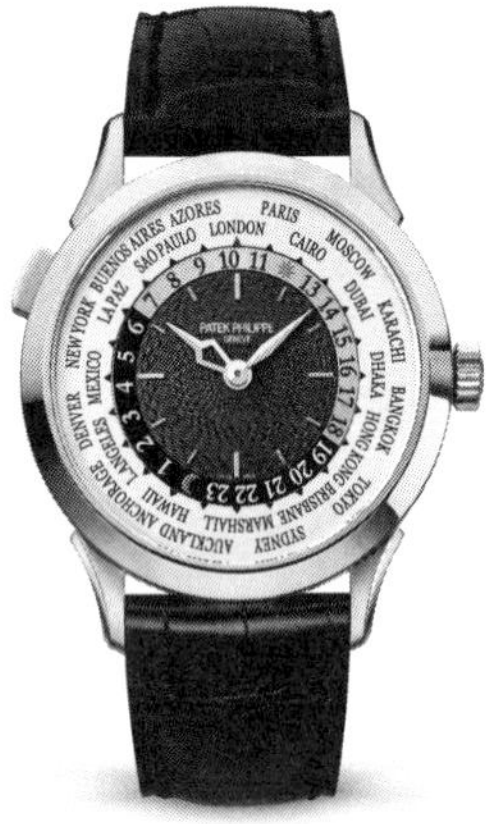

図3　ワールドタイム表示（パテックフィリップref. 5230G）

サブダイアルは、文字盤に描いただけのものより「**段差**」をつけたものの方が上質とされています。段差のつけ方にもグレードがあり、プレス成形より旋盤彫りの方が上。セトエトの高級品には、文字盤を丸くくり抜いて面取りし、裏から別の金属板を溶接した上でエナメルをかけて焼いたものまであります。**より手間のかかる作り方がよしとされる**のは、腕時計の全パーツに共通する価値観です。

ムーンフェイズは「顔」ではない

3つの半円に囲まれた扇形の小窓を月が行き交う「**月相表示**」（154頁参照）。月に顔（face）が描かれることが多いせいかしばしば「ムーンフェイ**ス**」と誤記されますが、月の位相（phase）つまり満ち欠けを表示するので「**ムーンフェイズ**」が正解です。ただし、表示されるのは月相でも、日単位で動くものがほとんどのため、厳密には「**月齢表示**」と呼ぶべきかもしれません（**図4左**）。

エナメルを焼き付けた夜空に金やプラチナの月星を磨き出した高級仕様から、絵柄をプリントしただけの普及版まで、ムーンフェイズの見た目もさまざま。また、詳しくは第2章の「天文表示」の項で述べますが、月の公転周期をどれだけ正確に再現するかで機構の複雑さも変わってきます。

ちなみに、ムーンフェイズと間違われがちな表示に**「昼夜時間帯表示」**、通称**「サンムーン」（図4右）**があります。両端に太陽と月が描かれたディスクが24時間に1周し、同じ0時でも昼か夜かを示すサブダイアルで、一種の24時間計。絵柄に太陽と月の違いがある上に、ディスクが昼夜二分で色分けされているので、よく見ればすぐに違いがわかります。

図4　ムーンフェイズ（左）とサンムーン（右）

ロング・パワーリザーブは痛し痒し

ムーンフェイズやサンムーンに多い半円形に対し、扇形のサブダイアルの筆頭はゼンマイ動力の残量を示す**「パワーリザーブ表示」**。複雑機構に加えられることもありますが、多くは極めて単純な機構。例えば扇形ラックギアの要《かなめ》に表示針を据え、香箱と連動させるだけでも作れます**（図5）**。

目盛に数字がある場合、通常はゼンマイが駆動できる残り時間（ロング・パワーリザーブの場合は日数）。稀に残量のパーセンテージ表示もあります。英語でup・down、ドイツ語でauf（元気）・ab（お疲れ）などと表示され、かえってややこしい場合もありますが、通常は表示針が横向きなら上、縦なら右が残

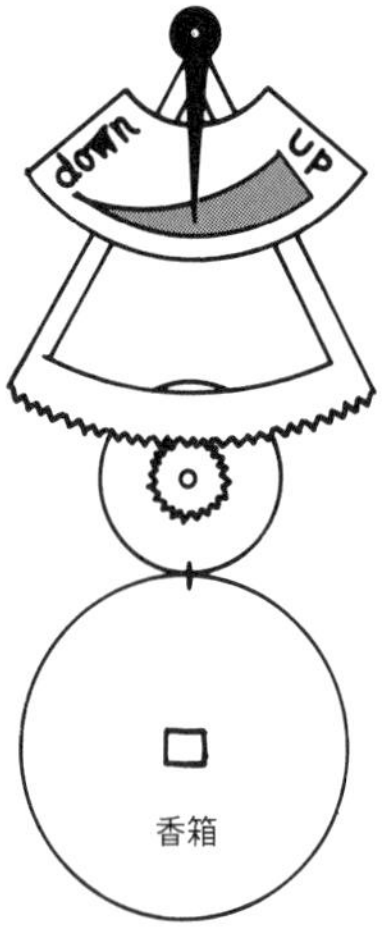

図5　パワーリザーブ表示

量の多い方向です。

ちなみに、IWCの〝ポルトギーゼ・ハンドワインド・エイトデイズ〟などロング・パワーリザーブの時計が**「8日巻」**をうたうことが多いのは懐中時計時代からの伝統で、1週間巻かなくても大丈夫なことをアピールしているわけです。A.ランゲ&ゾーネの〝ランゲ31〟は**「31日巻」**、つまり1ヵ月間、巻かなくても大丈夫。とはいえ、手巻の場合は巻上げる感触を味わうのも時計好きの楽しみのひとつなので、あまりゼンマイが長持ちするのも痛し痒しといったところでしょう。

行ったり来たりの繰り返し

扇形のサブダイアルを指針が進み、端まで行くと瞬時にジャンプしてスタート地点に戻る機構が、**「レトログラード」**。フランス語で「逆行」を意味します。複雑機構に加えられがちですが、パワーリザーブ表示と同様に表示機構の一形態であることに加え単純な仕組みのものが多いので、ここで紹介しておきます。

例えば**図6**は、1歯欠いた歯車と噛み合うラックギアが螺旋バネを押しながら指針を回していくタイプ。歯が欠けた部分が回ってきた瞬間に噛み合わせが外れ、ラックギアと指針はバネの反発力で最初の位置まで飛んで戻るという仕組みです。

分針と秒針がレトログラードのジャン・イヴ〝セクトラ2〟などは、むしろ扇形がメインダイアル。男女の形をした時針と分針が対向レトログラードになって扇形の橋の上で12時ちょうどに出逢うヴァン クリーフ&アーペルの〝ポン デ ザムルー〟などは、もはや**「オートマタ」**（１６９頁参照）の一種といっていいかもしれません。

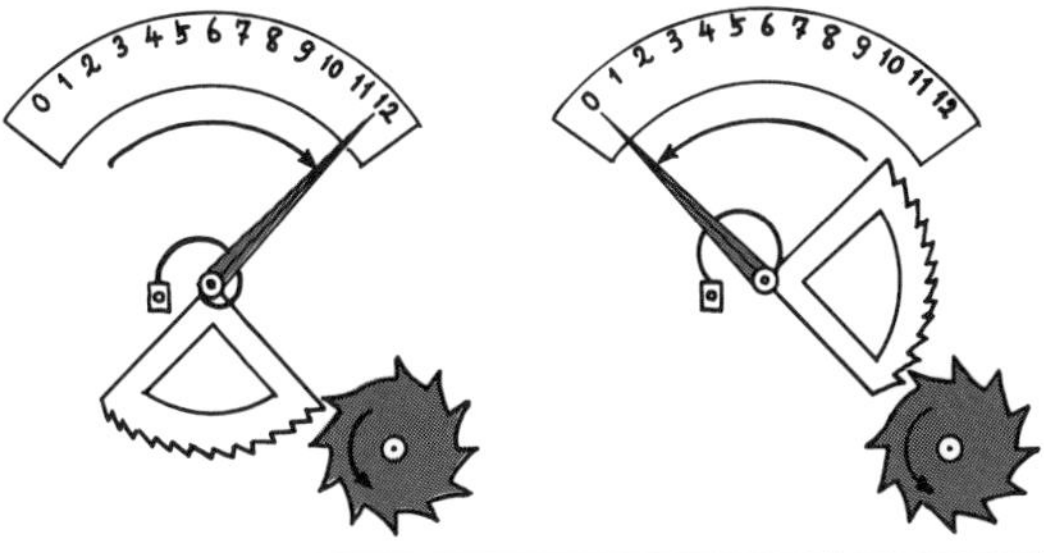

図6　レトログラード表示

4-3 「針」が文字盤に描く眉

どんな高級時計でもアナログ表示なら、時計業界で単に**「針」**や**「腕」**と呼ぶ指針がなければ意味をなしません。細く小さなパーツながら文字盤全体の印象に大きく影響する針は、人の顔で喩えれば眉にあたるでしょうか。

機械式時計７００年の歴史の中で作られてきた針のバリエーションは数え切れないほどあります。ここでは現在の腕時計に比較的よく見られる14タイプ（**図7**）についてのみ、簡単に解説しておきましょう。

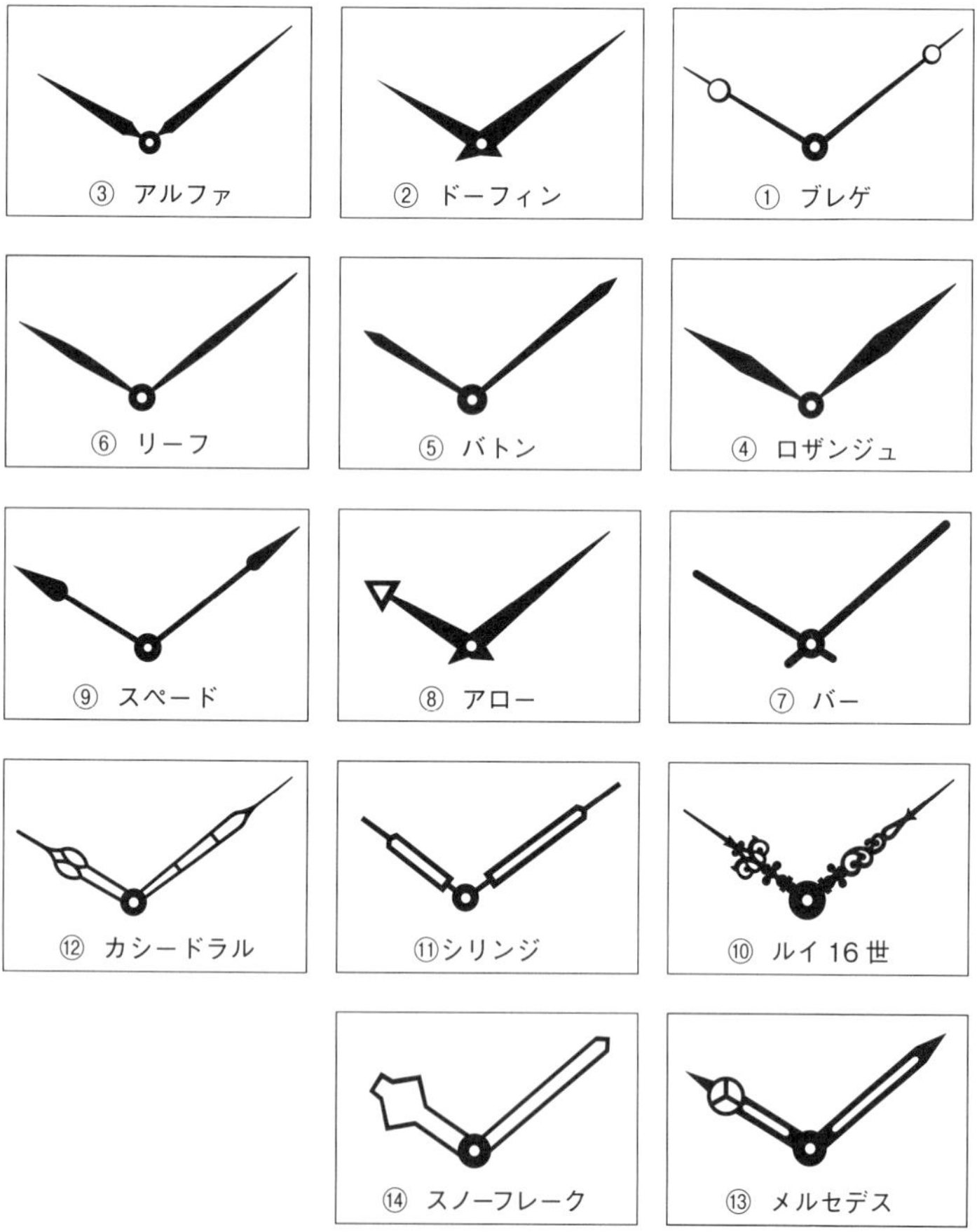
③ アルファ
② ドーフィン
① ブレゲ
⑥ リーフ
⑤ バトン
④ ロザンジュ
⑨ スペード
⑧ アロー
⑦ バー
⑫ カシードラル
⑪シリンジ
⑩ ルイ16世
⑭ スノーフレーク
⑬ メルセデス

図7　針のタイプ

「ドーフィン」はイルカではなく王太子妃

①**「ブレゲ針」**：天才時計師A＝L・ブレゲはここでも自らの名を残しています。今では他社の腕時計にも使われますが、正しいブレゲ針は鋼を焼き入れして青光りさせた**「ブルースチール」**で作られ、先端の丸い部分に開けた穴が針先側に偏心してきれいな三日月型を残すのが特徴。ぜひ本家本元をお店で確認してみてください。

②**「ドーフィン」**：パテック フィリップ〝カラトラバ〟やセイコー〝グランドセイコー〟でおなじみのこのタイプは、我が国ではしばしば「ドルフィン」と呼ばれ、イルカに形が似ているからだと説明されます。けれどもスペルは英語圏でも**dauphine**と表記され、これはフランス語の**dauphin**（ドーファン）の女性形。**dauphin**はイルカの他にフランス王太子を意味し（理由はWikipedia等をご参照ください）ますが、女性形は王太子妃とそこから派生した意味しかありません。したがって、やはり王太子妃にちなむ命名と考えて**「ドーフィーヌ」**、あるいは英語読みで「ドーフィン」と呼ぶのが正しいでしょう。

③**「アルファ」**：ドーフィンの付け根を絞った形。A.ランゲ&ゾーネ〝ランゲ1〟がこのタイプ。

④**「ロザンジュ」**：フランス語で菱形の意。カルティエ〝パシャ〟などに見られます。

⑤**「バトン」**：三角に尖った先端に向けわずかに広がる形。カルティエ〝タンク〟が代表例です。

⑥**「リーフ」**：細い葉のような曲線。パテック フィリップは同じ〝カラトラバ〟でもプラチナケースの〝ref.5196P〟には、よりクラシックな雰囲気が出せるこのタイプを使用しています。

⑦**「バー」**：その名の通り棒形で、ロレックス〝オイスター〟はじめ最も多くの腕時計に使われてい

るタイプではないでしょうか。先が三角に尖ったものは**「ペンシル」**と呼ばれます。
⑧**「アロー」**：先端が矢印形になった針。オメガ〝スピードマスター'57〟の時針のように矢印が大きめなものは**「ブロードアロー」**などと呼ばれます。
⑨**「スペード」**：先端がトランプのスペード形。海洋精密時計の時針に使われることが多く、その意匠を継承するユリス・ナルダン〝マリーン トルピユール〟などに見られます。
⑩**「ルイ16世」**：同王が治めた18世紀後半のフランスで流行ったロココ調の針。ラング&ハイネ〝フリードリッヒ・アウグスト〟（同社は「ルイ15世」と表現）のように、クラシックな印象を演出したい場合に使われます。

暗闇で光る「骸骨」たち

⑪**「シリンジ」**：注射器の意。ジン〝158〟など軍用風味の時計に多いようです。
⑫**「カシードラル」**：時針の先端の形から日本では**「コブラ針」**と呼ばれます。やはり軍用風味でよりクラシックなイメージ。ハミルトン〝カーキ フィールド〟などに使われています。
⑬**「メルセデス」**：ロレックス〝エクスプローラーⅠ〟でお馴染み。時針の先端の形からの命名です。
⑭**「スノーフレーク」**：こちらはチューダー〝ブラックベイ〟のトレードマーク。時針先端に正方形。
⑪から⑭までは**「スケルトン針」**（フランス語で**「スケレット」**とも）で、くり抜き部分を蓄光顔料で埋めた**「夜光針」**に多用。視認性の高い大きな針を軽くでき、暗闇でも時刻がわかるため、軍用時計によく使われます。ちなみに、かつては放射性物質が含まれていた蓄光顔料も、現在は人体に無害な

原料で作られているのでご安心ください。

針は軽い方がよく、金より貴重な鉄がある

細く小さな針ですが、だからこそ逆に品質の善し悪しが表れがち。プレス機で打ち出しただけの針と、削り出しで丁寧に面取りと磨きを施した針の差は、素人目にも歴然とわかります。

覚えておいていただきたいのは、時計の針に限っては鉄の方が貴金属よりよしとされる場合があるということ。それがブレゲ針のところで触れた、鋼に焼きを入れて作る「ブルースチール」です。金やプラチナより丈夫な上に比重も低いため、より細くて軽い針が製作可能。そして**機械式時計の部品は軽いに越したことはありません。**重い部品はより多くのゼンマイ動力を消費する上に、姿勢差など精度に影響する重力の影響も受けやすいからです。常に動き続ける針の場合はなおさらで、A＝L・ブレゲからF＝P・ジュルヌに至るまで精度を重視する時計師が貴金属より軽いブルースチールの針を好む理由はここにあります。

艶のある青光りが均等に出るよう焼きを入れるには高度の熟練が求められる点も、ブルースチールが金より希少とされる所以。ただし、世の中には塗料で色を似せただけのなんちゃってブルースチール針も大量に出回っているのでご注意ください。ちゃんと焼き入れで作ったものは光の当たり方によって金属質の「遊色」（虹のように移ろう色味）が表れるのに対し、まがいものはいかにも塗料っぽい平板な艶なので、いくつか見比べればすぐに判別できるようになるはずです。

4-4 インデックスは顔のアクセント

指針が示す指標となる目印や数字を**「インデックス」**と呼びます。不思議なことにＪＩＳの時計部品用語には「目盛リング」があるだけで、インデックス単体を意味する用語はありません。それでもインデックスは文字盤にアクセントを添える大事な部品。人の顔に喩《たと》えれば、チャームポイントのホクロです。

□△○と数字が基本

インデックスには数字や文字が描かれたり、ダイヤモンドなどの宝石が嵌め込まれたりする以外にも、ありとあらゆる形の目印が使われます。ここでは最も多い抽象的な形の目印と数字に関してのみ簡単に触れておきます。

抽象的な形の目印は□△○の３タイプに大別できます。いずれもよく目にする形なので、代表的なモデルを例に挙げるまでもないでしょう。個々の呼称は、カタログや雑誌で比較的よく目にするものだけを太字で表します。

□　あらゆるブランドの多くのモデルで使われている最もポピュラーな形は、単なる太線も含めた広義の長方形。太さに応じて「スティック」、**「バー」**、**「バトン」**、「スクエア」などと呼び分けられます。面取りされた直方体を「植字」（後述）したものは**「バゲット」**と呼ばれます。

△　**「ダガー」**、**「ウェッジ**（くさび）**」**、「トライアングル」。スポーツウォッチの12時位置などに多い逆正三角形のものは**「アロー」**と呼ばれます。

○　小さめは**「ドット」**と呼ばれ、主に補助的な役割で使われます。大きめのものは「ラウンド」とも。

いずれの形も、ドレスウォッチには細く小ぶりの、スポーツウォッチには太く大ぶりのインデックスが用いられる傾向があるようです。

数字の書体でわかるブランド

清朝期の中国に輸出していたスイス製懐中時計や、現行品でも日本製などには稀に漢数字や干支が使われることもあるとはいえ、数字は1〜12の**「アラビア数字」**かⅠ〜Ⅻの**「ローマ数字」**が基本。一般にローマ数字の方がよりクラシックな印象です。時計のインデックスの場合、同じローマ数字でもⅣの代わりにIIIIが使われるのが伝統的。14世紀のフランス国王シャルルⅤ世がⅤからⅠを引くのは縁起が悪いとの理由でⅣの使用を禁じたという説がまことしやかに伝えられていますが、それ以前からIIIIが使用された例も多いため、単に視認性や習慣の問題でしょう。

図8　ブレゲ数字

ローマ数字の書体が大体同じなのに対し、アラビア数字の書体は千差万別。その中でもブランドのトレードマークになっているのが、ここでもまたA＝L・ブレゲが考案した**「ブレゲ数字」**（**図8**）と、フランク ミュラーの**「ビザン数字」**（70頁の**図2**参照）です。後者は「ビザンチン（帝国）風」と呼ばれた古い数字の書体を独自のデザインに仕上げたもの。同社の腕時計の文字盤にカラフルかつでかでかと描かれていて、一目でフランク ミュラーとわかります。

「植字」は死ぬほど手間がかかる

目印や数字を文字盤につける加工法もいろいろあって、その仕上がりもまた腕時計の善し悪しを見分けるポイントとなり得ます。

最高級とされるのが**「植字」（図9）**です。活字を組む作業を示す印刷用語と同じな上に、数字や文字以外にも使うのでまぎらわしいのですが、英語の**「アプライド」**やフランス語の**「アプリケ」**はどちらかというと「貼り付け」の意味が強いので、ここはあえて日本語で植字と呼んだ方がしっくりくるでしょう。

図9　植字

図10　タコ印刷

というのも植字は単なる貼り付けとは違い、目印や数字の形を貴金属などの板から削り出して磨き上げ、裏に「足」と呼ばれるピンを溶着して文字盤に開けた穴に「植える」という、手間がかかるやり方だからです。パテック フィリップは植字に１００以上もの工程を費やしているとのこと。同社やA.ランゲ&ゾーネといった一流メーカーの植字インデックスは、鏡のように輝く滑らかな曲面が隅々まで隙間なく文字盤に密着しています。
同じ立体的なインデックスでも、文字や数字を溶接あるいは接着したものや、プレス機で型を打ち出したものもあり、後者は肉眼で見てもそれとわかります。

時計が生んだ「タコ印刷」

平面的なインデックスの場合はプリントより「手描き」が格上とされますが、これも腕時計のインデックスに限っては、手描き以上に希少とされる印刷技術があります。凹版に顔料を充填して表面を拭き、そこにゼラチンやシリコン製のパッドを押しつけて写し取った顔料をさらに対象物に転写するという手の込んだ技法（**図10**）で、フランス語で**「デカルケ」**と呼ぶのは転写の意。日本で**「タコ印刷」**と呼ぶのは、パッドの形と触感がタコの頭に似ていることに由来するそうです。パテック フィリップなどにも見られますが、特にF＝P・ジュルヌが好む技法として知られています。
細部まで再現可能で曲面にも印刷でき、しかも将棋の駒の文字のように盛ることもできるタコ印刷は、陶磁器の世界でも「印判」と呼ばれて絵付けに使われますが、元々はスイスで時計の文字盤を印刷するために開発された技法。ここでも時計が生んだ技術が他に役立っています。

4-5 「デジタル表示」は眉なし時計

最後に、文字盤に時計の眉ともいうべき指針がない時計にも触れておきましょう。いうまでもなく

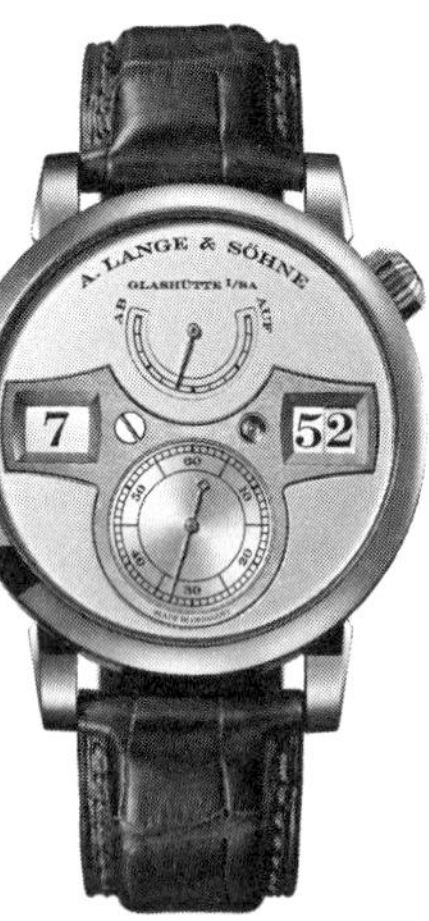

図11　ジャンピングアワー（ランゲ〝ツァイトヴェルク〟）

「デジタル表示」のことです。

機械式腕時計の場合、デジタルといっても数字を書いたディスクや筒が回転して小窓や扇形のサブダイアルに時刻を表示します。この動きが連続的だとアナログ感がぬぐえませんし、数字の変わり目には時刻がわかりにくくなりがちです。そこで、バネを利用して時分が変わる瞬間に数字が飛ぶようにするのが「**瞬転機構**」。俗に「**ジャンピングアワー**」と呼ばれるように、主に時表示に使われます。現行品でデジタル表示と呼ばれる機械式腕時計の多くは、時表示だけが数字で分や秒はアナログ表示。瞬転する数字で分単位まで示す機械式腕時計は、今のところA.ランゲ&ゾーネの〝ツァイトヴェルク〟（**図11**）くらいしか見当たりません。

時計デザイナーの**G**《ジェラルド》**・C**《シャルル》**・ジェンタ**（Genta, Gérald Charles：1931-2011）は（364頁参照）、ジャンピングアワーの時表示とレトログラードの分表示の組み合わせが得意で、自社の〝アリーナ〟や、彼の基本デザインを踏襲するブルガリ〝オクト〟などに多用しています。ちなみにフランク ミュラーの〝クレイジー アワー〟もジャンピングアワーと表現されることがありますが、こちらはその名の通りランダムに数字が配された文字盤上を時針が不規則にジャンプしていくアナログ表示であり、意味が違います。

5 外装

5-1 ケースは時計の一張羅

文字盤が腕時計の顔ならケースは上着で、ベルトやブレスレットはパンツやスカートなどボトムスに喩えられるかもしれません。ボトムスは変更可能ですが、上着は着替えられない一張羅。高級時計はムーヴメントごとにケースの仕様が決まっていますし、汎用ムーヴメントでケースを替えれば別の時計になってしまいます。

ちなみにケースのことを日本では**「側《がわ》」**と呼び、「18K側」「ステン（レス）側」などと表現します。側という文字が本来意味する側面は**「胴」**と呼び、ベルトやブレスレットを取り付ける**「ラグ」**と、時計によっては**「リューズガード」**なども胴に含まれます。この胴を、**「ベゼル」**に縁取られた**「風防」**（保護ガラス）と**「裏蓋」**が表裏から挟んで、ケースが出来上がっているわけです（19頁参照）。

腕時計のケースも服の上着と同じで、軽くて丈夫で汚れにくい方が機能的。ゆえにチタンやセラミックなど軽くて丈夫で錆びないさまざまな新素材が使われます。とはいえ、機能性だけでは語れない点も上着と同じ。俗に**「持ち重り感」**といって、腕時計はある程度の重さがあった方が逆につけていて落ち着くというご意見も少なくありません。もちろん、見映えや見栄も大切でしょう。

そんなこんなで結局のところは、金銀プラチナにステンレススチール（SS）といった昔ながらの金属素材を使ったケースがいまだに多数派を占めているようです。ただし、そのほぼ全ては何らかの合金ですから、金属名は同じでも色味や性質はさまざまで、時代と共に進化もしています。

貴金属ケースは「ホールマーク」を探せ

貴金属ケースには種類と品位（純度）を表す刻印がありますが、これにはメーカーが独自で打ったものと公的な「ホールマーク」（純分認証極印）があります。

かつては国ごとにホールマークが違っていましたが、1973年にスイスを含むヨーロッパの主要国が条約を結び、**CCM**（Common Control Mark）と呼ばれる表示法（**図1**）に統一されました。刻印の形が貴金属の種類、秤の意匠の下の数字が千分率による純度を表示。さらに製造国を表すマークもあり、スイス製はセントバーナード犬の横顔（**図2**）が刻印されます。

CCMはケースなら裏蓋や胴、ラグの裏側などに打たれていますが、デザインの邪魔をせず偽造も防ぐ目的から、大抵はわずか1㎜幅ほどの極小サイズ。かなり拡大率の大きなルーペを使わなければ判別できません。うっかりすると見過ごしてしまいますが、ちゃんとしたブランドの貴金属ケースなら必ずどこかに打たれているので、目を皿にして探してみてください。

日本はCCMに加盟しておらず、貴金属の純度は造幣局が認定。造幣局の日の丸マークと、菱形の中に千分率による純度を表す数字、プラチナの場合はさらにPtと記した四角を加えたホールマーク（**図3**）が刻印されます。こちらはCCMより大きく肉眼で判別できますが、ホワイトゴールドか銀かは千分率の数字や素材の色味やメーカーの刻印で判断するしかありません。

メーカー独自の刻印は、表示方法もいろいろです。金はAu、銀はAg、プラチナはPtと元素記号を刻んだり、純度も千分率だけでなく24分率で表したり。後者は専ら金に用いられ、K18あるいは18Kというように「カラット」の頭文字Kがつくことで千分率と区別できます。

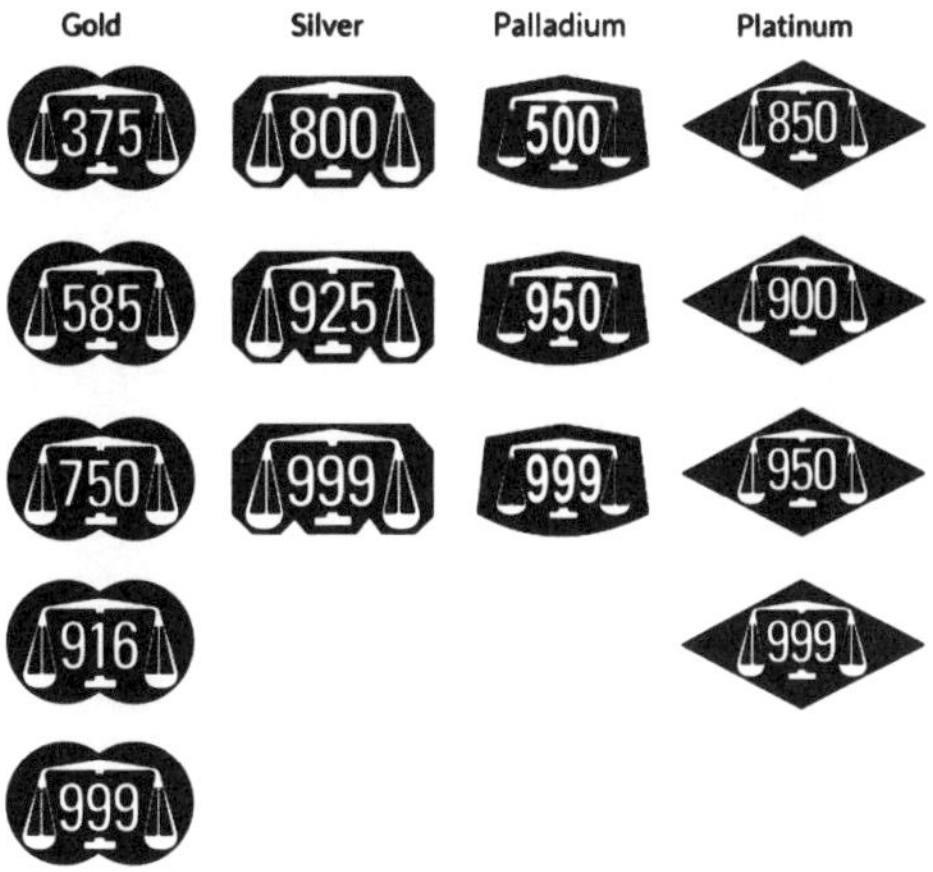

図1　CCM刻印

図2　スイス製品刻印

白金製品		金製品		銀製品	
品位（1000分中）	証明記号	品位（1000分中）	証明記号	品位（1000分中）	証明記号
1000	1000 Pt	1000 K24	1000	1000	1000
950	950 Pt	917 K22	917	950	950
900	900 Pt	835 K20	835	925	925
850	850 Pt	750 K18	750	900	900
		625 K15	625	800	800
		585 K14	585		
		500 K12	500		
		417 K10	417		
		375 K9	375		

図3　造幣局・貴金属品位証明刻印

同じ金銀でも十人十色

時計のケースにK18（＝千分率750）の「18金」が使われることが多いのは、純金だと軟らかすぎて傷が付きやすいので合金にして強度を高めるためと、金75％に対し残りの25％にどんな金属を混ぜるかで色味を変えられるからでしょう。最近は青い18金までありますが、腕時計のケースに多いのはイエロー、レッド（ローズ）、ホワイトの3色。それぞれYG、RG、WGと略されます。同じYGやRGでも（特に後者は）含有金属によって微妙に色調が違い、印刷物やモニター表示ではわからないことが多いので、必ずお店で現物をご覧になるようおすすめします。

プラチナは千分率900か950が主流。腕時計ケースの素材としては一般に金より格上とされ、同じモデルでも最上位機種によく使われます。一方、格下に見られがちな銀は千分率925の「スターリング（Sterling）」が多用されますが、変色しやすいせいか最近はあまり目にしません。

PtとWGとSterlingとSSは同じ銀系の色ですが、よく見比べるとなんとなく違いがわかるはず。SSの硬質な輝きに対して貴金属には独特のしっとりした艶があり、PtよりWGの方が柔らかみが感じられ、銀は陰影の濃さが独特です。

SSはステンレス（錆びない）スチール（鋼）の略。鉄に他の金属を混ぜて錆びにくくした合金で、用途が広い分、貴金属以上に種類が豊富です。腕時計のケースには、一般には鋼種記号304の汎用ステンレス、高級品にはより耐食性に優れた316Lがよく使われます。ロレックスは1980年代半ばから航空宇宙産業で使われる904L系統を採用し、同社のケースの商標を冠して〝オイスタースチール〟と呼んでいます。304は鉄にクロムとニッケル、316Lはそれらに加えモリブデン、

904Lはさらに銅も加えられているそうですが、色味は特に変わらず素人目には区別がつきません。SS素材の種類に関しては、カタログスペックなどで確認するしかないでしょう。

PとFには気をつけろ

芯から表面まで同じ素材であることを**「無垢」**、英語で**「ソリッド」**といい、金なら「金無垢」、「ソリッドゴールド」と表現します。これに対して、表面に別の金属をコーティングするのが**「メッキ」**と**「張り」**です。

「メッキ」は電解や蒸着などさまざまな方法で金銀やチタンなど各種金属の被膜を作る技法で、英語ではplating。金メッキはGold Plated、略して**GP**と記されます。

一方の「張り」は、主に金など軟らかい貴金属を圧延して貼る金箔張りのような技法で、英語ではfilling。金張りはGold Filled、略して**GF**です。一般にメッキより貴金属の被膜が厚く上質とされ、それを誇るかのように100 micronなど厚さが併記されていることがよくあります。

K18と刻印があっても、その後にGPと続けば18金メッキで、GFと続けば18金張り。18金無垢ではありませんので、ご注意ください。

ケースの基本形は○と□とその中間

腕時計のムーヴメントの地板の形は、丸い歯車の連なりを限られたスペースに無駄なく収める都合上、ほとんどが丸か四角かその中間。ゆえにケースの形もそれが基本となります。ウォルサムの〝フリーメイソン・ウォッチ〟のような三角形や、カルティエの〝クラッシュ〟のような**変形ケース**もありますが、ここでは基本的なバリエーションのみを紹介しておきましょう（**図4**）。

①「**ラウンド**」：最も多い真円形は、例を挙げるまでもないでしょう。

②「**オーバル**」：ブレゲ〝クイーン・オブ・ネイプルズ〟のようなやや卵形から、パテック フィリップ〝ゴールデン・エリプス〟のように角が丸い長方形に近い形まで含まれます。

③「**ポリゴン**」：円と正方形の中間ともいえる正多角形で、「**オクタゴン**（八角形）」や「**ヘキサゴン**（六角形）」などそれぞれの形で呼ばれます。オーデマ ピゲ〝ロイヤルオーク〟やブルガリ〝オクト〟など、「オクタゴンを見たらG・ジェンタと思え」といわれるほど同氏が得意としたデザイン。

④「**クッション**」：円と正方形の中間の、その名の通り座布団型。パネライでお馴染みです。

⑤「**トノー**」：フランス語で樽の意。いわば円と長方形の中間で、フランク ミュラーといえばこの形。彼に限らずほとんどのブランドが何らかのモデルで採用しているポピュラーな形です。

⑥「**カレ**」：フランス語で正方形。英語で「**スクエア**」という場合も、多くは正方形のケースを意味します。カルティエの〝サントス〟や〝タンクMC〟が代表選手。

⑦「**レクタンギュラー**」：長方形のケースは、英語の形容詞でこう呼ばれるのが一般的。ジャガー・ルクルトの〝レベルソ〟などはムーヴメントもケースに合わせて縦長になっています。

これらはケースを正面から見た形ですが、横から見た際に特徴的な形として「**カーヴェックス**」を挙げておきます。より腕にフィットするよう、ケース全体を湾曲させた形。元々はアメリカのグリュエン社が1935年に発表したモデルの商標で、モヴァードが同12年に発表した〝ポリプラン〟（**図**

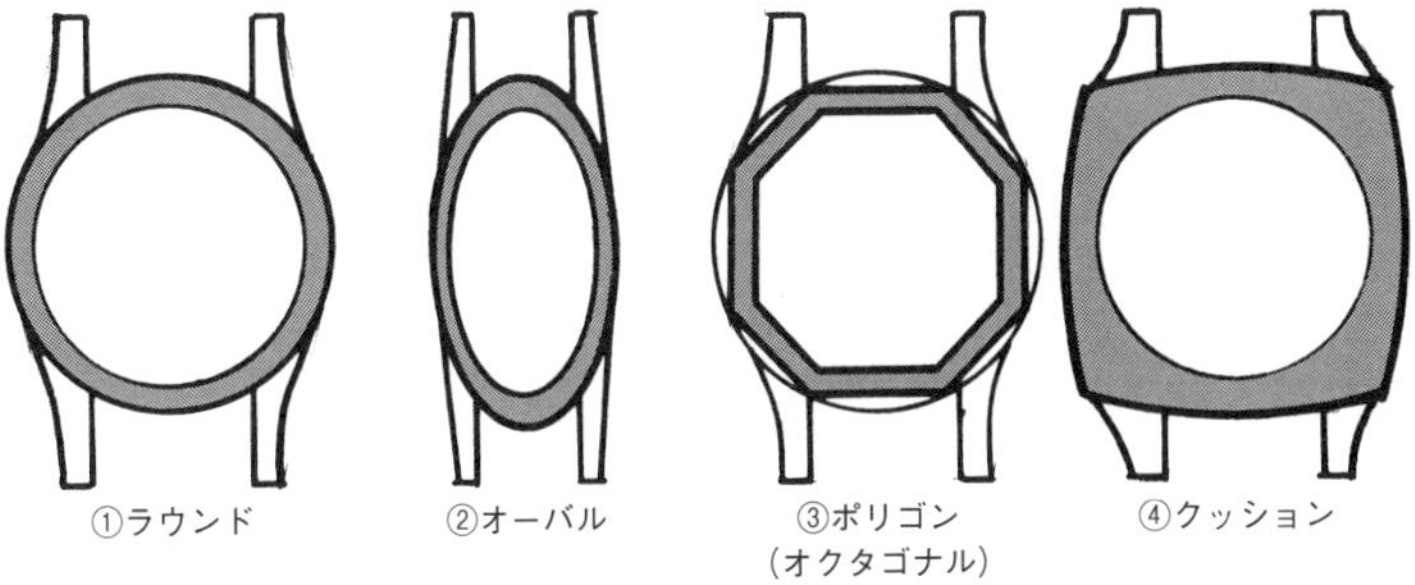

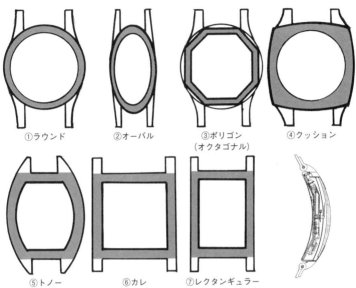

図4　ケースの代表的タイプ

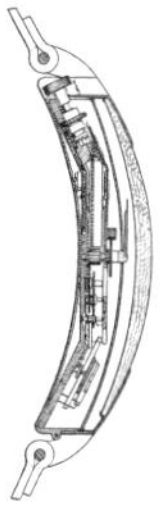

図5　カーヴェックスケース（モヴァード〝ポリプラン〟）

5）のようにケースに合わせてムーヴメントまで曲がっていたところがポイントでしたが、現在ではケースだけ湾曲させたものも含め広くこの名で呼ばれているようです。

ケースのサイズは流行に敏感

腕時計のサイズをいうときは、ケースの外径を㎜で表す以外に、ムーヴメント径を時計独自の単位である**「リーニュ」**で表す場合もあるのでご注意ください。リーニュはメートル法以前のフランスで使われていた長さの単位で、**1リーニュ＝約2・256㎜**。日本の時計業界ではリーニュを**「型」**と呼び、例えば15型ならムーヴメント径が約34㎜の時計を意味します。とはいえ、一般にカタログ等に㎜で表示されるサイズは、ケースの外径を表すものと考えてよいでしょう。

これも持ち重り感にかかわる問題ですが、ケースのサイズも必ずしも小さくて薄い方が好まれるとは限らず、その時々のブームがあります。

ごく初期には懐中時計用ムーヴメントを使用した大ぶりのものもありましたが、腕時計が広く普及しはじめた1920年代以降は、基本的に小型・薄型化の方向へと進化。特にレディス（古い時計業界用語でいう「**女《め》持ち**」）は俗に「**南京虫**」と呼ばれたほど小型化し、メンズも'50年代には直径30㎜程度が主流になっていました。

ところが'60年代後半に入るとファッションのカジュアル化とスポーツウォッチの流行で大型化への逆行が始まり、機械式人気復活後の2000年代初頭には俗にいう「**デカ厚**」ブームが起きて、腕からはみ出してしまいそうに大きな時計がもてはやされることに。その後は再び小型化の流れも出てきましたが、2020年時点ではまだケース径40㎜前後が主流のようです。

このように、腕時計のケースの大きさは、同じブランドの同じモデルでもその時々の流行に応じて結構、変化しています。そのため、ケースとムーヴメントの大きさが合わずに隙間が生じることも。無駄な空きはないに越したことはありませんが、そこは見た目の印象とどちらを取るかの相談になるでしょう。いずれにせよ、写真やカタログの数字だけでは、ご自身の腕に着けたときにどのくらい大きく見えるかという実際の印象まではわかりません。ぜひお店で実物を試着してお選びください。

5-2 防護ケースは時計を守る鎧

ケースは腕時計の上着ですから、見た目の演出だけではなく、本体であるムーヴメントを守るという重要な役割もあります。防護に特化した鎧のようなケースをいくつか紹介しましょう。

人間より深く潜れる「防水ケース」

防護型ケースの筆頭が「**防水ケース**」。水だけでなく埃の侵入も防ぐので、「**防水防塵ケース**」とも呼ばれます。

この分野の先駆けもロレックスでした。1926年に裏蓋とリューズをそれまでの「**はめ込み式**」から「**ねじ込み式**」にした防水防塵ケース〝オイスター〟を開発。翌年にイギリスのスイマー**M《メルセデス》・グライツ**（Gleitze, Mercedes：1900-81）がイギリス海峡横断時に着用して防水性能を実証します。ちなみにこの時の〝オイスター〟はクッション型ケースに丸い裏蓋をねじ込む形で、自動巻機構〝パーペチュアル〟の開発前だったため手巻でした（**図6**）。

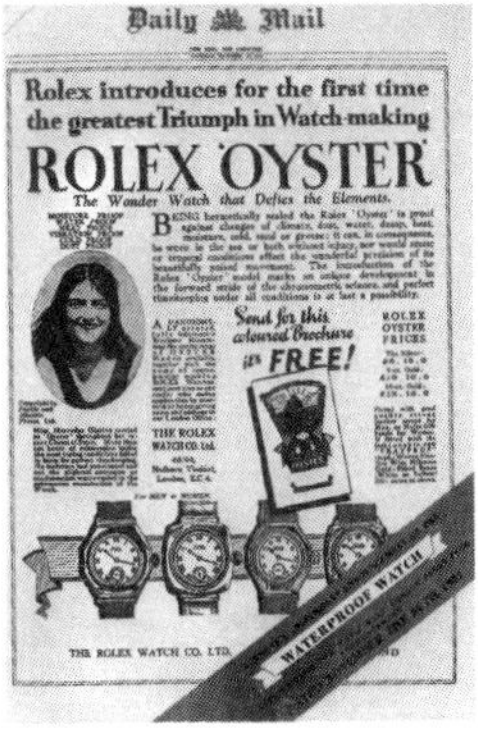

図6　ロレックス〝オイスター〟（1927年の広告）

以後、ロレックスは防水ケースのデフォルトとなる新たな機構を次々に開発してきました。53年には水深100m防水性能と潜水時間がわかる目盛入り「**回転ベゼル**」を持つ〝サブマリーナー〟（**図7**）を発表。いわゆる「**ダイバーズウォッチ**」の原型です。回転ベゼルの矢印を潜水開始時の分針位置に手動で合わせておけば、その後の分針移動で

図7　ダイバーズウォッチ（ロレックス〝サブマリーナー〟1953ファーストモデル）

60分までの経過時間を読み取り可能。ロレックスはさらに安全を期し、誤動作を防ぐ**「逆回転防止ベゼル」**を採用しています。

67年に発表した〝シードゥエラー〟では、防水性能を水深６１０ｍと飛躍的に高めると同時に**「ヘリウム排出バルブ」**を導入。飽和潜水でダイバーが入る減圧室の気圧調整に使われるヘリウムは分子が小さいため、高圧時には防水機構をかいくぐってケース内に侵入しますが、減圧時に出て行く際には時間がかかり、ケース内の気圧が外部より高くなってムーヴメントに悪影響を与えていました。ヘリウム排出バルブは、この問題を解決するための機構です。

防水性能でいう○ｍは、いうまでもなくその深さまで潜ってもケースに水が浸入しないという意味。現行の〝ロレックス ディープシー〟の防水性能は３９００ｍにまで上がっていて、重さにして約３ｔ相当の水圧が風防ガラスにかかっても耐えられるそうです。

ロレックスに限らず全ての防水ケースの性能は、ねじ込み式の裏蓋やリューズだけでなく、随所に付加される**「ガスケット（パッキン）」**にも支えられています。ゴムやシリコン製の消耗品なので、防水性能を保つためには定期的な交換をお勧めします。

早すぎた発明「耐磁ケース」

部品のほとんどが金属製の機械式時計は、磁力が大敵。特にヒゲゼンマイをはじめ脱進機の部品が磁気を帯びてしまうと精度が下がり、場合によっては動かなくなってしまいます。昔の人が「腕時計はテレビの上に置くな」といったのも、スピーカーの磁石や電磁波が時計を帯磁させるから。当時はほとんどの時計屋さんに、磁気を抜く**「消磁器」**が置いてありました。

この問題を解決すべく生まれたのが、軟鉄などの防磁素材で作られたインナー（**「ファラデーケージ」**）を持つ**「耐磁ケース」**です。ＩＷＣが１９５５年発売の〝インヂュニア〟で採用。フランス語で技術者《エンジニア》を意味する名の通り、モーターなどが発する強い磁界に囲まれた環境を想定し、当時としては画期的な８万Ａ／ｍの磁場（磁束密度でいえば１００５ガウス）に耐える仕様。翌56年には、ロレックスが同様の耐磁ケースに入ったその名も〝ミルガウス〟を発表しました。

ところが、当時の一般的な日常生活ではそこまでの耐磁性能は求められなかったせいか、金属製のインナーがある分だけ重く大きく、外から見ても効果がわからない耐磁ケースは爆発的な人気とはならず、クオーツ式の台頭もあって〝ミルガウス〟は87年に一旦、生産中止。〝インヂュニア〟も、耐磁ケースを使わないモデルが作られるようになっていきます。

’90年代に機械式の人気が復活し、ＩＴ化が進んで電磁波が飛び交う時代になると、腕時計の耐磁性能が再び見直され、２００７年には〝ミルガウス〟が生産再開。しかしこの頃になると今度は35頁で述べたように帯磁しにくい新素材が登場し、必ずしも耐磁ケースに頼る必要はなくなりました。オメガは２０１３年に発表した〝シーマスター アクアテラ〟で、耐磁ケースを使わず１万５０００ガウスの耐磁性能を実現。今では同社の多くのモデルが同様の性能を誇っています。

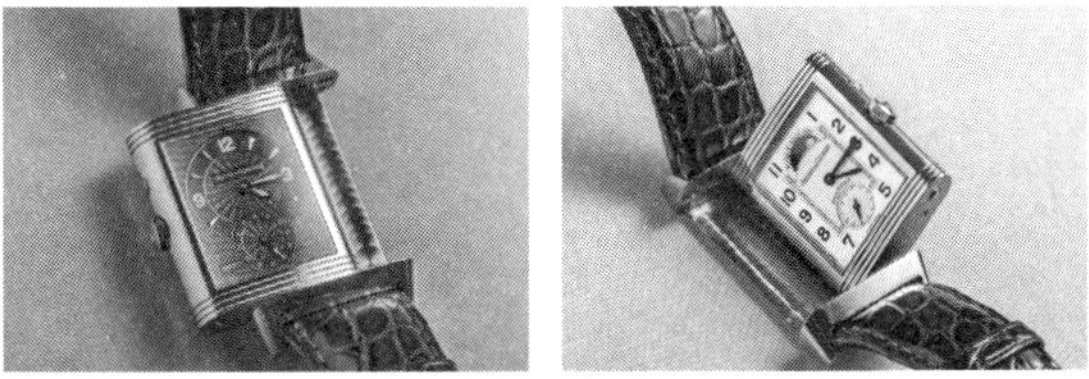

図8　反転ケース（ジャガー・ルクルト〝レベルソ〟）

隠すから見せるへの「反転」

耐磁ケースと同様に、技術の進歩で必要がなくなりはしたものの、別の役割を担うことで生き延びているのが「**風防ガード**」。現在の腕時計の風防には「**サファイアクリスタル**」などが使われていて、そう簡単には割れませんが、昔のガラスは割れやすかったため、軍用やスポーツ用に供するには防護が必要だったのです。

ブラジル出身の飛行家**A《アルベルト》・サントス＝デュモン**（Santos-Dumont, Alberto：1873-1932）の注文で生まれたカルティエ〝サントス〟のベゼルがビス留めになっているのは、単なるデザインではなく、割れたガラスを交換しやすくするための工夫。同社の〝パシャ〟にも、かつては初期の軍用時計に用いられたような格子型の風防ガードがついていました。

一方、ケース自体を反転させ、裏蓋側を表にして風防を守るのが、ジャガー・ルクルト〝レベルソ〟の「**反転ケース**」（**図8**）。風防を保護する必要がなくなった今も、裏面に第2時間帯やクロノグラフといったさまざまな表示機能を持たせることで多くのバリエーションを生んでいます。反転することでかつては隠した風防を、今は二倍見せているわけです。ちなみに同社がかつてサプライヤーだった関係もあってか、カルティエにもケースが縦方向に反転する〝タンク バスキュラント〟があります。

5-3 ベルトとブレスレットは人と時計を繋ぐ絆

腕時計の上着であるケースと大地にあたる人の腕とを繋ぐボトムスは、金属など硬い素材でできた「駒」を繋げたものを「**ブレスレット**」、革や布、ゴムなど柔らかい素材でできたものを「**ベルト**」と呼び分けているようです。

どちらも、バネが入った細い筒の両端にピンが付いた「**バネ棒**」(**図9下**)で、ケースのラグに留められています。このバネ棒を外す工具が「**バネ棒外し**」(**図9上**)。値段が安く扱いも簡単なため、時計好きの多くが持っていることから、かつては「**オタク棒**」とも呼ばれました。穴がラグを貫通している場合は外側から細い棒の側を差し込んでピンを押し、ラグの内側にしか穴がない場合は二股になった爪をラグとベルトの隙間に刺し込み、ピンを挟んで引き下げます。

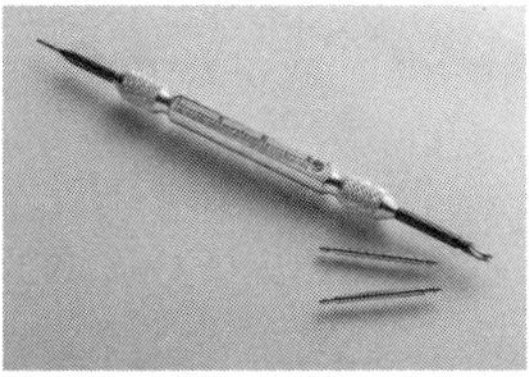
図9　バネ棒とバネ棒外し

一般にドレスウォッチは革ベルト、スポーツウォッチはブレスレットが主流。とはいえ、ケースと同じ貴金属でエレガントにデザインされたブレスレットならドレスウォッチにも合いますし、レディスにはサテンやベルベットなどドレッシーな布地のベルトも好相性。スポーツウォッチにも、ゴムやナイロン生地はもちろん革でもワイルドな質感のベルトならフィットします。

いずれにせよ、ベルトやブレスレットはケースと同じかそれ以上に「**装着感**」の決め手となりますので、必ずお店で現物を試着してみることを忘れずに。

ベルトは着替えを楽しんで

ブレスレットはケースと同色でデザインも連動していることが多いので、サイズ調整ができないなど余程の理由がない限り、別物に替えない方が賢明でしょう。一方、ベルトは色違いや素材違いの別物に替えて楽しむのも大いにあり。最初から交換用のベルトが同梱されている腕時計もありますし、替えベルト専門のブランドも存在します。フランスのカミーユ・フォルネやJ＝C・ペラン、ジャン・ルソー、イタリアのモレラート、日本のバンビといったところが有名です。

最近は「ガルーシャ」（エイの革で「スティングレー」とも）や「オストリッチ」（駝鳥）など「**エキゾチック・レザー**」のベルトも増え、同じワニでもアリゲーターかクロコダイルかカイマンか、腹側の「**竹斑**《たけふ》」か脇腹の「**丸斑**《まるふ》」かといった細かいところまで選べるようになっていますので、飽きることがありません。ちなみに、ベルト交換だけならバネ棒外しがあれば簡単ですが、オリジナルのバックルを付け替えるのは技術を要する場合が多いので、プロに任せた方が安全です。

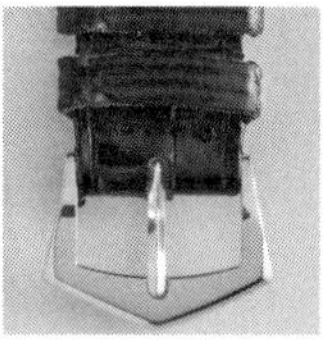
図10　ピンバックル

ピンバックルとDバックル

ブレスレットやベルトを留める「**バックル**」（「**留め金**」）には、「**ピンバックル**」と「**Dバックル**」の2タイプがあります。

ピンバックルは日本語で「**尾錠**」とも呼ばれ、ベルトの穴にピンを通して留めるタイプ（**図10**）。金属製のブレスレットでも、「鎖編み」のように柔軟

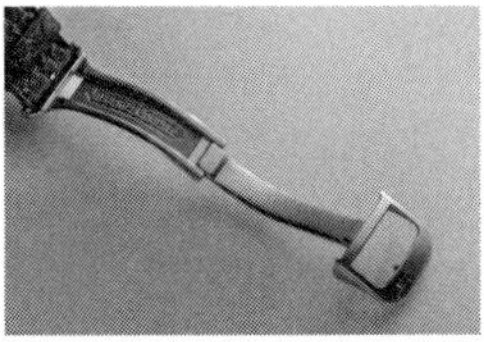

図11A　Dバックル　片開き

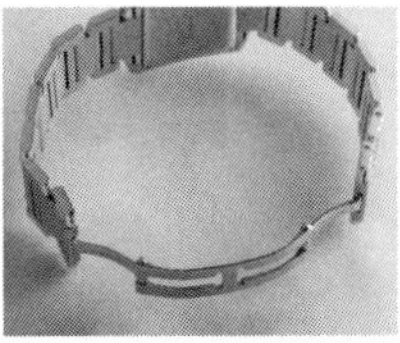

図11B　Dバックル　両開き

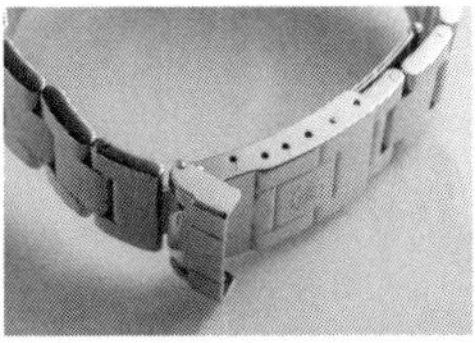

図12　二重ロック式Dバックル

性があって穴が開けられるものには使われる場合があります。ピンバックルはケースと同素材でデザインも合わせてあり、ブランドのロゴやマークが入っている場合が多いので、ベルトを替える際にはバックルも移し替えた方がよいでしょう。

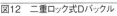

Dバックルは、湾曲した金属板を蝶番で繋いで折りたたむタイプ。金属板の弾力を利用し押して引っかけて留めることが多いため**「プッシュ式」**とも呼ばれます。Dという文字の形から尾錠を想像しがちですが、英語のDeployment（展開）の頭文字。おそらく和製業界用語でしょう。Dバックルはさらに**「片開き」**（**「二つ折り」**とも）（**図11A**）と**「両開き」**（**「観音開き」**とも）（**図11B**）の2タイプに分かれます。呼び方が多すぎて混乱しますが、意味するところは現物をご覧になれば明らかでしょうから、形だけ覚えておけば充分です。

Dバックルは着脱が容易な一方で外れやすくもあるため、ロレックス〝エクスプローラーI〟のようにタフな仕様のスポーツウォッチでは反対側からも留める**「二重ロック式」**（**図12**）が採用されています。最近のDバックルは、外れやすい欠点を補うためバネ式のロック機構を加えたものが主流。また、ベルトやブレスレットが輪になった状態のまま着脱できるDバックルの利点は、特にベルトの場合、外しても平たく置けず収納時にかさばりがちな

図13　伸縮ベルト

欠点とも表裏一体です。

両開きの原型は、ジャガー・ルクルトの創始者の一人**E《エドモンド》・イエーガー（ジャガー）**（Jaeger, Edmond : 1858-1922）がカルティエのサプライヤーだった頃に特許を取った〝デプロワイヤントクラスプ〟に遡るそうです。現在もそれが使われているカルティエ〝タンク〟などを見ると、元々はブレスレットの連続性を損なわないようにとの審美的な理由で考案されたことがうかがえます。今も〝タンク〟の両開きには、ブレスレットの連続性を断ち切る要素は加えられていません。一流ジュエラーならではの見識といえるでしょう。

「蛇腹ベルト」のノスタルジー

バックルがなく金属製の駒が輪になってバネ仕掛けで伸び縮みするタイプ（図13）を何と呼ぶかと尋ねられることがたまにあります。どうやら「ブレスレット」ではなく**「蛇腹ベルト」**や**「伸縮バンド」**と呼ぶようです。言葉の響きからもおわかりのように、昭和の高度成長期に多忙な企業戦士が愛用しました。

着脱が楽な反面、サイズの調整が利かず、ベルトごと時計が裏返ってしまったり、男性の場合は腕の毛が挟まることも――。そんな欠点も含め独特のノスタルジックな趣があり、1950～'60年代の機械式黄金期に作られた腕時計や、それをモチーフにした現行品との相性は抜群です。

コラム1 「エアリーの定理」って、どんな定理？

トゥールビヨンによる**「縦姿勢差」**の補正を解説する際に**「エアリーの定理」**という言葉が使われることがありますが、多くの場合、その内容までは説明されていません。限られた文字数では説明しきれないため、筆者も今までに書いた雑誌記事などでは触れるのを避けてきましたが、この機会に意を決し詳しく説明しておきましょう。

エアリーとは19世紀イギリスの天文学者で第7代グリニッジ天文台長**G《ジョージ》・B《ビドル》・エアリー**（Airy, George Biddell：1801-92）のこと。光の波動に関する〝エアリー・ディスク〟や〝エアリー関数〟で知られますが、グリニッジ子午線を定め標準時の電送を最初に行うなど時計とも縁の深い人物です。

エアリーの定理とは、彼が証明した物理法則のひとつで、次の4項目から成り立ちます。

1・振動中心で外力を加えても振動周期は変わらない。
2・振動中心より前で加速するか、後で減速すると、振動周期は早くなる。
3・振動中心より前で減速するか、後で加速すると、振動周期は遅くなる。
4・外力が加わる場所が振動中心から遠ければ遠いほど、振動周期への影響は大きくなる。

これが時計とどう関係するかというと、1と4は「脱進機のレバーがガンギ車の歯に爪を押されて天輪に回転力を与える衝撃ポイントは振動中心に近い方がいい」こと、そして2と3は「**天輪の片重りが縦姿勢差を生む**」ことを意味しています。本項で解説するのは後者です。

定理というくらいで本来は数式で証明される一般法則ですが、微分方程式を習っていない文科系には理解が困難。そこで筆者は時計調速理論がご専門の**小牧昭一郎**先生のご教示を仰いだ上で、エアリーの定理と縦姿勢差の関係を、数式を使わず次のように説明することにしています。

まず思い出していただきたいのが、天輪の「**振り角**」という時計用語。「**振動中心**」からの片振り分の振幅を表す角度（図1）で、例えば振り角180°なら天輪は振動中心から左右に180°ずつ振れて片道1振動につき360°回ります。また、天輪の回転はヒゲゼンマイの反発力で**振動中心までは加速を続け、振動中心を過ぎると減速していく**ことも覚えておいてください。

さて、図2〜5はいずれも振り角90°の天輪が縦置きされた状態。片重りにかかる重力は、常に下に向かって垂直方向の加速あるいは減速力として作用します。片重りはどの位置にあっても天輪と同じ振り角で回るので、静止時の片重りの位置を振動中心として見ていきましょう。

片重りが真上（時計用語で「12時上」）にある場合（図2）、振動中心より前では片重りにかかる重力が減速力となって天輪の加速を遅らせ、振動中心より後では逆に加速力に転じて天輪の減速を遅らせ、復路でも同じ現象が起きるため、振動周期が遅くなり時計は遅れます（定理3）。

逆に片重りが真下（同「6時上」）にある場合（図3）、振動中心より前では片重りにかかる重力が加速力となって天輪の加速を進め、振動中心より後では逆に減速力に転じて天輪の減速を進め、復路でも同じ現象が起きるため、振動周期が早まり時計は進むわけです（定理2）。

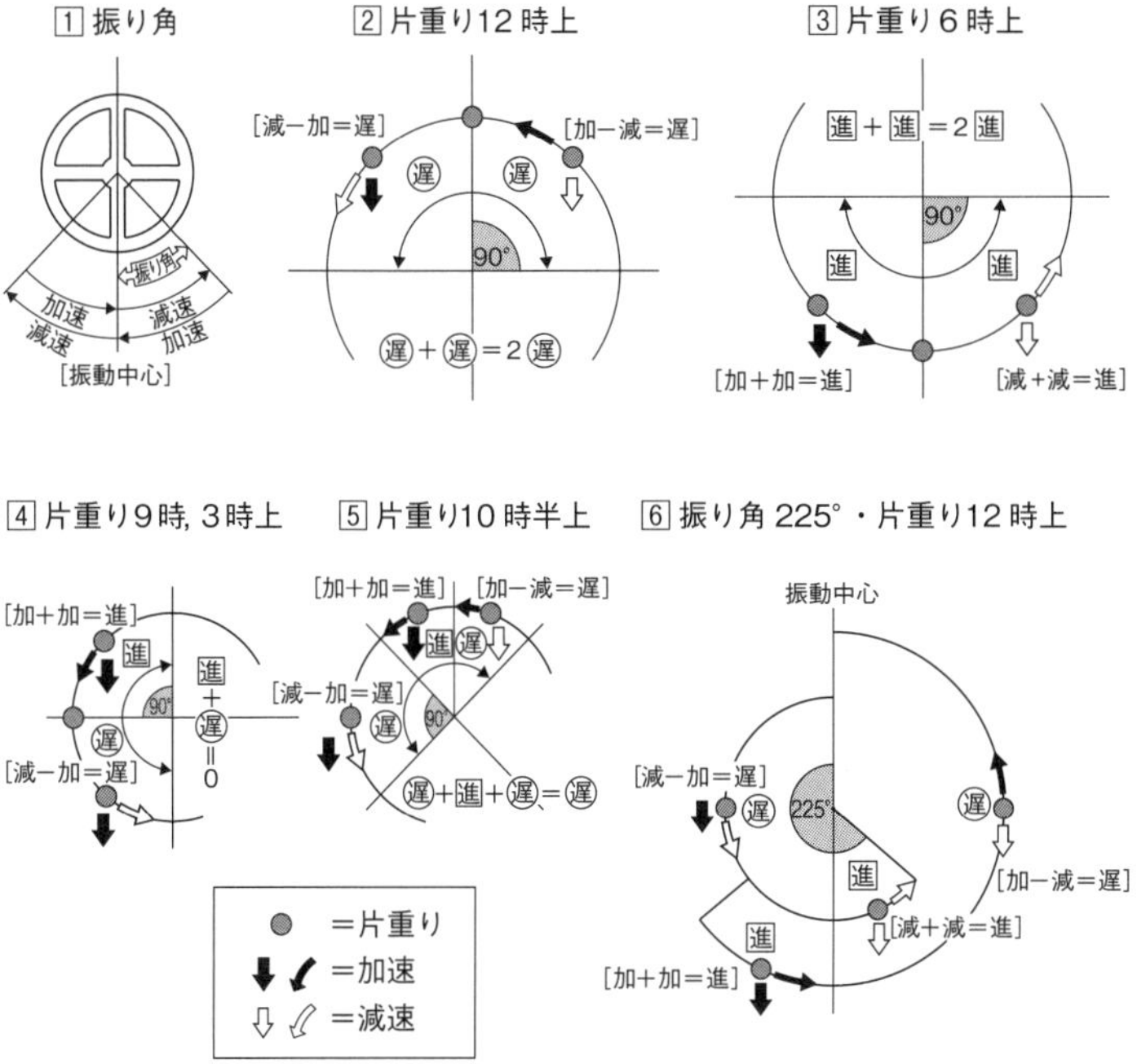

〈天輪の振り角と縦姿勢差の関係〉

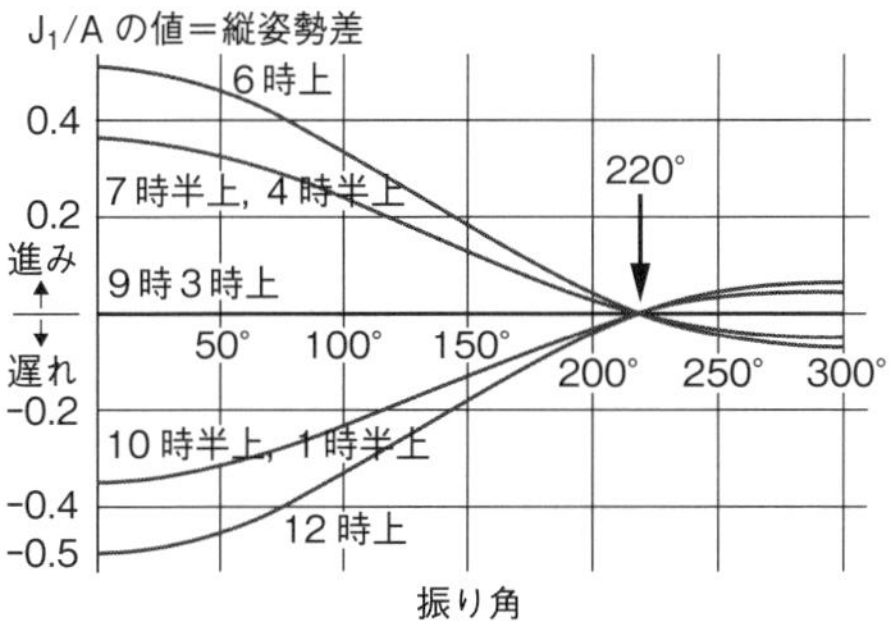

一方、片重りが真横（同「9時3時上」）にある場合（図4）、片重りにかかる重力は振動中心より前では加速力となって天輪の加速を進め、振動中心より後でも加速力となったまま天輪の減速を遅らせるため、進みと遅れが相殺され、振動周期と時計の歩度は保たれます。この場合、天輪が上に振れる復路では遅れと進みの順が逆になりますが、相殺効果は同じです（定理2と3）。

片重りが10時半上（図5）など斜め位置にあっても遅れと進みが生じる区間が変わるだけで、**機械式時計は振り角が180°未満なら天輪の片重りが真横より上にあれば遅れ、下にあれば進みます。**

天輪の片重りが縦姿勢差を生む理由と、それがエアリーの定理の2と3に合致していることがおわかりいただけたかと思いますが、話はまだ終わりません。「振り角が180°未満なら」と条件をつけたのは、それ以上になると事情が変わってくるからです。

振り角を約225°にとった図6をご覧ください。図2と同様に片重りが真上にあって遅れを生じる状態ですが、振り角が180°以上になると、そこを超えた角度の分だけ逆に進みを生じる箇所が出てきます。片重りが下にあって進む状態なら、180°を超えた分だけ逆に遅れが生じます。そして180°まででで生じた遅れ・進みと、それを超えた角度分の逆現象は、**振り角が220°になったところで相殺されてゼロになり、**さらにそれ以上になると180°までとは逆の遅れ・進みを生じるのです。**「振り角は220°に保つのがよい」**といわれる理由はここにあります。

180°分の遅れを40°分の進みで相殺できるのは不思議ですが、そこで思い出していただきたいのが、エアリーの定理4。天輪は振り切って停止した位置から反転しはじめ、次第に加速して振動中心で最大速度になり、その後は次第に減速しながら反対側に振り切って停止します。つまり振動中心から遠ければ遠いほど回転力が弱まって外力の影響が大きくなるので、振動中心に近い180°と遠くの40°で釣り合いがとれるというわけです。

エアリーの定理は、このような現象を一般法則として数式化したものです。その数式に基づいて算出した、振り角と姿勢差の関係を示すグラフを、小牧先生のご著書[1]からお借りしました。

103頁のグラフが示すように、**縦姿勢差は天輪の片重りが5姿勢のどの位置にあっても振り角220°でゼロになり、**220°以上よりも未満の方が姿勢差が大きくなります。だから天輪の振り角は、主ゼンマイがほどけるにつれトルクが落ちても220°以上を保つよう、できるだけ大きくとっておいた方がいいわけです。とはいえ大きすぎても振り石がレバーのクワガタの外側に当たる**「振り当たり」**を起こすので、ゼンマイをフルに巻いた状態で**310°**くらい振れるように設定しておくのが理想的といわれています。

振り角310°というと、1振動につき620°で1周半以上。8振動の天輪ならそれを1秒に4往復するわけですから、目にも止まらぬ速さです。そんな元気な天輪を見て「よく**振れている**」と目を細めるようになれば、立派な機械式時計好きといえるでしょう。

1　小牧昭一郎『機械式時計講座』東京大学出版会　二〇一四年

第2章
複雑機構

序 複雑機構とは何か

複雑機構は「機械の宝石」

時刻を測るという基本機能の他に追加機能を持つ時計を**「複雑時計（コンプリケーテッド・ウォッチ）」**、そのために付加される機構を**「複雑機構（コンプリケーション）」**と呼びます。

回路ひとつで機能を増やせるクオーツ式時計では、今や多機能が当たり前。ところが機械式時計では、いまだに機能がひとつ増えるだけで複雑時計と呼ばれて有り難がられ、値段もポンと跳ね上がるのはなぜでしょう？　単に作るのに手間がかかるからではありません。機械式の複雑機構は、機能以外にも魅力があり、むしろそちらの方が大きいからです。

物理的な実体のある機械式は、全ての機構を視覚と触覚で確認できます。精密な部品が噛み合って驚くほど複雑な動作を実現してゆく様を目で鑑賞し、始動ボタンを押す際の感触や作動中の振動を肌で味わうことができるのです。そして、クオーツ式の電子回路にはない機械式ならではのこの味わいを何倍にも増やしてくれるのが、複雑機構にほかなりません。

複雑機構こそは機械式時計でしか味わえない醍醐味中の醍醐味であり、時計好きが憧れてやまない高嶺の花。時計にご興味のない善男善女を呆れさせる**「宝飾もなく機械だけで何千万円もする時計」**は例外なく複雑時計です。複雑機構は「宝石より高価な機械」ともいえるでしょう。

実は機械式時計は時刻を測る精度を高めるよりはるか以前、ほとんど誕生した瞬間から、複雑化に向かって進んでいました。機械式時計にとって複雑機構は単なる追加機能ではなく、むしろ精度に先んじた基本機能。だからこそ、精度でクオーツ式に敗れても、複雑機構の魅力を武器に復活することができたのです。科学史家にして天才時計師であるL・エクスリン博士も、**「複雑機構なくしてスイス時計産業の復興はありえなかった」**と証言しています。

複雑機構の新定義：「作るのが難しい追加機構」

もっとも、どこからを複雑機構と呼ぶかは、今日ではかなり曖昧になっています。追加機構という本来の定義に従えば、カレンダーなども含まれますが、通常の日付・曜日表示は今やあまりにも普及しすぎていて、改めて複雑機構と呼ぶのはためらわれます。

最近の日本では、かつて**「トリプル・コンプリケーション」**と呼ばれたクロノグラフ、永久カレンダー、リピーターに、トゥールビヨン、レトログラード、ムーンフェイズ、パワーリザーブ表示まで加えて**「7大複雑機構」**と呼ぶ向きもありますが、これも基準が曖昧です。トゥールビヨンは時間を測るという基本機能の精度を高める補正機構ですし、レトログラードは表示機構の一形態。ムーンフェイズとパワーリザーブ表示は追加機能とはいえても、複雑とはいいがたい単純な機構のものがほとんどです。一方で、むしろ複雑な機構の方が多い天文表示やオートマタが含まれていません。

そこで本書では、複雑機構を「**作るのが難しい追加機構**」と再定義します。あえて「複雑な機構」としないのは、何度か述べてきたように**「複雑な機能は単純な機構で実現する方が難しい」**場合が多いからです。

この定義に従って、トゥールビヨンなど脱進機の補正機構は第1章1項の「調速機構」、ルモントワールなどゼンマイの定力機構は同章3項の「動力機構」、レトログラードとパワーリザーブ表示は同章4項の「表示機構」で紹介しました。カレンダーとムーンフェイズは同じく「表示機構」で触れましたが、より複雑な特殊例と合わせてこの章でも改めて紹介します。

というわけで、この第2章では、1・**クロノグラフ**、2・**永久カレンダー**、3・**天文表示**、4・**オートマタ**、5・**「鳴り物」**という5つのカテゴリーの複雑機構を紹介して参ります。

1 クロノグラフ

1-1 「時間《クロノ》の書記《グラフ》」の生い立ち～クロノグラフ小史

通常の時刻表示に加え、時間の経過が測れるストップウォッチ機能を持つ時計を「**クロノグラフ**」と呼びます。機械式腕時計の複雑機構としては最もポピュラーで、ロレックス〝コスモグラフ デイトナ〟やオメガ〝スピードマスター〟（**図1**）をはじめ多くの人気モデルに搭載されています。

「クロノ」は時間を意味する接頭語で「グラフ」は書き記すための機器を意味する接尾語。つまりクロノグラフとは「時間記録器」という意味です。一方、たまに混同される「**クロノメーター**」は「時間測定器」の意。元々は船上で経度を測定する海洋精密時計を意味し、現在ではＩＳＯ規格に基づきスイスクロノメーター検定協会「**COSC**（Contrôle **O**fficiel **S**uisse des **C**hronomètres)」などの検定機関が精度を認定した時計の呼び名になっています。

時間を「書く」からクロノグラフ

経過時間を「測る」時計になぜ「書き記す」機器を意味する接尾語がつけられたのかというと、元々は実際に書き記す機構だったから。１８２１年にフランス国王ルイ18世御用達の時計師N《ニコラ》・

図1　「クロノグラフ各部の名称（オメガ スピードマスター）」

M《マチュー》・リューセック（Rieussec, Nicolas Mathieu：1781-1866）が、競馬の時間記録用に、ボタンを押すとインクを含んだ針が回転する文字盤に触れて経過時間の印を記す置時計を開発し、科学アカデミーに特許申請。審査員のA＝L・ブレゲらがこれをクロノグラフと呼び、翌22年に〝chronographe à secondes《クロノグラフ ア セコンデ》〟の名で特許が認められたのです。今では**「インキング・クロノグラフ」**と呼ばれるこの機構は、同年にブレゲの弟子**F《フレデリク》・L《ルイ》・ファットン**（Fatton, Frédérick Louis：1802-59）により懐中時計化もされています。ちなみにモンブラン〝ニコラ・リューセック クロノグラフ〟は腕時計で、インクで印もつけませんが、回転するサブダイアルを2つ並べて指針を固定したデザインは元祖と同じです。

発明者の再発見

このような経緯から、かつてはリューセックがクロノグラフの発明者と考えられてきました。ところが2013年に、より早い時期により現在のクロノグラフに近い時計が作られていたことが判明したのです。A＝L・ブレゲの共同製作者でもあった**L・モアネ**《ルイ》（Moinet, Louis：1768–1853）が1816年に開発した〝compteur《コンプテュール》 de《ド》 tierces《ティエルセ》〟（**図2**）。「60分の1秒カウンター」を意味する名の通り、当時としてはハイビートな6振動のテンプと、1秒で1周する指針を持つこの時計は、**「起動」**（スタート）・**「停止」**（ストップ）に加え、指針をゼロ位置に戻す**「復針」**（**「ゼロリセット」**、**「帰零」**とも）機構まで備えていました。この驚くべき作品の発見により、現在ではモアネこそがクロノグラフ機構の発明者とされています。ちなみに、作品の発見を機にブランド名として復興したL・モアネは、日本ではなぜか「ルイ・モネ」と表記されています。

一方、現在と同じ**「ハートカム」**（125頁参照）を用いた復針機構の特許を1844年に取得し、クロノグラフの実用化と普及に大きく貢献したのは、イギリスで活動したスイス出身の時計師**C**《シャルル》**・V**《ヴィクトル》**・A**《アドルフ》**・ニコル**（Nicole, Charles Victor Adolphe：1812–76）でした。

図2　現存最古のクロノグラフ、L.モアネの〝Compteur de Tierces〟

飛行機が進化させた操作性

腕時計が広く普及し始める1910年代に入ると、同時期に登場した飛行機がクロノグラフの需要を喚起。ブライトリング社は同15年に大きなクロノグラフ針をセンターに据え、視認性を高めています。航空時計としての役割は、速度を知る「**タキメーター**」や距離を読む「**テレメーター**」といった新たな目盛（135頁参照）がクロノグラフのベゼルに加わるきっかけともなりました。

腕時計に搭載された当初のクロノグラフは、多くの場合リューズの中央に配したボタンひとつで操作できる「**モノプッシャー**」（「**1**《ワン》**ボタン**」とも）でした。こちらの方がより進んだ方式にも思えますが、実際には押し間違いや誤作動が起きがちです。そこでブライトリングは1923年に、2時位置に起動・停止専用の「**発停ボタン**」を設置。34年にはさらに4時位置に「**復針ボタン**」を据え、現在の「**2**《ツー》**ボタン**」形式を確立します。右利きの人が左腕に時計をはめたまま操作しやすい配置であることはいうまでもないでしょう。

1969年の乱れ咲き

2つのクロノグラフ針を持ちラップタイムを計測できる「**ラトラパント**」（128頁参照）など懐中時計時代に確立されていたより複雑な機構も次々に腕時計化され、1930年代以降にはヴィーナスやレマニアやヴァルジューといったムーヴメントメーカーが次々に名キャリバー（本来はムーヴメントの型番ですがここでは「**エボーシュ**」と呼ばれる汎用ムーヴメント全般の意）を開発して各社に供給し、量産化も加速。1960年代に入ると、クロノグラフは腕時計にとってカレンダーに次ぐくらいポピュラーな追加機能になっていました。

そんな機械式クロノグラフもクオーツ式の普及と共に姿を消していくことになるわけですが、まさにその分岐点となったセイコー〝クオーツアストロン〟が年末に発売される1969年に、最後の乱れ咲きともいえる怪現象が起きました。3月にホイヤー（現タグ・ホイヤー）とブライトリング、ハミルトン、ムーヴメントメーカーのデュボアア・デプラの4社が共同開発した史上初の自動巻クロノグラフ〝クロノマティック cal.11〟、5月には「垂直クラッチ」（123頁参照）を搭載したセイコーの〝cal.6139〟、そして9月にゼニスとモヴァードが共同開発した10振動の〝cal.3019 エル・プリメロ〟と、今日まで系譜が続く自動巻クロノグラフの名キャリバーが、一気に登場するのです。

機械式の救世主〝cal.7750〟

それでも機械式の衰退は止められず、さらにオイルショックが追討ちをかけた73年に登場したのが、ヴァルジュー社の〝cal.7750〟。最後の徒花《あだばな》となるかに思われたこのキャリバーが、後に機械式時計の救世主になるのですから、歴史はどう転ぶかわかりません。

比較的安価で高性能、しかも汎用性が極めて高くカスタマイズしやすい〝cal.7750〟は一時製造中止後も人気が高く、クオーツ式に押されて自社でムーヴメントを開発する余裕がなくなったスイスの各メーカーが旧在庫をこぞって採用し、83年に製造再開。するとブライトリングが84年に発表した〝クロノマット〟がなぜかイタリアのファッション業界で人気を呼び、そこから〝cal.7750〟を搭載した他社のクロノグラフも再注目されたことが、'90年代の機械式人気復活に向けた最初の狼煙《のろし》になったといわれています。

きっかけになったモデルやいきさつに関しては異説もありますが、'80年代末から日本でもクロノグラフ・ブームが起き、それが'90年代の機械式復活へと繋がったことは、その時代を生きてきた筆者の実感としても確かです。今も時計好きの多くがクロノグラフから機械式に足を踏み入れ、やたらとキャリバー名にこだわったり、次項で触れるように**「コラムホイール式」**と**「カム式」**のどちらがいいかと不毛な論争を続けたりして楽しんでいるのも、その名残かもしれません。

ちなみに〝cal.7750〟は、ヴァルジューがETAに吸収された現在も脈々と後継機が作り続けられ、枚挙にいとまがないほど多くのブランドのさまざまなモデルに搭載されています。

1-2 クロノグラフの持ち味を決める制御方式と伝達方式

クロノグラフの起動と停止を制御する仕組みは**「コラムホイール式」**と**「カム式」**のどちらがより優れているか？　機械式時計好きが一度は必ず耳にする話題です。

軍配があがるのは、これも必ずといっていいほど前者。理由も大体、決まっていて、コラムホイール式の方が①手間とコストがかかっている、②見映えがする、③**「押し感」**（ボタンを押す感触）が滑らかで気持ちいい、の3点です。

①は客観的に見ても事実。②は主観の問題ながら筆者も個人的には同感です。ただ、見栄や見映えで判断するのを潔しとしない質実の士が強調してやまない③に関しては、客観的にも主観的にも疑問が残ります。クロノグラフの押し感は制御方式だけではなく、作動レバーの形をはじめ各部の設計や加工精度やバネの強さ、あるいは指針を回す**「クロノグラフ車」**を輪列に繋ぐ**「クラッチ」**が水平式か垂直式かでも変わってくるはずだからです。

実際にクロノグラフの押し感は、同じ制御方式でもキャリバーによって十種十色。どちらがいいかと二択に狭めず、いろんな持ち味を楽しまなければもったいないのではないでしょうか。そんな思いから、まずはクロノグラフの制御方式と伝達方式の違いをやや手厚めに解説しておきます。

見映えと押し感だけではない「コラムホイール式」の利点

「コラムホイール式」（図3）は、19世紀の懐中時計時代からクロノグラフの制御に使われてきた伝統的手法です。鋸型の歯を持つラチェット歯車と同軸の、円周上に扇形の柱を等間隔に並べた部品が**「コラムホイール」**（図4）。柱は英語でcolumnともpillarともいうため、**「ピラーホイール」**とも呼ばれます。ちなみにＪＩＳ規格の時計用語では、なぜかコラムホイールもカムも共に**「作動カム」**となっていて、紛らわしいのでご注意下さい。

コラムホイール式の制御原理は単純明快。発停ボタンを押すと、連動した**「作動レバー」**の爪がコラムホイールのラチェット歯を引くか押すか（この違いも押し感に影響します）して、1歯分回します。そのたびに**「発停レバー」**の一端についた突起（「嘴《ピーク》」と呼びます）が柱に持ち上げられたり隙間に沈んだりを交互に反復。この動きが梃子の原理で**「遊動車」**を動かし、秒針を回す四番車とクロノグラフ車を繋いだり（起動）、切り離したり（停止）する仕組みです（図5）。シースルーバックの場合、コラムホイールの特徴的な形と動きが手に取るように見え、メカ好きの心をくすぐってやみません。

コラムホイールの利点は、そのような見映えのよさや、柱の曲面をレバーが滑る押し感のよさだけではありません。機能的には、発停レバーとの接点以外もＯＮ・ＯＦＦスイッチとして使える利点の方が大きいでしょう。多くの場合、クロノグラフ車が停止中に動かないよう止めておく「**ブレーキ**」の作動レバーや、クロノグラフ針をゼロ位置に戻す「**復針レバー**」が、発停レバーと凹凸が逆になる位置に配されます。

あえて欠点を挙げるなら、作るのに手間とコストがかかることと、柱が曲がったり折れたりすると正確に作動しなくなることです。コラムホイール式を選ぶ場合は、柱ががっしり均等に作られているかどうかのチェックもお忘れなく。

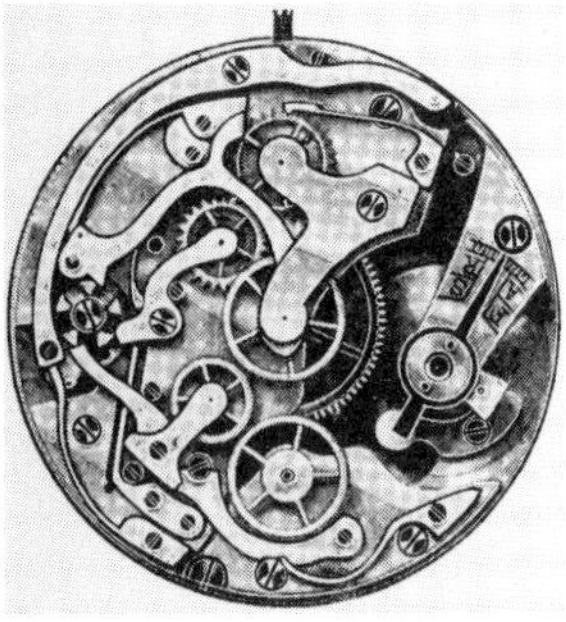

図3　コラムホイール式（Landeron/Hahn）

図4　コラムホイール

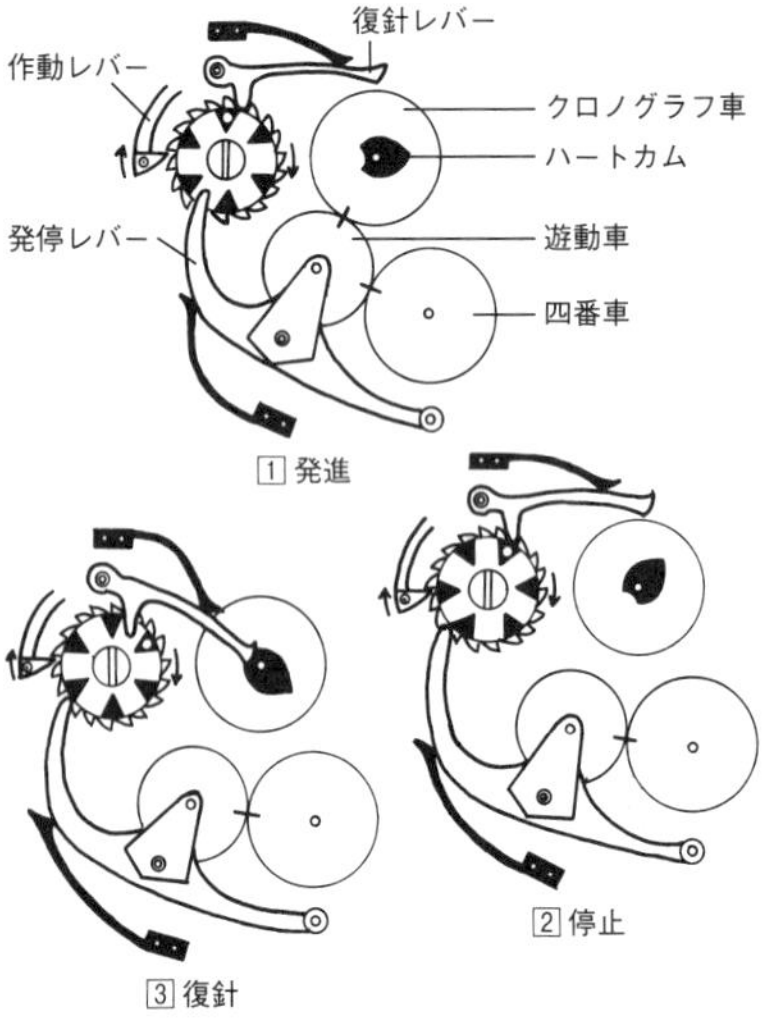

図5　コラムホイール式の作動原理

今の「カム式」には死角なし

一方の「カム式」（図6）は、発停レバーが平たい「カム」を押してON・OFFを切り替える方式。腕時計では1937年にデュボア・デプラが用いたのが最初だそうです。カムの形はキャリバーによりさまざまですが、多くは発停カムに復針カムを重ねた二層構造で、それぞれのカムを左右に振ってレバーを動かします。（図7）

発停レバーがカムを擦りながら押す構造上、カム式の方が押し感が重く硬くなりがちなことは確かです。コラムホイール式が「カチッ」だとしたら、カム式は「ガチッ」と濁点がつく感じ。とはいえ、最近はコラムホイール式でもラチェット歯を引かずに押すタイプが増えたのと誤作動を防ぐためバネを硬くしがちなことから「ガチッ」と硬めなものもあり、逆にカム式でも設計と加工精度の向上で「カチッ」と滑らかなものもあります。

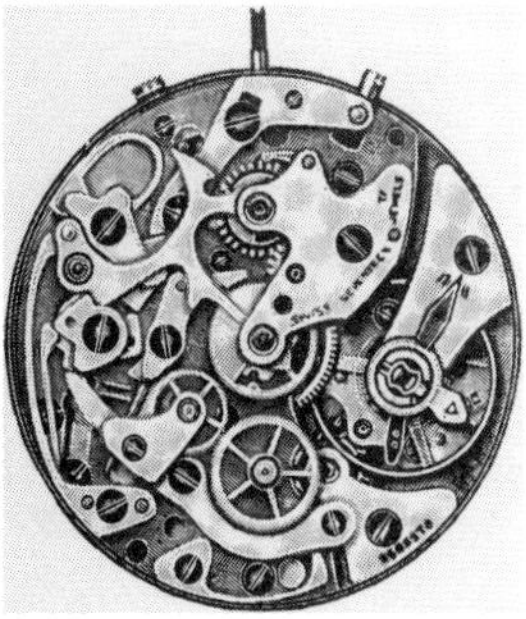

図6　カム式（Lemania 1827）

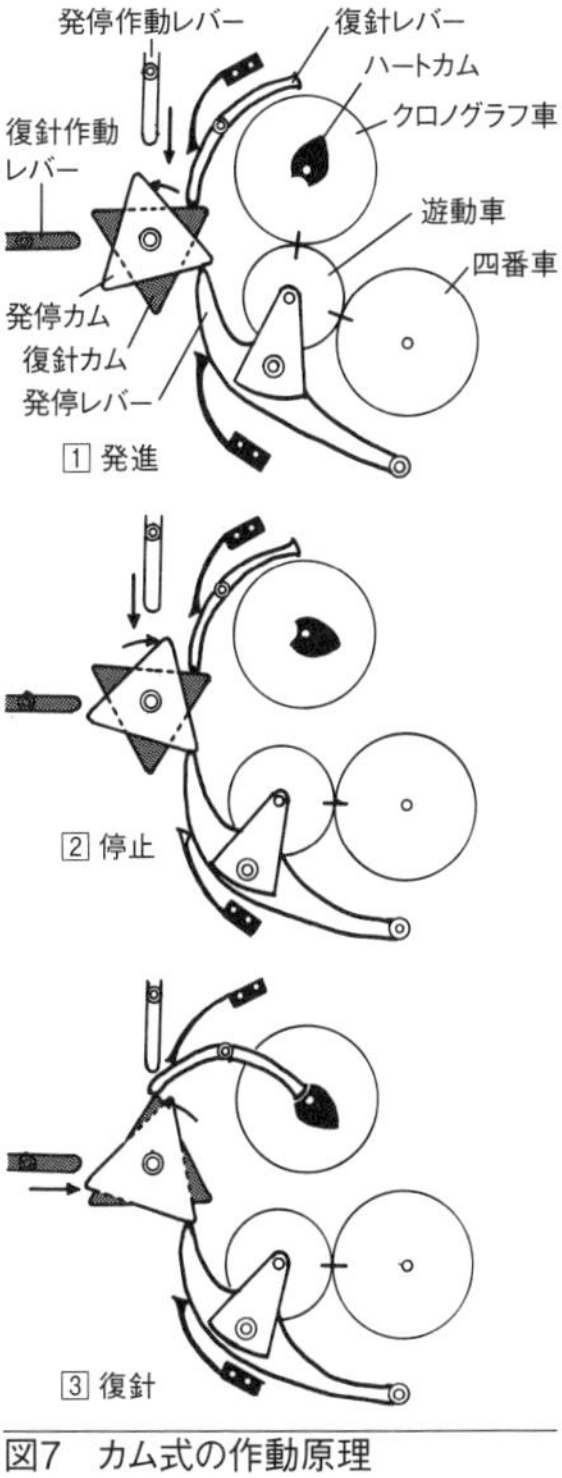

図7　カム式の作動原理

それでもカム式の方が硬いといわれるのは、クオーツ式に対抗すべく大量生産によるコストダウンを図って加工精度が甘くなった'70〜'80年代に作られた製品の印象が根強く残っているせいかもしれません。機械式の救世主となった名機ヴァルジュー〝cal.7750〞でさえ、この時期に量産されたものの中には「ガチッ」どころか「ガキン」とくるくらい硬いものがありました。また、68年にレマニア社が設計したオメガ〝cal.861〞が登場するまでのカム式はブレーキを省いていた（これも主にコストダウンのため）ことも、「安物感」に拍車をかける一因となったかもしれません。

削り出しが基本のコラムホイールとは違い、プレス機で打ち出せるカムは量産化とコストダウンに向いています。本来は利点であるはずのこの特徴が、カム式がいまだに格下扱いされる原因にもなってしまったのは、皮肉というしかありません。

けれども、それはカム式自体の欠陥とは別の話。加工技術が当時とは比べものにならないほど向上した現在のカム式は、少なくとも機能においてコラムホイール式に劣る点は特に見当たりませんし、**押し感の違いも好みの問題**でしかなくなっています。今日でもETAが供給するカム式の〝cal.7750〞が最も多くのクロノグラフに使われるデファクト・スタンダードとして君臨し続けている事実が、何よりの証拠といえるでしょう。

作動レバーが映《ば》える「水平クラッチ」

続いては伝達方式です。クロノグラフは一般に、クロノグラフ車が四番車と連結することで起動し、離れることで停止します。この歯車の連結と分離を行う機構を、自動車の場合と同じく「**クラッ**

チ」と呼んでいます。

クラッチの形式は、クロノグラフ車と四番車が遊動車を介して水平に嚙み合う**「水平クラッチ」**と、垂直な同軸上で直接重なって摩擦で連動する**「垂直クラッチ」**の2タイプに大別。「水平クラッチ」はさらに**「キャリングアーム式」**と**「スイングピニオン式」**に分けられます。

最も古くからあるのは、**「キャリングアーム式」**の水平クラッチ。日本では**「遊動車式」**とも呼ばれます。キャリングアームとは**図5、7**でいう発停レバーのこと。常に四番車と嚙み合う遊動車を発停レバーで水平移動し、クロノグラフ車に嚙み合わせる仕組みです。レバーの形や磨きで高級感を演出しやすいこともあり、いわゆる**「マニュファクチュール」**（277頁参照）系の自社製高級キャリバーに多い方式。コラムホイール式ではゼニスの〝エル・プリメロ〟、カム式ではオメガが〝スピードマスター〟に搭載するcal.1861などに採用されています。

一方、**「スイングピニオン式」**（**図8**）は、遊動車ではなく**「振動カナ《スイングピニオン》」**を用い、軸を傾けることでクロノグラフ車に嚙み合わせる方式。懐中時計では1887年にホイヤーが、腕時計ではブローヴァが1940年に、それぞれ独自の方式で特許を取得しています。振動カナを傾けるのも発停レバーではありますが、遊動車式に比べキャリーする距離が短いせいかキャリングアームとは呼ばれません。また、厳密には水平ならぬ傾斜クラッチで、**「傾斜カナ式」**とも呼ばれます。現行品では、最も多くのクロノグラフに使われている汎用キャリバーETA〝cal.7750〟や、この方式の草分けブランドであるタグ・ホイヤーの〝cal.01〟、その前身で同社がセイコーの6S系キャリバーをベースに開発した〝cal.1887〟などが、スイングピニオン式の代表的なキャリバーです。

スイングピニオン式の利点は、キャリングアーム式よりスペースを節約でき、「**針飛び**」も少ないこと。水平クラッチは回転中の遊動車や振動カナを静止中のクロノグラフ車に任意のタイミングで繋ぐため、お互いの歯が常にぴったり噛み合うとは限りません。噛み合いがズレると、その分だけクロノグラフ車が余計に回って指針が進んでしまいます（**図9**）。この現象を針飛びと呼び、振動カナは遊動車より直径が小さい分、針飛びリスクが少ないといわれますが、それでもゼロではありません。たとえわずかでも、1秒の何分の1を計測するクロノグラフでは大問題。このため水平クラッチには、針飛びを防止あるいは軽減するための工夫が欠かせません。

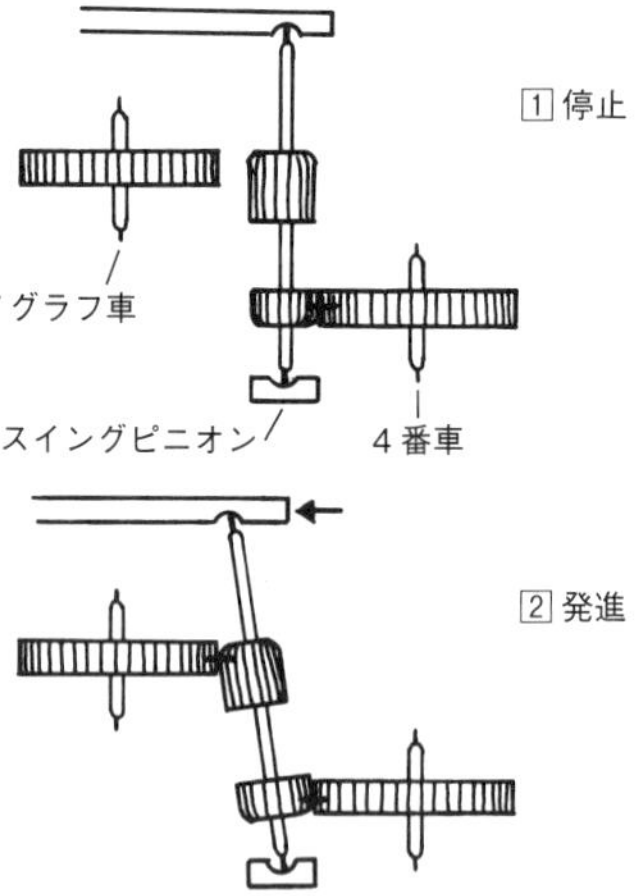

図8　スイングピニオン式

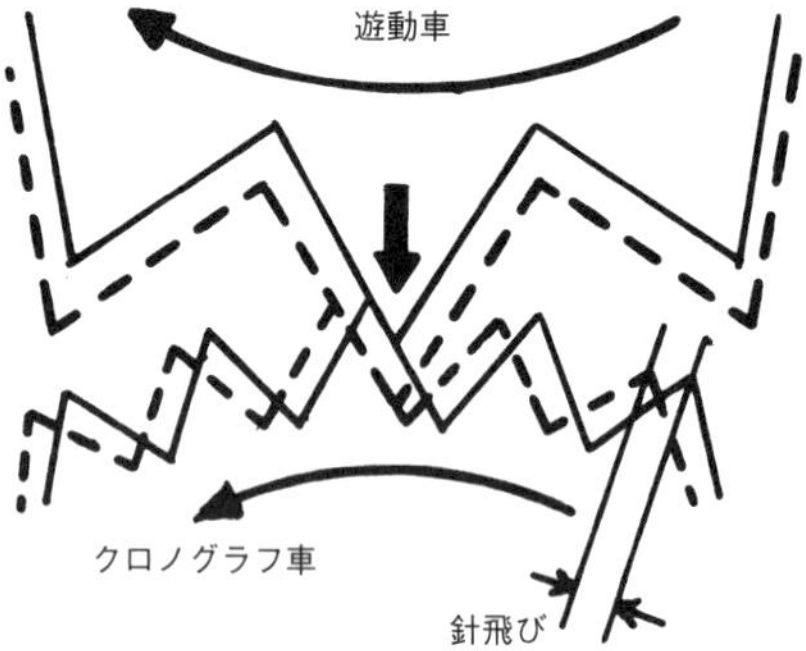

図9　針飛び

見た目は地味でも仕事はできる「垂直クラッチ」

その点、**「摩擦車式」**とも呼ばれる**「垂直クラッチ」(図10)**は針飛び無用。なにしろクロノグラフ車の代わりに歯がないクラッチバネ車を用いるのですから。さまざまなタイプの構造がありますが、歯なしのクラッチバネ車を四番車と垂直に重ねてバネで押しつけ、摩擦で同期回転させる原理は共通。図の発停レバーはU字型ですが、X字型に交差するタイプもあります。停止時にはこの発停レバーが四番車との間に挟まってクラッチバネ車を浮かせていますが、起動時には左右に開いて抜け、クラッチバネが上からクラッチバネ車を押さえつけて四番車に密着させ、同期回転させる仕組みです。このタイプは多くの場合、発停レバーの開閉をコラムホイールで制御しています。

垂直クラッチは、腕時計では1936年に今はなきスイスのメーカー、ピアースが〝cal.130〟で採用したのが最初といわれますが、広く普及するきっかけを作ったのはやはり先述したセイコーの自動巻〝cal.6139〟でしょう。現行の自動巻クロノグラフキャリバーの名品、フレデリック・ピゲ〝cal.1185〟を設計した**E《エドモン》・キャプト**(Capt, Edmond：1946–)氏も、同機に触発されたそうです。

キャリングアームや遊動車がスペースを塞がない垂直クラッチは、自動巻機構と併用しやすい一方、その分、厚みは増すことと、クラッチバネがへたりやすいこと、バネの力に抗して発停レバーを抜き差しするため押し感がやや硬くなりがちなことなどが、欠点といえるかもしれません。

もっとも、「水平と垂直のどちらがよいか」を論じる時計好きがキャリングアーム式を支持することが多いのは、垂直クラッチに欠点があるからではなく、主に見た目の問題でしょう。いかにも手間

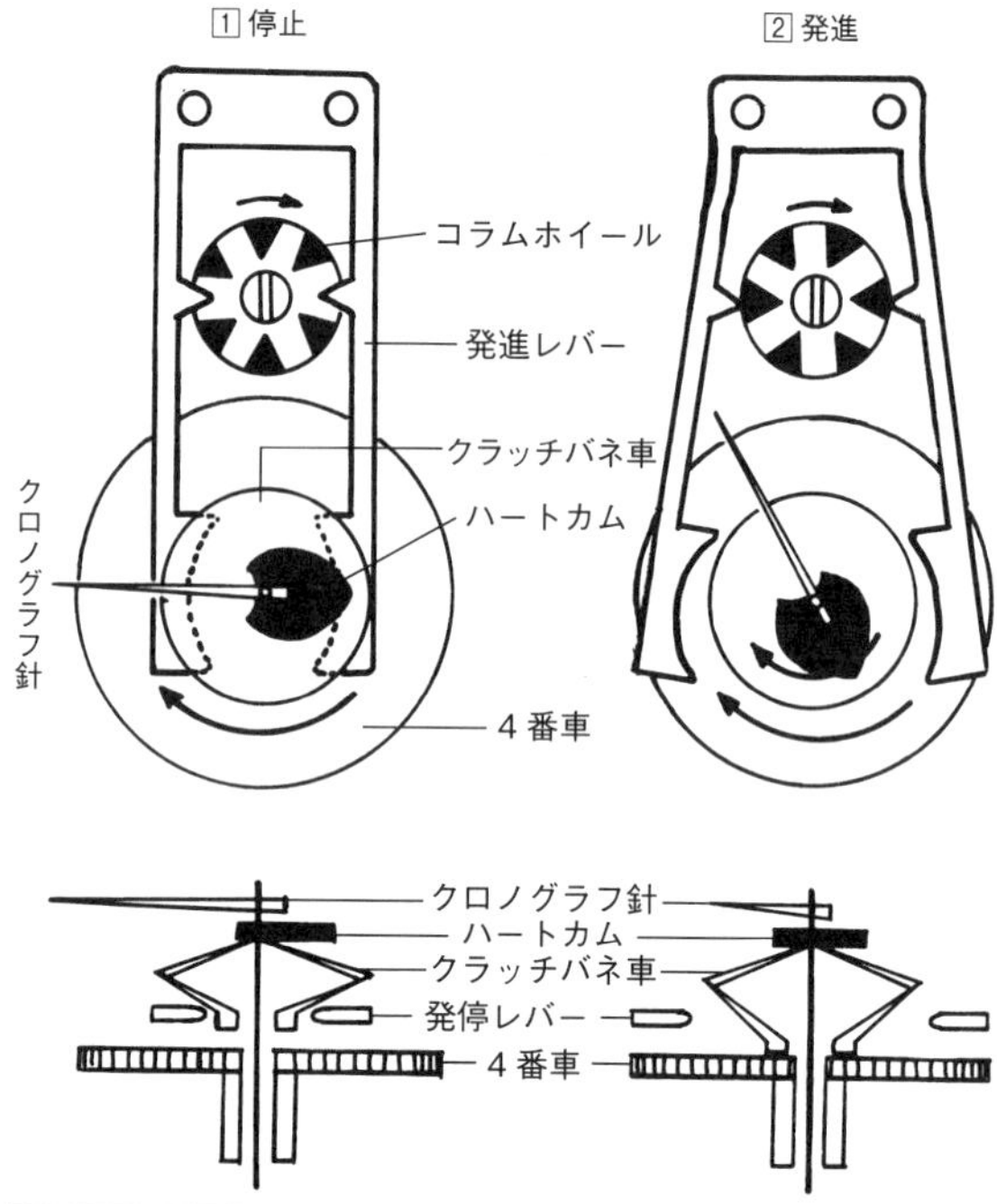

図10　垂直クラッチの作動原理

がかかっていそうでクロノグラフっぽく見えるキャリングアーム式に対し、垂直クラッチは大きな受け板や自動巻のローターがムーヴメントを覆ってしまいがちだからです。機能は劣るわけでは全くなく、むしろ勝っているくらい。その証拠に、垂直クラッチを代表する現行キャリバー〝cal.1185〟はブランパンなど多くのマニュファクチュールの高級機のベースになってきましたし、オメガが〝シーマスター〟などに搭載する〝cal.3313〟のベースとしてコーアクシャル脱進機にも対応するなど、抜群の信頼性と汎用性を誇っています。

シンプルな「ハートカム」は復針方式の完成形

発停方式をめぐる百家争鳴をよそに、復針方式はほぼ一択。懐中時計時代の1844年にC・V・A・ニコルが特許を取った（113頁参照）**「ハートカム・リセット方式」**が、今もほとんどのクロノグラフに使われています。

その名の通り心臓型の**「ハートカム」**を中心をずらしてクロノグラフ車の軸に固定し、**「復針レバー」**（**「復針ハンマー」**とも）で叩くと、ハートがどこを向いていても瞬時に回って必ず同じ位置で停止します（**図5、7**）。その位置でクロノグラフ針がゼロを指すよう設定しておけば、ゼロリセットとなるわけです。原理は単純明快ですが、実際にハートカムの動作を見ると、よくもこれだけスムーズに回ってぴったり同じ位置に納まるものだと感心せずにはいられず、**完成された機構はシンプルな形をとる**ことを改めて教えられます。

復針レバーの形はキャリバーによって異なり、ここも機械式好きのこだわりポイント。分積算計がある場合はそちらの指針も同時に帰零《ゼロリセット》させるため二股に分かれていますが、ひとつのレバーで同時に帰零できる位置に3つの歯車を配置するのは困難なため、時積算計を加える場合は別の復針レバーを加えるのが普通です。また、ハートカムを叩いた後に元の位置に戻るタイプもあれば、そのまま留まってクロノグラフ針のサイドブレーキ役を果たすタイプも。後者の場合は起動と同時に復針レバーの解除も行うため、押し感にも影響します。

クロノグラフ針が帰零する際の**「戻り感」**も、キャリバーごとに多種多様。ぶれずにピタッと静止する針もあれば、かすかに揺れる針もあり、戻るスピードも違います。機能と原理は同じでも形や動

	キャリングアーム式	スイングピニオン式	垂直クラッチ
コラムホイール式	ゼニス“エル・プリメロ”	タグ・ホイヤーcal.01	ロレックスcal.4130、フレデリック・ピゲcal.1185 ブライトリングcal.01、ジャガー・ルクルトcal.751
カム式	オメガcal.1861	ETA cal.7750	なし（構造上不向き）

きが違って個性が出るのが、物理的な実体を持つ機械式ならではの面白いところです。

「どちらがいいか」ではなく「どれが好きか」

このように、クロノグラフ機構は作動方式から個々の部品の形に至るまで千差万別。キャリバーの数だけ持ち味があります。「どちらがいいか」の二択に狭めるのはもったいないと申し上げた理由がおわかりいただけたのではないでしょうか。

時刻表示という基本機能をクオーツ式に譲った現在、機械式に視覚的な美しさや触覚的な心地よさといった官能性を期待するのは自然な心理。どちらが機能的に優れているかという客観的な評価だけでなく、どれが好きかという主観的な嗜好で楽しむ姿勢も、決して邪道ではありません。

代表的なクロノグラフキャリバーを制御・伝達方式別に表にしておきましたので、さまざまに異なる持ち味を楽しむ一助としていただければ幸いです。

1-3 機能ましまし「フライバック」と「ラトラパント」

追加機能とはいえ時間を測る機構である以上、クロノグラフの進化も時計本体と同様の二手に分かれます。ひとつは計測精度をさらに高めていく方向。そしてもうひとつは、さらなる追加機能を上乗せする方向です。ここでは「複雑機構の複雑化」ともいえる後者のうち、現在でも比較的よく目にする2つの複雑機構を紹介しておきましょう。

滑ってなんぼの「フライバック」

まずは「フライバック」です。起動中に復針ボタンを押すとそのたびにクロノグラフ針が帰零、つまりゼロ位置にフライバックして、再び時間経過を測り始める機構。通常だと停止・帰零・再起動と3回ボタンを押さねばならない再計測を復針ボタンひとつで瞬時にできるため、経過時間を繰り返し測定する際に便利です。腕時計ではロンジンが1936年に特許を取得しています。

今も各メーカーがそれぞれ独自の機構を用いていますが、「ハートカムを滑らせる垂直クラッチ」とでもいうべき構造が多いようです。例えば**図11**のタイプでは、クロノグラフ車が筒車になっていて、その筒に挿入された軸にハートカム付きのクロノグラフ針が固定され、皿バネでクロノグラフ車に押しつけられ摩擦で同期回転。ここまでは垂直クラッチと同じです。違うのは、復針ボタンを押しハンマーがハートカムを叩くと、その力の方がバネより強いため、ハートカムがクロノグラフ車の上面を滑って帰零する点です。復針ハンマーはすぐに定位置に戻るので、帰零したハートカムは再び摩

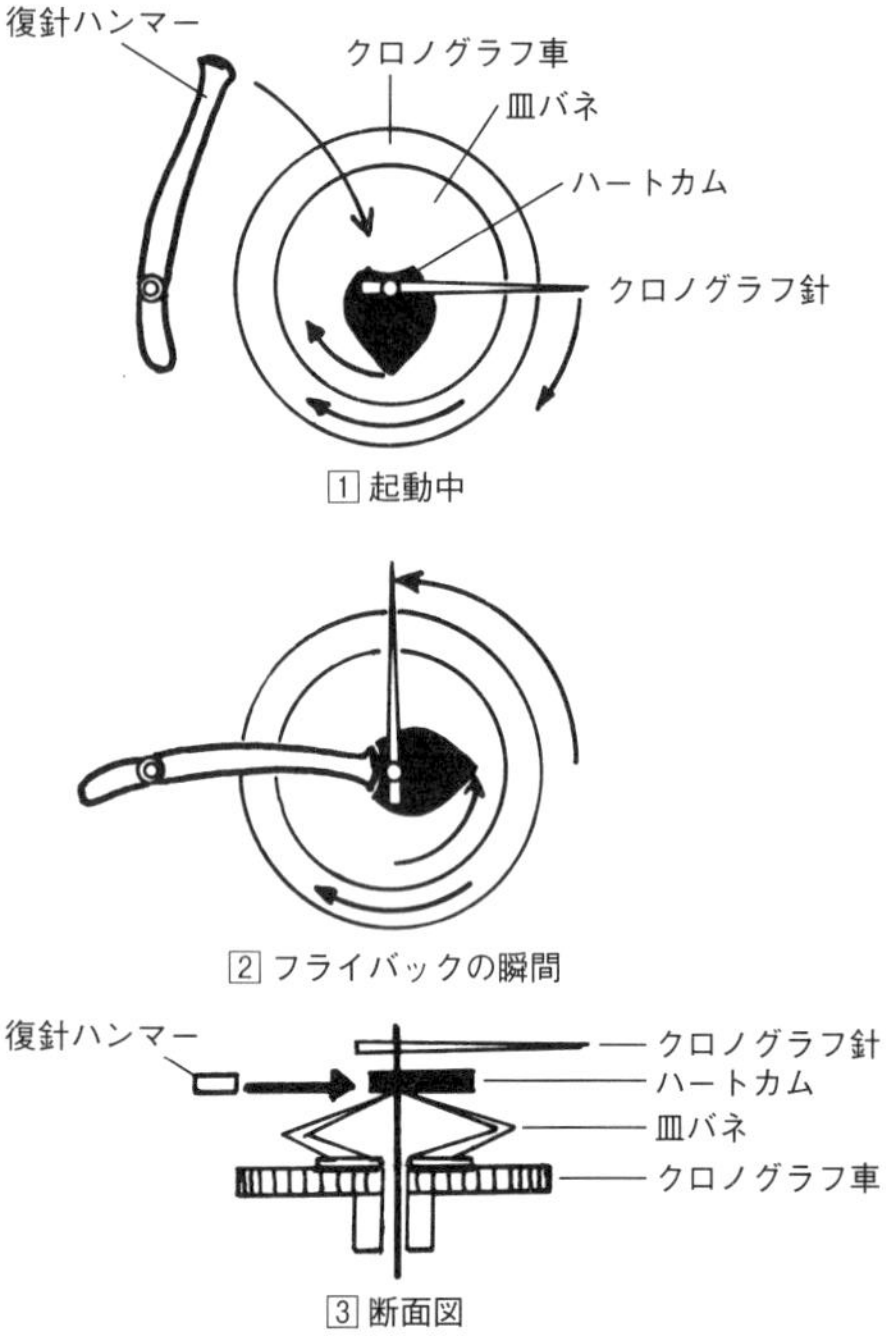

図11　フライバックの作動原理

擦でクロノグラフ車と同期回転し始め、指針はゼロから計時を再開します。

垂直クラッチと同様に、機械式時計の大敵である摩擦を逆手に取った機構といえるでしょう。

「ラトラパント」は異名が多すぎ

一方、ラップタイム計測に重宝するのが「**ラトラパント**」。フランス語で追いつく人という意味ですが、クロノグラフ針が2本あることからドイツ語では「**ドッペルツァイガー**」、ラップ計測時に2本が割れるので英語で「**スプリットセコンド**」、日本語で「**割剣**」と呼び方がいろいろあり、ややこしくて困ります。最近の日本でよく使われる表記はラトラパントとスプリットセコンドなので、この二つが同じ機構であることだけ覚えておけば充分でしょう。以下はラトラパントで統一します。

懐中時計時代の１８３３年に現在のラトラパントの原型を開発したのは、Ａ＝Ｌ・ブレゲの弟子にしてＦ＝Ａ・ラングのパリ留学時代の師である**Ｊ《ヨゼフ》＝Ｔ《タデウス》・ヴィンネル**（Winnerl, Joseph–Thaddeus：1799–1886）。腕時計には１９１０年代から搭載されはじめたようですが、実用レベルに達して本格的に普及するのはヴィーナス〝cal.179〟などのキャリバーが登場する40年代に入ってからです。

ラトラパントは、発停・復針の2ボタンに加え、10時位置やリューズの中心に「**ラトラパントボタン**」が加えられるのが一般的です。発停ボタンを押して起動させると、２本の針が重なって併走。ラトラパントボタンを押すとラトラパント針だけが停止してラップタイムを表示し、クロノグラフ針はそのまま運針を続けます。そしてもう一度ラトラパントボタンを押すと、ラトラパント針は瞬時にクロノグラフ針に「追いついて」再び併走。これがラトラパントの名の由来です。以後はラトラパントボタンを押すたびに同じ過程を反復。クロノグラフ針の停止は発停ボタンで行い、復針ボタンを押すとクロノグラフ針とラトラパント針が別の位置で止まっていても同時に帰零します。

言葉で説明しても何がどう動くかさっぱり伝わらないでしょうから、ネットで「rattrapante」や「split second chronograph」を動画検索なさって、ぜひ実物をご覧ください。ラトラパントボタンを押した瞬間に針がさっと2つに割れる様は感動的です。中には機構を解説している動画もありますので、次の説明をご理解いただく助けにもなるでしょう。

ラトラパントも各社が次々に新機構を発表していますが、ここでは先述した古典的名機ヴィーナス〝cal.179〟に見られる形を簡略化して解説します。ポイントは、**「ラトラパント車」**に内蔵された**「ローラーバネ」**です。

クロノグラフ車の軸は筒車になっていて、中にラトラパント車の軸が通っています**（図12上）**。クロノグラフ車は遊動車と嚙み合いますが、ラトラパント車には歯がありません。なのにどうして回るかというと、筒車に固定されたラトラパント用ハートカムがクロノグラフ車と一緒に回り、その回転をローラーバネを介してラトラパント車に伝えるから。クロノグラフを起動すると、バネに押さえられたローラーがハートカム上辺の定位置に留まってラトラパント車に回転を伝え、ラトラパント針をクロノグラフ針と重ねて同期回転させるのです**（図12下左）**。

ラトラパントボタンを押すと、**「ラトラパントクランプ」**と呼ばれるU字型のクランプがラトラパント車を左右から挟み、ラトラパント針が停止。ところが、筒車に固定されたラトラパント用ハートカムは、クロノグラフ車の回転力がローラーバネの力に勝るため停止せず回り続けます**（図12下右）**。ちなみにラトラパントクランプの開閉は、専用のコラムホイールで制御します。

さて、ここからが見せ場です。再びラトラパントボタンを押してクランプを解除すると、自由になったローラーがバネの力でハートカム上を瞬時に滑り、ラトラパント車を回すのです。どこまで回すかというと、ローラーがハートカム上辺の定位置に落ち着くまで。即ち、ラトラパント針とクロノグラフ針が重なった**図12下左**の状態に戻るまで。ラトラパント車の内側でローラーバネが自ら動いて復針レバーの役割を果たすわけです。定位置に戻ったローラーバネは、再びハートカムの回転をラトラパント車に伝えてクロノグラフ車と同期。かくして、ラトラパント針は瞬時にしてクロノグラフ針に追いつき、再び重なって併走し始めます。

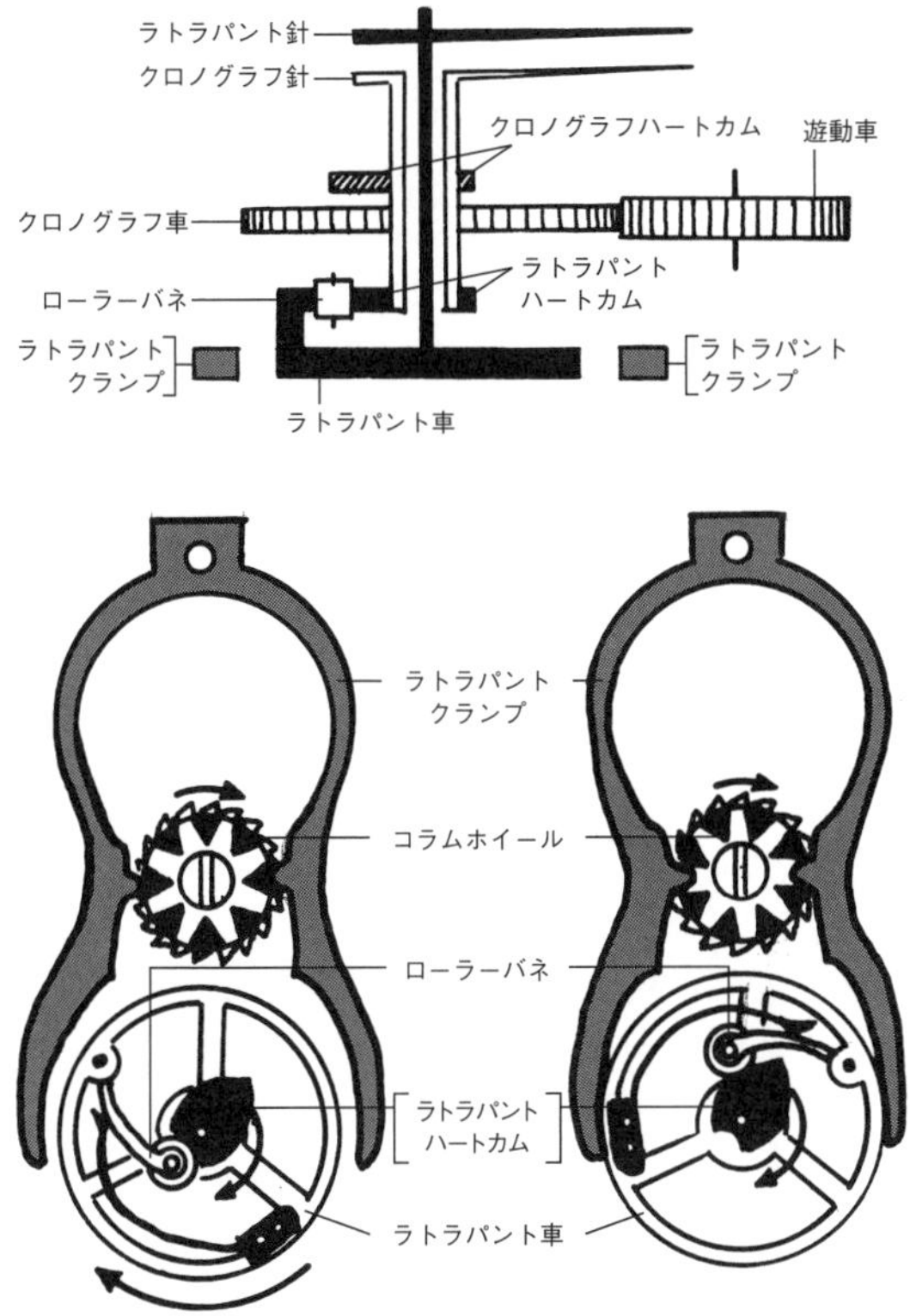

図12　ラトラパントの作動原理

1-4 逆算や割算もする「積算計」

クロノグラフの時間測定機能を補助する「**カウンター**」こと「**積算計**」。サブダイアルの項（71頁）でも触れましたが、メインのクロノグラフ針以上に時計の顔つきを決める重要な脇役でもありますので、ここでもう少しだけ詳しくおさらいしておきましょう。

積算計と総称してはいるものの、実は経過時間を積算するだけではなく、残り時間を逆算したり、1秒を割算したりする機能を持つものもあり、それ自体が表情に富んでいます。

目の数で表情が変わる「積算計」

まずは最もポピュラーな、1分以上の時間経過をカウントしてゆく、言葉通りの意味での積算計。これがないと、長時間の計測時には起動時にメインの時分針を読んで時刻を覚えておかねばならず、厄介です。クロノグラフ車と連動して1分あるいは1時間に1回転する歯車に付いた爪が、積算計の星車を1歯ずつ送ってゆく仕組みが一般的です。

積算計の大きさと配置は大体、決まっています。クロノグラフ針がセンターにくれば、通常の秒針は必然的にスモールセコンド（46、71頁参照、以下スモセコ）になるので、積算計の直径も通常はスモセコの大きさに合わせ、3時、6時、9時、12時位置のいずれかにバランスよく配置されます（112頁の**図1**参照）。

最もよく目にする形は、スモセコに「**分積算計**」（30分計が主流）と「**時積算計**」（12時間計が主流）を加え、3時、6時、9時位置に逆三角形に配した**「三ツ目」**でしょう。多くの場合、分積算計はクロノグラフ針と共用の二股レバーで復針する構造上、3時か9時に配置。残る6時と9時または3時を時積算計とスモールセコンドが分け合う形です。同じ三ツ目でも、オメガ〝スピードマスター〟は6時に時積算計で9時にスモセコ、ロレックス〝コスモグラフ　デイトナ〟はその逆と、モデルによって配置が異なります。

スモセコに分積算計だけを加えた**「二ツ目」**(**「二眼」**とも)も少なくありません。ロンジン〝ヘリテージ　クラシック〟は9時に分積算計、3時にスモセコを配した**「横二眼」**。IWC〝ポルトギーゼ・クロノグラフ・クラシック〟は**「縦二眼」**で、12時位置は分積算計と時積算計を兼ねた2針のサブダイアルになっています。これらのモデル名からもわかるように、二眼は'70年代以前のクロノグラフによく見られた形で、現在ではクラシックな雰囲気の演出に用いられることが多いようです。

珍しいところでは、クロノグラフ腕時計の名門として鳴らしたユニバーサルが1940年に飛行パイロット用に開発した〝エアロ・コンパックス〟の**「四ツ目」**があります。12時位置に同社特許の「メメント・ダイアル」を配置。9時位置のリューズで時分針を動かし、クロノグラフ起動時の時刻を残せます。現在も「四ツ目」はありますが、カレンダーやムーンフェイズなどクロノグラフとは直接関係しないサブダイアルを加えたものがほとんどです。

「減算計」はヨットレースの必需品

経過時間を積んでいくカウンターとは逆に、残り時間を減じてゆくタイマーの役割を果たす代表選手は「ヨットタイマー」でしょう。ヨットレースを意味する「レガッタ」の名でも呼ばれます。ヨットレースではスタート10分前に合図があり、そこから始まる場所取りが勝負の決め手になるそうです。そのためヨットタイマーのほとんどには10分を逆算してゆく目盛がついていますが、その形はモデルにより多種多様。ロレックス〝ヨットマスターII〟は文字盤内側に扇形のサブダイアルと専用の指針があり、10分までの任意の残り時間をセットできます。ニュージーランドのヨットチームを支援するオメガ〝シーマスター クロノグラフETNZモデル〟は、30分計にある扇形の指針が5分前からのカウントダウンタイマーの役割を果たします。

電光石火の「割算計」

積算計とは逆に、1秒以下の経過時間を割算で示すのが「フドロワイヤント」。フランス語で「電光石火」を意味する名の通り、指針が目にもとまらぬ速さで1秒に1回転します。

フドロワイヤントに刻まれる目盛の数は、基本的にその時計のテンプの振動数に呼応します。27頁で述べたように、機械式時計が正確に計測できる時間の最小単位はテンプ1振動分だからです。例えばジラール・ペルゴ〝ラトラパンテ フドロワイヤント クロノグラフ〟は8振動ですから、1から8まで目盛が刻まれ、8分の1＝0・125秒単位の計測が可能。時積算計針が6、分積算計針が18、クロノグラフ針が36、フドロワイヤント針が3を指していれば、6時間18分36・375秒が経過したことがわかります。10振動のゼニス〝デファイ エル・プリメロ21〟は、センターのクロノグラフ針自体が1秒で1回転し、文字盤外周を100分割した目盛で100分の1秒単位までの経過時間が読み取り可能です。

今日では、これも振動数の項で紹介した、驚異の2000振動でクロノグラフ針が1秒に20回転するタグ・ホイヤー〝カレラ マイクロガーダー〟のように、もはやフドロワイヤントの概念すら超えた超電光石火のクロノグラフも登場しています。

1-5 「換算スケール」の種類は買取り価格にまで影響

クロノグラフならではのお楽しみポイントのもうひとつが、文字盤外周やベゼルに刻まれたさまざまな種類の目盛。人気モデルでは目盛の種類だけでなく色や記された数字が違うだけで「レア物」として珍重され、プレミアムがつくほどです。

それほど重要なポイントでありながら、あの目盛を何と総称すべきか聞かれて答えられる時計好きは筆者も含め、いないのではないでしょうか。**「タキメーター」**や**「テレメーター」**といった種名で呼ぶのが一般的で、適当な総称が見当たりません。英語圏でも〝scale〟や〝graduation〟、フランス語圏でも〝échelle〟や〝graduation〟など、人と場合によって適当に呼ばれているようです。かといって「目盛」では主文字盤やサブダイアルのそれと区別がつかないので、本書では仮に**「換算スケール」**と呼んでおきます。ここで話題にするクロノグラフのベゼルや文字盤外周に刻まれた目盛のほとんどは、計測した秒数を速度や距離といった他の単位に換算する一種の計算尺だからです。

前置きが長くなりましたが、現行モデルに見られる換算スケールの種類を見ていきましょう。

①タキメーター

最もよく目にするのがこれでしょう。〝tachy-〟は速さを意味する接頭語。一定の距離を通過するのに要した時間を平均時速に換算するスケールです。〝Base1000〟と記されたタイプなら、スタート地点から1000m＝1㎞通過したところで停止ボタンを押せば、その時にクロノグラフ針が指す数字が平均時速。この場合、経過秒数をnとすると平均時速は3600÷nとなり、⑥のプロダクトメーターと同じ換算率になるため、1000mベースのタキメーターは**「タキ・プロダクトメーター」**とも呼ばれます。

ちなみにロレックス〝コスモグラフ デイトナ〟Ref.16520のタキメーターにはほとんどの場合、時速400㎞から数字が刻まれていますが、初期の製品には時速200㎞から始まるものが稀にあり、「200タキメーター」と呼ばれて高値で取引されているようです。

②テレメーター

〝tele-〟は遠距離を意味する接頭語。光速と音速の差を利用して経過秒数を距離に換算します。例えば雷が光った瞬間に起動し、音が聞こえた瞬間に停止すれば、クロノグラフ針が示す数字が落雷地点までの距離。光速は無限、音速は秒速0・34㎞に設定し、0・34×nで換算するものが多いようです。いうまでもなく音速は気圧や気温や湿度で変わるため、あくまで目安としてしか使えません。そのせいか、しばしばタキメーターなどのおまけとして併設されています。

③デシマルメーター

その名の通り経過時間を60進法から10進法《デシマル》に換算。文字盤を100分割した目盛で、1分の百分率を示します。つまり0・6秒で1目盛。往年のホイヤー〝カレラ〟やブライトリングの〝トップタイム〟に見られました。

④パルスメーター

こちらも名前でおわかりのように、医師の需要が生んだ心拍計《パルス》。一定の脈数を数えたところで停止すると1分間の心拍数がわかります。基準となる脈数は多くの場合〝GRADUE POUR 00 PULSATIONS〟とフランス語で記されています。1分＝60秒を経過秒数nで割って規定の脈数00をかけるだけ。00が例えば10なら、600÷n（秒）で換算するわけです。

⑤アズモメーター

喘息を意味する〝asthma〟に由来。パルスメーターと同じ換算方法で、〝GRADUE POUR 00 RESPIRATIONS〟と記された規定の呼吸数を数えるまでに要した秒数から1分間の呼吸数を割り出します。同じ医師用として稀にパルスメーターと併設される以外は、あまり目にしません。

⑥プロダクトメーター

工場などの労働管理用に作られた怖いスケール。製品1個を作る、あるいは1クールの作業を終えるまでの経過秒数から、1時間あたりの生産個数あるいは作業回数を示します。先述したように換算率は1000mベースのタキメーターと同じなので、併用される場合がほとんどです。

⑦スライドルール

日本語で「**計算尺**」といった方がわかりやすいかもしれません。航空パイロットの要望に応え、ブライトリング〝オールドナビタイマー〟などが搭載。1960年代くらいまでは日本の小学校で使い方を教えていたあの計算尺を円形にしたもので、使い方もほぼ同じ。回転ベゼルをスライドさせて文字盤外周に刻まれた目盛に合わせることで、二桁の数字同士の掛け算と割算の答えが出せます。

＊

1970年代頃までのオメガ〝スピードマスター プロフェッショナル〟はベゼルに刻む換算スケールを①〜④の4種から選べ、〝プロフェッショナル〟と銘打つ所以にもなっていました。クオーツ式腕時計やさまざまなデジタル機器に加えスマートフォンまで広く普及した現在、機械式クロノグラフの換算スケールはプロフェッショナル・ユースから誰もが楽しめるギミックへと役割を変えていますが、だからといって使い方もわからないまま身につけていては恥をかきます。酒席での話題づくりにもなりますので、ぜひご自身がお持ちのクロノグラフの説明書をよく読んで、換算スケールの使い方もマスターしておきましょう。

2 永久カレンダー

2-1 「カレンダー」は「永久」ならずとも複雑機構

「カレンダー」に関しては第1章の「表示機構」でも触れましたが、もう一度、基本からより詳しく見ていきましょう。

今日、私たちが用いている西暦のカレンダーは、31日まである大の月が7回あるうち7・8月と12・1月だけが連続し、その間に30日までの小の月が5回あるうち、2月だけが28日までしかない上に4年に1度だけ29日あるという、実に不規則な構成になっています。そして一定周期で回転する歯車の連なりである機械式時計

図1　永久カレンダーの表示例（パテック フィリップ ref. 5327J）

は、不規則な動作が何より苦手です。

このため機械式腕時計のカレンダー機構は、1ヵ月を31日として、小の月の終わりには手動で翌月の1日まで**「日送り」**するのが基本。この面倒な作業を自動で行ってくれるのが**「年次カレンダー」**、さらに閏年2月の日送りも自動調整してくれるのが**「永久カレンダー」（図1）**で、どちらも複雑機構のひとつに数えられます。

日送りが必要なカレンダー機構のうち、日付と曜日を表示する**「デイデイト」**あたりまでは、今や数万円クラスの機械式にも搭載されているため、一般には複雑機構と呼ばれません。とはいえ、その最も簡単なタイプでも、機構は意外に複雑なのです。

カレンダーの基本は日付（デイト）と曜日（デイ）

まずはデイデイト表示の中でも古典的でシンプルな構造をさらに簡略化した**図2**で、カレンダーの基本構造を押さえておきましょう。日付を数字で書いた31歯の**「日車」**は、1日に1回転する**「日送り車」**に固定された**「日送り爪」**に送られて、毎日の終わりに1歯分ずつ回転。曜日を書いた7歯の**「曜星車」**は**「曜送り車」**と噛み合って、共に1日に1歯分ずつ回ります。どちらも1日に1歯なのに同じ日送り車で送らないのは、小の月の終わりに日送りする際に曜日まで進めてしまわないよう別輪列で送れるようにするため。月の日数が不規則なのに曜日はきっちり7日周期で巡るのも、西暦の困ったところです。

日付が文字盤の外周近くに表示されることが多いのは、31まである数字を配置しやすいよう日車の

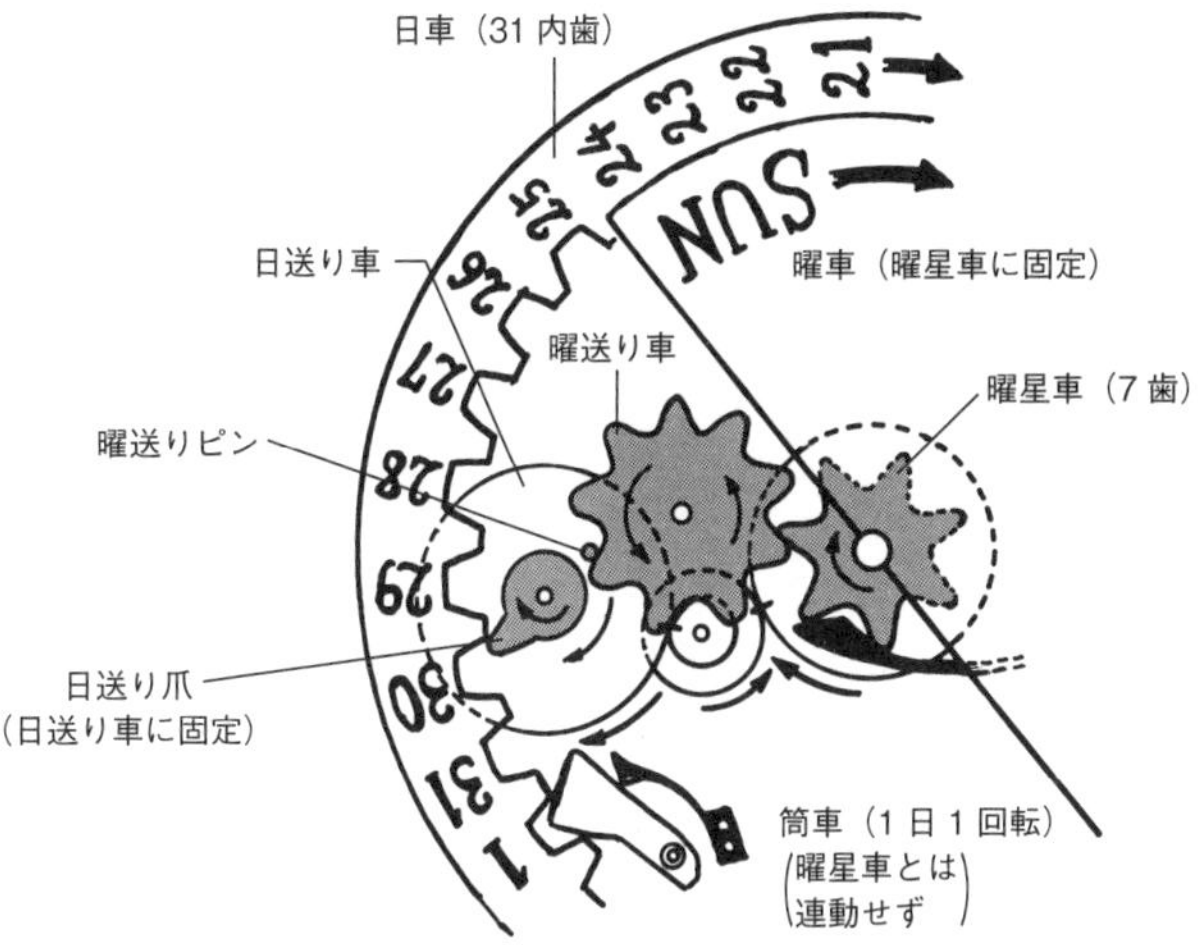

図2　デイデイト機構の1例

径を大きくするため。かつては文字盤外周に書かれた数字を指針で示していた日付を、小窓で表示するようになったのは、腕時計では1945年のロレックス〝デイトジャスト〟が最初といわれています。同社はさらに日付を見やすくするため、ギリシャ神話の一眼巨人から命名した〝サイクロップレンズ〟を風防ガラスに取り付けました。

数字そのものをより大きくしたり、文字盤の中央に寄せたりする場合には、次頁の**図3**のように2枚の日車ディスクを組み合わせ、10の位を表示するディスクを10日おきにジャンプさせる方法がとられます。このような大きな日付表示を一般に**「ビッグデイト」**と呼び、A.ランゲ&ゾーネの〝アウトサイズデイト〟が典型です。

いずれの表示も、歯車の回転だけに任せているとディスクがじわじわ回り、日付が変わる際に数字や文字が表示窓の中途半端な位置に来て読み取りにくくなります。このため、今日では多くのモデルがバネなどを利用して深夜0時に瞬時に表示が切り替わるようにした**「ジャンピング（瞬間日送り）機構」**（図4）を採用しています。

デイデイトに月名表示をプラスするには、12歯の**「月星車」**を日車が31日まで回るたびに1歯ずつ送る機構を加えるだけですが、年表示となると数字が多すぎて簡単にはいきません。西暦をフルに表示するには、例えば上2桁を書いたディスクを100年、10の位ディスクを10年、1の位ディスクを1年に各1歯ずつ送るといった大がかりな機構が必要です。そのせいか、年表示は一部の高級モデルでしかお目にかかれません。

「日送り」一秒、ケガ一生

図3　ビッグデイト

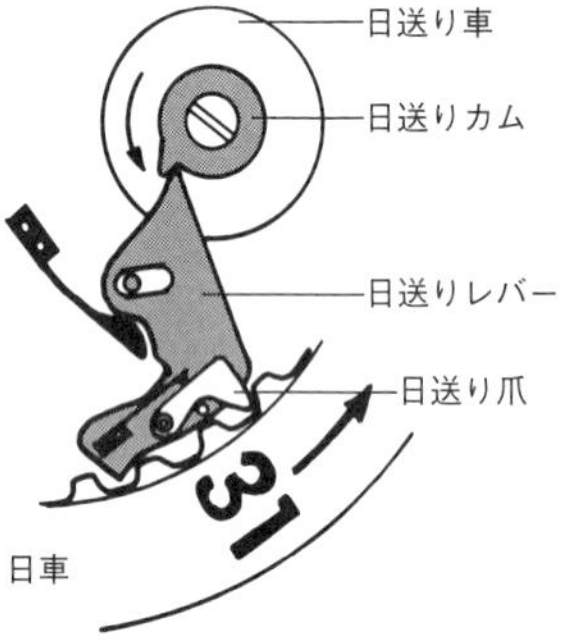

図4　ジャンピング機構の1例

先述したように普通のカレンダー機構は1ヵ月を31日としているため、小の月の終わりには手動で日送りしなければなりません。ここでぜひ覚えておいていただきたいのが、**日送りはしばしば深刻な故障の原因を生む**という事実です。

カレンダー機構を持つ腕時計の多くは、時分針を1日分回さずとも日送りができるよう、リューズを1段あるいは2段引き出した状態で時刻送りから日送りに切り替わる「**日修正機構**」を持っています。この便利な機構が実は曲者《くせもの》で、日送り車とは別の歯車で日車を回すタイプの場合、日送り爪がすでに日車に噛んでいる状態で無理な回転を強いることがあるのです。リューズが日送り段でスムーズに回らず、引っかかりを感じたら要注意。そのまま無理に回すと「ガリッ」ときて日送り爪や日車の歯が欠けてしまい、修理工房という名の「**病院送り**」で部品交換の「**大手術**」になりかねません。

このため、カレンダー機構を持つ腕時計の取扱説明書には、日送り爪が日車に噛んで手動修正が危険な状態になる時間帯が明記されているはずです。モデルによって時間帯は異なりますが、一般には表示時刻が**夜20時から早朝4時までの間は日送りしない方が無難**とされています。

また、カレンダー機構も含め機械式時計の歯車は同一方向に回転するのが基本のため、**時刻や日付の逆回しも原則禁止**。最近では部品の加工精度も上がり、故障を防止するセーフティ機構が付いたモデルも増えているので、昔ほど気を遣う必要はなくなりましたが、それでも用心するに越したことはありません。よくある機構だからと甘く見ず、カレンダー機構は必ず取扱説明書をご一読の上、**夜中の日送りと逆回し禁止令**が出ていれば遵守なさってください。

2-2 日送り無用「永久カレンダー」への3段階

そんな厄介な日送りから解放してくれるのが、閏年も含め全ての日・曜日・月送りを自動で行う、つまり永久に日送りの必要がない「**永久《パーペチュアル》カレンダー**」。18世紀にはすでに存在し、A＝L・ブレゲも有名な〝マリー・アントワネット・ウォッチ〟（250頁参照）に用いていますが、現在の形の原型といえるものは1889年にパテック フィリップが懐中時計で特許を取り、1925年に同社の腕時計に搭載したといわれています。

最高峰への階段

面白いことに、永久カレンダーという最高峰がありながら、よりシンプルな機構が、それも比較的最近になってから開発されています。ひとつは本家パテック フィリップが1996年に特許を取った「**年次《アニュアル》カレンダー**」で、大の月と小の月の切り替えのみ自動で行い、1年に1回、2月末にだけ手動修正が必要なタイプ。大の月が続く7・8月と12・1月部分だけ間隔を2倍開けた5つの突起を持つカム（**図5**）で、小の月の終わりにだけ1日分多く日送りする仕組みです。

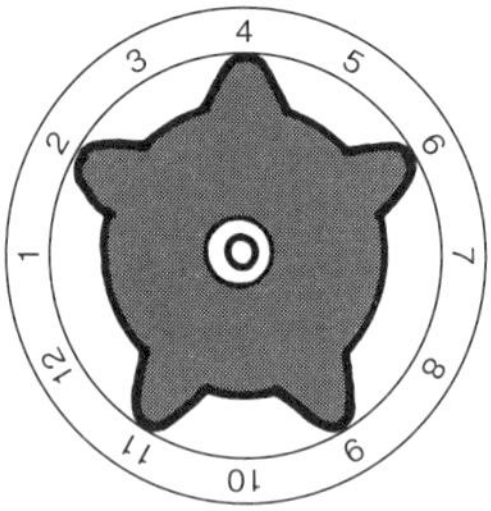

図5　年次カレンダーディスク

もうひとつは、ブライトリングが2012年に〝トランスオーシャン クロノグラフ1461〟に搭載した「**セミパーペチュアルカレンダー**」。モデル名が誇る通り1461日つまり4年に1回、閏年の2月末にのみ手動修正が必要なタイプです。ここまでくると、あと1部品加えるだけで永久カレンダーに到達でき、なぜあえてこの段階で止めたのかが不思議なくらい。どのくらい不思議かをご理解いただくために、次に永久カレンダーの仕組みを見ていきましょう。

永久カレンダーを制御する回転式記憶媒体

次頁の**図6**をご覧ください。現在の永久カレンダー機構の多くは、**「48ヵ月ディスク」**で制御します。閏年を含めた各月の日数は、31、30、29、28の4種類。この日数の違いを3段階の溝の深さに置き換えて、48ヵ月＝4年分を記録した円盤です。機械式時計が生んだ偉大な発明のひとつで今日のあらゆる回転式記憶媒体の始祖となった「数取車」（187頁）の原理が、ここにも応用されています。

この48ヵ月ディスクがどのように永久カレンダーを制御するか、基本的な原理をごく単純化した**図6**で見ていきましょう。48ヵ月ディスク**A**にはそれぞれの月の日数に合わせた間隔と深さで溝が刻まれ、各月の終わりに1ヵ月分だけ回転。日送りレバー**B**の末端（嘴）がバネに押されて**A**に当たると、**B**の回転軸の反対側にある二股に分かれた部分は、その月の溝の深さに応じて異なる角度に傾斜（**図7**）。この傾斜角の違いを利用して、バネで伸びる送り爪**b2**と日車**D**に重ね付けされた蝸牛《スネイル》型の**「スネイルカム」E**が、月末に日送りする日数を変える仕組みです。

日送り車**C**に取り付けられた日送り爪**c**が毎日の終わりに回ってきて、レバー**B**を押して右にスイングさせます。このとき短い方の先端に付いた送り爪**b1**は、レバー**B**の傾斜角とは無関係に、日車**D**の外周にある31歯を毎日必ず1歯＝1日分ずつ送ります（**図8**）。一方、爪**b2**の停止位置はレバー

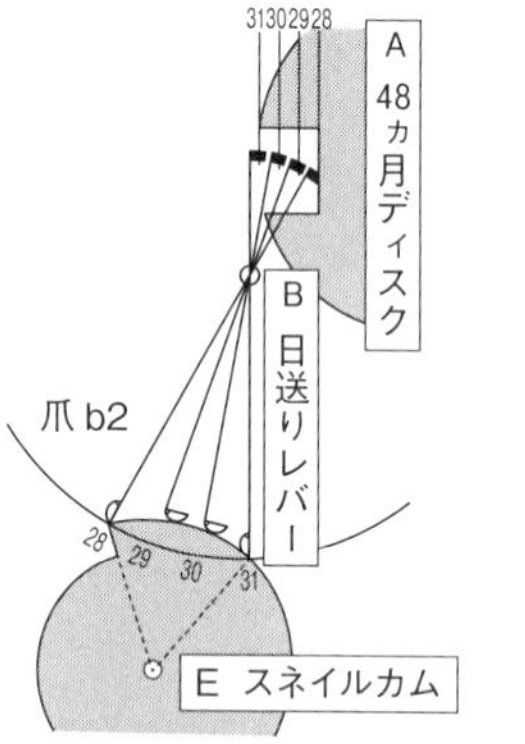

図7　溝の深さとレバーの傾き

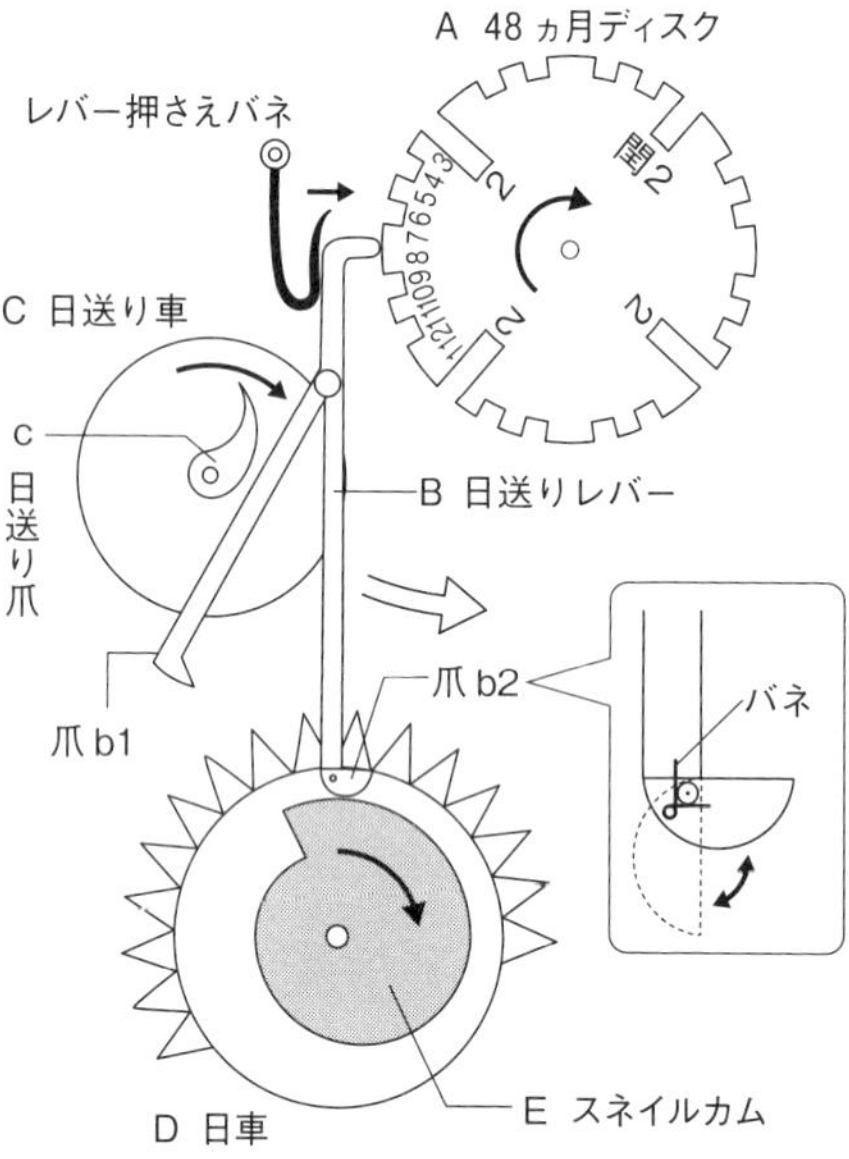

図6　永久カレンダー機構概略図

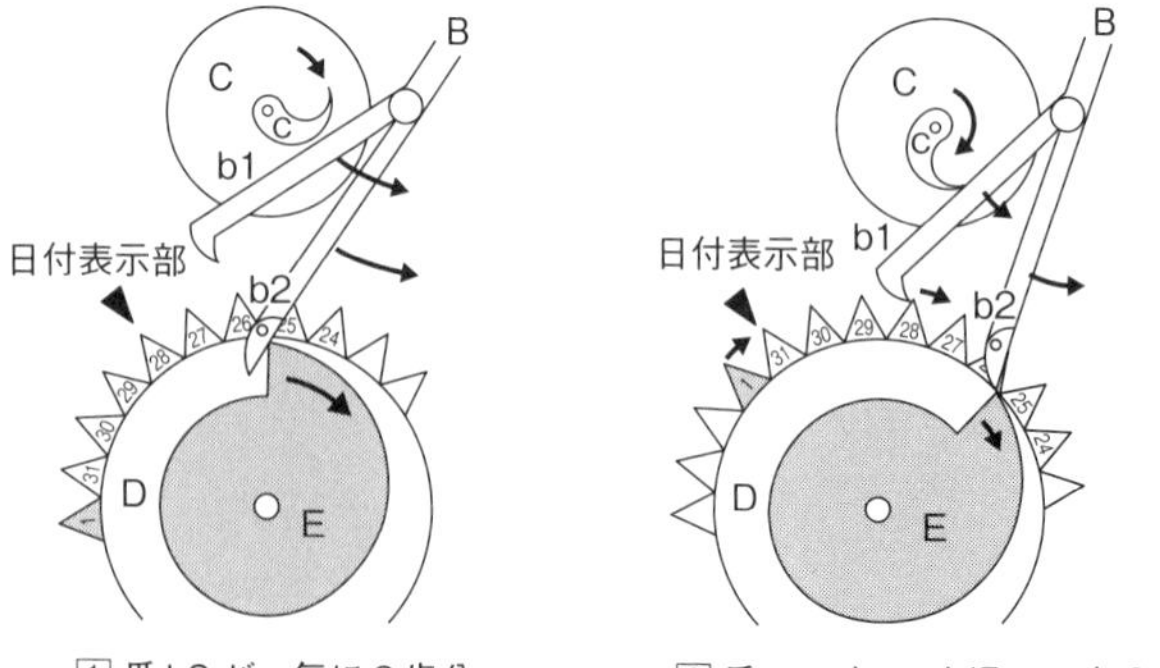

1 爪b2が一気に3歯分カムを送る→31日に

2 爪b1がいつも通り1歯分送る→1日に

図8　2月末の日送り

Bの傾斜角によってそれぞれの月末にカムEの段差が回ってくる位置に設定されていて、段差がくる月末まではカムの縁がバネを押して爪b2を倒しているため、レバーBが振れても縁を滑るだけで日送りしません（図7）。ところが月末にカムEの段差が回ってくると、倒れていた爪b2が解放されてバネの力で起き、レバーBが振れる際にカムEの段差部を押して日車Dを回すのです。この時も爪b1は日車Dを1歯送るので、日付は爪b2がカムEを回した分だけ余計に進むことになります。図8は2月末の日送りの様子です。

図7からわかるように、爪b2は28日の位置からは日送り車を3歯分、29日の位置からは2歯分、30日の位置からは1歯分をそれぞれ送り、31日の位置からでは爪がバネで起きてもカムEの段差に届かず歯送りしません。つまり爪b2はどの月の位置からでも月末には必ずカムEが付いた日車を31日の位置まで回し、あとは爪b1が1歯送って日付を1日に変えるわけです。

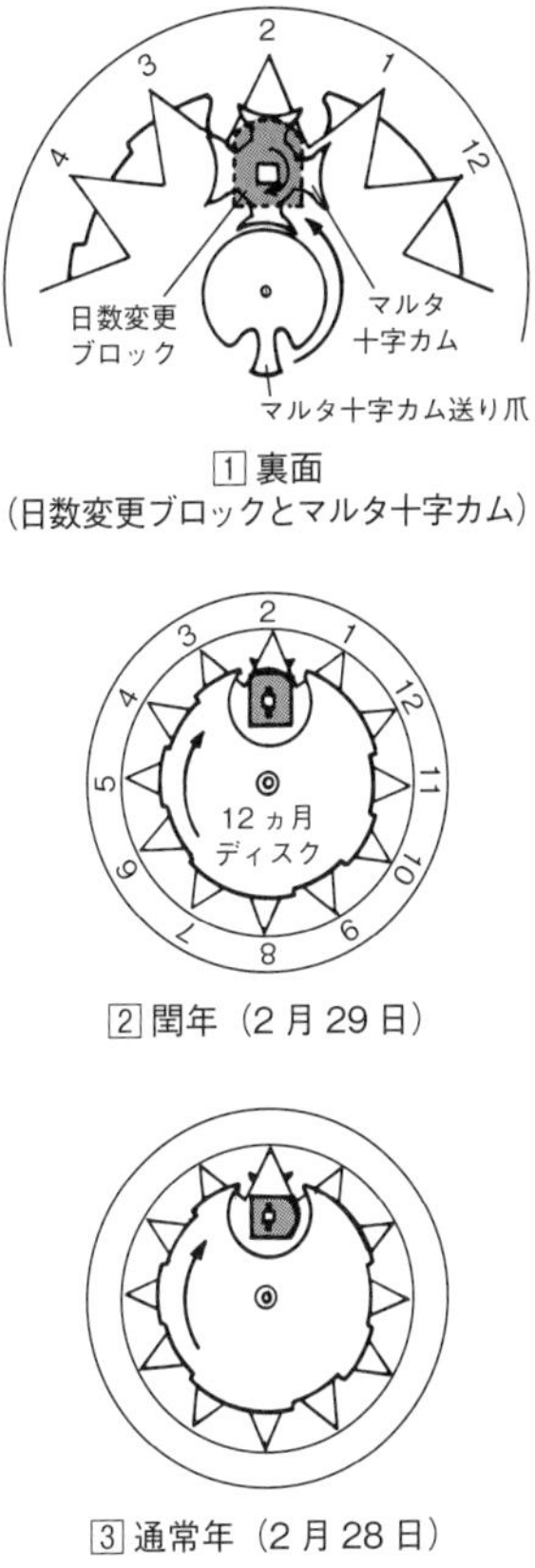

1 裏面
（日数変更ブロックとマルタ十字カム）

2 閏年（2月29日）
3 通常年（2月28日）

図9　12ヵ月ディスクの1例

ちなみに、48ヵ月ディスクの代わりに**「12ヵ月ディスク」**を使う永久カレンダー機構もあります。パテック フィリップは、2月部分の溝に長方形ブロックを配し、マルタ十字型のカムで1年ごとに90°偏心回転させて閏年だけ溝の深さを変更（前頁**図9**）。ブレゲ〝マリーン エクアシオン マルシャント5887〟は、4年で1回転する同軸カムで2月部分の深さを変えます。

12ヵ月ディスクはディスク径を小さくできる一方で、閏年調整用の部品が必要。これを省いて2月部分の溝の深さを28日対応で固定すれば、セミパーペチュアルカレンダーになるわけです。あと1部品加えるだけで永久カレンダーになると書いた理由がおわかりいただけたでしょうか。

2-3 永久カレンダーの大いなる矛盾と愉悦

さて、賢明なる読者諸氏は、すでに大いなる疑問を感じていらっしゃることでしょう。「永久カレンダーがどんなに複雑でよく出来た機構でも、時計本体がしばらく止まっていたら日送りが必要になるのではないか」と。

まさに仰る通りです。しかも永久カレンダーの日送りは一般に普通のカレンダーよりはるかに面倒な上、逆回しのリスクも入院費も桁違い。古典的なタイプではケースのサイドに日・月・年などを別々に送る小さな**「修正ボタン」**があり、同梱のプッシュピースか爪楊枝などの先でひとつずつ慎重に押していかねばなりません。居酒屋から持ち帰った爪楊枝で何百万円もする高級時計の永久カレンダーを恐る恐る日送りする時計好きの姿は、なかなか感慨深いものがあります。

さらにもうひとつ困ったことに、永久カレンダー搭載機を買えるほどの経済力がある時計好きは、えてして他にも何本も持っていて頻繁に着け替えるので、時計を止まったまま放置する確率が高いのです。そのため、経済力にものをいわせて豪華な**「ウォッチワインダー」**（自動巻時計を回転させてゼンマイを巻上げ続ける自動機械）を導入し、「いつも回ってるからカレンダーが読み取れないんだよね」などと自慢にもならない自慢をする富豪もいます。

今ではL・エクスリン博士が開発したユリス・ナルダン〝クラシック パーペチュアル ルードヴィッヒ〟のように、リューズ操作だけで全ての表示を逆回しまでできる機構も登場し、他社もこぞって日送りと逆回しのリスクを減らす安全機構を進化させていますが、それでも永久カレンダーといいながら永久に動き続けはしないこと自体がそもそも矛盾しているという事実は変えられません。そして、そんな永久カレンダーの矛盾と手間を嬉しそうに語るマニア心も変わることはないでしょう。

ここまでくると、よほど心の広い方でも、さすがに疑問を抱かれるかもしれません。「バカじゃないの？」と。

まさに仰る通りです。けれども、時計に限らずおよそ趣味というものは、**分別盛りの大人が平気でバカになれるところが素晴らしい**のではないでしょうか。

お金を無駄遣いするからバカなのではありません。骨董市で数千円で掘り出した普通のカレンダー時計を意気揚々と分解してその日のうちに壊してしまい3日ほど落ち込んだりしている筆者もまた、お金がないなりにバカ丸出し。趣味におけるバカさ加減は、使う金額ではなくハマる深さで決まります。だから『釣りバカ日誌』のように、経済力も社会的地位も関係なく、自分よりバカな先達を師と仰ぐのです。その意味で、**趣味ほど平等な世界はありません。**

わざわざ面倒くさいことをする意味がわからないという疑問も、それ自体に意味がないでしょう。近頃は恋愛すら面倒くさがる若者が増えているそうですが、筆者には彼らが熱中するSNSの方がはるかに面倒くさそうに思えます。つまり、**興味のない人には単なる無駄や面倒やバカ丸出しとしか思えないことこそが人を夢中にさせる**のです。そして何かに夢中になることで、人は幸せを感じて心が豊かになります。

永久カレンダーという名の大いなる矛盾は、機械式好きの愉悦の本質を象徴しているといえるでしょう。**機械式は無駄に面倒くさいからこそ楽しい**のです。高価な腕時計を使いもせずウォッチワインダーで回して喜ぶことができるバカは、実は懐も心も豊かな幸せ者にほかなりません。

3 天文表示

3-1 「天文表示」は複雑機構の高貴な女王

数ある複雑時計の中でも格の高さで群を抜くのが、天体の運行やそこから読み取れる情報を表示する**「天文表示」**。市販されている現行品で宝飾のない腕時計としては最も高価（2億~3億円）といわれるパテック フィリップ〝スカイムーン・トゥールビヨン〟（**図1**）を筆頭に、カタログの価格欄に**「リクエストにより」**とか「お問い合わせください」としか書かれていない恐ろしい時計は多くの場合、モデル名に天文表示を示唆する言葉を誇らしげに冠しています。

図1　天文表示・星座盤（パテック フィリップ〝スカイムーン・トゥールビヨン〟ref. 6002G・裏面）

天文時計が別格と讃えられる理由《わけ》

14世紀フランスの神学者**N《ニコル》・オレーム**（Oresme, Nicole：c.1323–82）は、**「宇宙は神が創った時計」**という名言を残しています。この言に従えば、宇宙の運行を示す天文時計は、神の御業《みわざ》の再現ともいえるでしょう。

それだけではありません。天文表示は、いうなれば**時計の起源**。人類にとって最初の時計は太陽や月や星であり、現在の時間と暦のシステムも元々は天体の運行を基準に作られました。逆にいえば天体の運行を知れば時間や暦がわかるわけで、**天文表示はそれ自体が時計であり永久カレンダー**なのです。ゆえに古代ローマの水時計に見出せるほど歴史が古く、機械式時計の誕生後も直ちに取り入れられています。14世紀にイタリアの**G《ジョヴァンニ》・デ・ドンディ**（de Dondi, Giovanni：1330–88）がミラノ公に献上した天文時計（210頁参照）が物語るように、宇宙を手にした気分を味わえる天文表示は権力の象徴でもありました。

また、天文表示は当然ながら天文学の知識がないと作れません。このため、古くから天文時計の作者は、職人の域を超えた知識人として尊敬されてきました。もちろんその所有者も、**趣味人を超えた教養人でなければ使いこなせない**でしょう。

さらに、正確な天文時計を作るのは技術的にも困難です。見せかけだけの天文表示なら、簡単な歯車の組み合わせで作れます。ところが、**精度を一桁上げるだけで技術的ハードルが何十倍にも跳ね上がる**のが、天文表示機構の恐ろしさ。今日ではあらゆる観測数値が文字通り天文学的な桁数に達しているため、ハードルの高さも天井知らず。それを腕時計という限られたスペースでクリアするには、これもまた天文学的な回数のシミュレーションが必要です。それに加え、どんなに精密な天文表示機構も時計自体の精度が低ければ役に立ちません。このため、高度な天文時計には高度な加工精度が要求されるだけでなく、トゥールビヨンなどの精度補正機構もつきもので、それも価格を天文学的数字に吊り上げる一因となっています。

星の数ほどある組み合わせ

そうはいっても、結局は歯車のギア比の積み重ね。自然数の乗除計算だけで設計できるはずだから、電卓1台あればそこまで大変な騒ぎにはならないのではないか？　そんな疑問を抱かれる方もいらっしゃることでしょう。実は筆者も数十年前、同じ質問を人もあろうに天文表示機構の天才L・エクスリン博士にぶつけてしまい、大いにお叱りを受けました。博士は「何たる愚問か」といわんばかりに眉をひそめ、「例えば○枚の歯車で○回転を生む歯数の組み合わせは何通りあると思う？」と直ちに反問。あわてて例を挙げる筆者を「朝までやっても終わらないよ」と制し、「天文表示の歯車の組み合わせ方は星の数ほどあり、その中から最適解を見つけ出すのは全宇宙から人が住める星を探し出すくらい難しい」といった趣旨のお話を、こんこんと説いてくださいました。

具体的に、どこがどう難しいのでしょうか。まずは最もポピュラーなムーンフェイズを例に、天文表示機構の底知れぬブラックホールの入口を覗いてみましょう。

3-2 よくある「ムーンフェイズ」も実はこんなに奥が深い

半円形の窓から覗く形で毎日の**「月相」**（厳密には月齢ですが）を表示するムーンフェイズ（73頁参照）は、数万円台の機械式腕時計にも普通に搭載されています。それもそのはず、そこそこの正確さで満足すれば、驚くほど簡単な機構で作れるからです。

月の軌道は複雑で時期によって満ち欠けの周期が異なりますが、それを均《なら》した**「平均朔望月」**は、約29・530589日。近似値として29・5日で手を打てば、両端に月を描いて半周で1周期としたディスクを29・5×2＝59枚の歯を持つ星車に載せ、1日に1歯ずつ送るだけ。1日2回転する時針の筒車とディスクの間に、送り爪を付けた送り車をギア比1：2で噛ませれば**（図2）**、たった2枚（ディスクと送り車）の歯車でムーンフェイズ機構を追加できます。

「122年に1日の誤差」をうたう時計が多い理由《わけ》

ただし、この近似値では1周期につき0・030589日＝1日につき約90秒の誤差が出て、2年8ヵ月ほどで1日分の進みを生じます。修正ボタンを追加して歯送りすればいい話ですが、永久カレンダー搭載機となれば話は別。4年に一度の閏年にまで対応しながらムーンフェイズは3年未満で要修正となれば、「永久」の看板に傷が付きます。ならば近似値の精度を一桁上げて29・53日とすれば、137年に1日の誤差にまで縮まりますが、ここでハードルが急上昇。29・5は2倍すれば59と

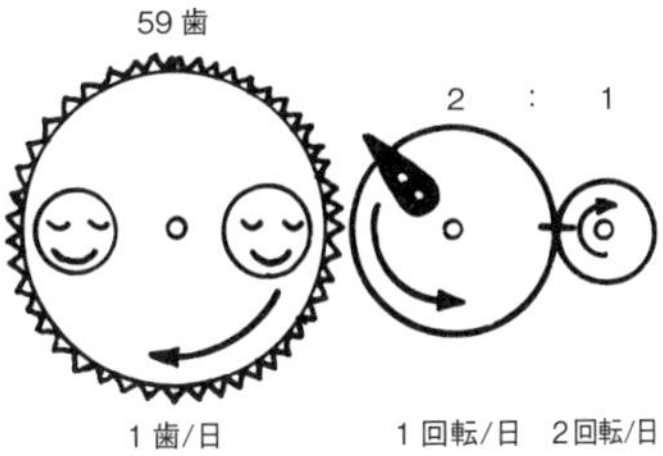

図2　59歯ムーンフェイズ原理図

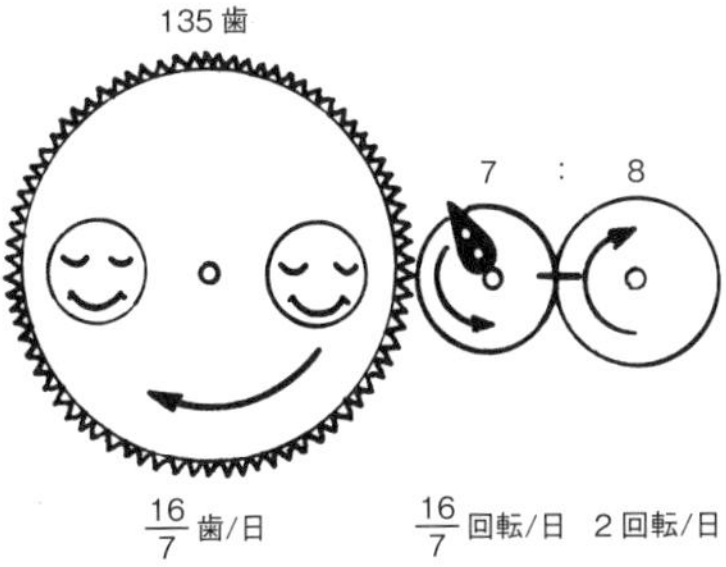

図3　135歯ムーンフェイズ原理図

いう自然数になりますが、29・53を歯数に落とし込むには100倍するしかないからです。腕時計のサイズに2953歯の星車を押し込めば、径が大きすぎるか歯が小さすぎるかのどちらかになり、いずれにせよ使えません。しかも2953は素数ですから、より少ない歯数に因数分解してギア比で解決することも不可能です。

この難題を最初に解決したのがIWC。1985年に発表した〝ダ・ヴィンチ・パーペチュアル・カレンダー〟は、平均朔望月の近似値を29・53125日に設定しています。桁数を増やせばかえって難しくなるのではないかと思いきや、そこが発想の大転換。この数字に32（2の5乗）という因数だらけの数字を掛けると、945（9×7×5×3）というこれも因数の多い数字に変わるのです。例えばムーンフェイズディスクを135歯の星車に載せて、時針の筒車と8：7のギア比で噛み合う送り車で歯送りすれば（**図3**）、135÷2÷16/7＝29.53125日できっかり半周。これで誤差は1周期につき0・00661日、即ち122年に1日にまで短縮できます。今日では多くのブランドの高級モデルが135歯式を採用し、122年に1日の誤差を売りにしています。

「204・5万年に1日の誤差」を人類は確認できるのか

　もちろん、エクスリン博士も黙ってはいらっしゃいません。彼は個人ブランドのオクス・ウント・ユニオールから、得意の**「遊星歯車」**（自転と公転を同時に行う歯車）の技法を駆使して3478年に1日の誤差をたった5個の部品で実現した作品を発表。これが若い時計師に刺激を与え、2014年に**「独立時計師アカデミー」**（339頁参照）の**A《アンドレアス》・シュトレーラー**（Strehler, Andreas：1971-）が発表した〝ゾートレル・ア・リューヌ（月の飛蝗《バッタ》）・ペルペチュエル2M〟は、なんと約204・5万年に1日の誤差を達成し、『ギネスブック』に記載されました。「約」というのは、ここまでくると平均朔望月の方が変動するからだそうですが、それを確認できる日まで時計本体の精度を保てるかどうかはもちろん、人類が生き延びられるか否かもわかりません。

　こうした超精密ムーンフェイズの多くは、1日おきに歯送りせず、歯車が直接噛み合って常に動き続ける仕組みなので、ギア比の設定が難題となります。精度の桁数を上げていくと歯車やカナの数も増え、ギア比の選択肢も指数関数的に増大。何枚の歯車をどう用いるかの組み合わせも含めると、兆単位の回数のシミュレーションが必要となることもざらだそうです。その中から最適解を探すのは、コンピュータを駆使してもなお至難の業。まさにエクスリン博士が仰ったように、全宇宙から人が住める星を探すのにも似た気の遠くなる作業です。

3-3 最古の伝統と格式を誇る「アストロラーベ」と「プラネタリウム」

よくあるムーンフェイズですらこの奥深さですから、それ以上に高度な天文表示となると、もはや筆者の理解が追いつきません。ここからは身に余る複雑な機構の解説は控え、現在の腕時計に見られる天文表示の代表的な種類だけを紹介していきましょう。

凡人には使いこなせない「アストロラーベ」

まずは天体表示の中で最も古い2つの機構から。**「アストロラーベ」**（図4）は**「アストロラビウム」**ともいい、「星（アストロ）を捉える装置（ラボン）」を意味するギリシャ語が語源。古代ギリシャで生まれイスラム社会で高度に発達し、12世紀頃ヨーロッパに逆輸入された天体観測器です。今日の星座盤の原型で、星の位置から時刻や暦や方角がわかる**星時計**としても使われました。

基本は3層構造で、**「マーテル」**と呼ばれる母体に、観測地点の緯度に合わせて地平線と方角と高

図4　アストロラーベ（1221年頃イラン製　History of Science Museum, Oxford）

図5　ユリス・ナルダン〝アストロラビウム　ガリレオ ガリレイ〟

度を示す曲線を刻んだ「**ティムパン**」を置き、透かし彫りの「**リート**」を重ねます。リートの偏心した輪は黄道帯、唐草模様の尖った先端は主な恒星の位置を示していて、これを実際に見える星の配置と一致するところまで回せば、マーテルの外周に刻まれた目盛やティムパンの曲線との位置関係から、時刻その他の情報が読み取れる仕組みです。

アストロラーベを時計と組み合わせて自動化する試みは、古代ローマの水時計からすでに見られますが、本格化するのは機械式時計の登場以後。時刻に合わせてリートを自動回転させるだけではなく、太陽や月の位置、さらには日食や月食の時期を示す針などが加わって独自の進化を遂げた大時計は、有名な「**プラハの天文時計**」をはじめヨーロッパ各都市の大聖堂や市庁舎で目にすることができます。

この自動アストロラーベを、腕時計の限られたスペースで、しかも現代の観測水準に見合う精度で再現して見せたのが、エクスリン博士が１９８５年に開発したユリス・ナルダン〝アストロラビウム ガリレオ ガリレイ〟（前頁**図5**）。後に「天文三部作」と讃えられるシリーズの第１弾で、89年には世界で最も複雑な時計として『ギネスブック』にも掲載されました。

機構を簡単に説明すると、文字盤がティムパンになっていて、透かし彫りではなくガラスに恒星の位置と名前が記されたリートが自動星座盤の役割を果たします。24時間表示の時針で、太陽高度や日の出・日没時刻も読み取り可能。黄道上の位置を表す太陽針は、永久カレンダーのポインターも兼務します。月針は月の位置だけでなく、太陽針との角度で月相《ムーンフェイズ》も表示。太陽針と月針は、それぞれのシンボルと反対側の針先で現在の位置を示します。月針と太陽針が重なれば新月で、正反対を指せば満月です。蛇形の竜針は、月が地球の公転面を通過する2つの「**交点**《ノード》」を表示。西洋占星術ではこの2交点を「caput《カプト》 et《エト》 cauda《カウダ》 draconis《ドラコニス》（竜の頭と尾）」と呼び、ハリー・ポッターの呪文の元ネタにもなりました。太陽針と月針が重なった時にさらに竜針が重なれば日食、正反対を指した時に重なれば月食です。

驚くべきは、これほど多様な表示の全てをリューズ操作だけで修正できること。「最も複雑な機能を最も単純な構造で実現する」のが、エクスリン博士のポリシーです。

アストロラーベ腕時計のもう一例は、独立時計師アカデミーの会員だったこともあるオランダの時計師**C**《クリスティアーン》**・ファン・デル・クラーウー**（van der Klaauw, Christiaan：1944-）が、個人ブランドＣＶＤＫから２０００年に発表した〝アストロラビウム〟。透かし彫りタイプのリートを持ち、注文主が希望する緯度に合わせて受注生産されています。

リート型ディスクが回るだけのなんちゃってアストロラーベや、デザインモチーフに使われているだけの例は散見するものの、本来の機能を果たしうるアストロラーベ機構を搭載した機械式腕時計は、今のところ上記2作品くらいしか見当たりません。作るのもさることながら、使いこなすのも難しいからでしょう。

贅沢好きの「プラネタリウム」

「プラネタリウム」というと今日ではもっぱら星空の映像を投影する施設の呼び名になっていますが、本来は言葉通りに惑星（ギリシャ語でプラネテス）の運行を再現する「**太陽系儀**」のこと。こちらも起

図6 〝オーラリー儀〟（G・グラハムの設計で時計師J・ロウリーが制作したもの）

源は古代ギリシャに遡り、水時計との結びつきも当時から。紀元前1世紀頃に哲学者ポセイドニオスが作ったとも伝えられる「**アンティキティラ島の機械**」は、水力プラネタリウムの部品と考えられています。

天動説の時代には、地球の周りを惑星が二重公転する「**周転円説**」（212頁参照）などで観測結果と辻褄を合わせていたため、プラネタリウムの構造はむしろコペルニクス以後より複雑でした。210頁で紹介するデ・ドンディの天文時計は、6惑星の運行をそれぞれ別の文字盤で示しています。ところが、この周転円説のおかげで遊星歯車の技術が発達し、それが今日の地動説モデルに活かされているのですから、歴史はどう転ぶかわかりません。

18世紀初頭にイギリスの偉大な時計師**T**《トマス》**・トムピオン**（Tompion, Thomas：1639–1713）が弟子の**G**《ジョージ》**・グラハム**（Graham, George：1673–1751）と作ったプラネタリウム時計は、彼らのスポンサーだった第4代オーラリー伯にちなんで「**オーラリー（オレリー）儀**」（図6）と呼ばれ、今では機械式の太陽系儀を総称する普通名詞になっています。

腕時計の世界でプラネタリウム表示を商品化した草分けも、やはりエクスリン博士。1988年に発表した「天文三部作」第2弾、ユリス・ナルダン〝プラネタリウム コペルニクス〟（図7）です。最大の特徴は、地球の位置だけをセンターの太陽の下に固定した点。いわば天動説と地動説の融合です。実際には惑星の間隔も軌道もまちまちですが、こうすることで等間隔の円軌道でも地球との相対

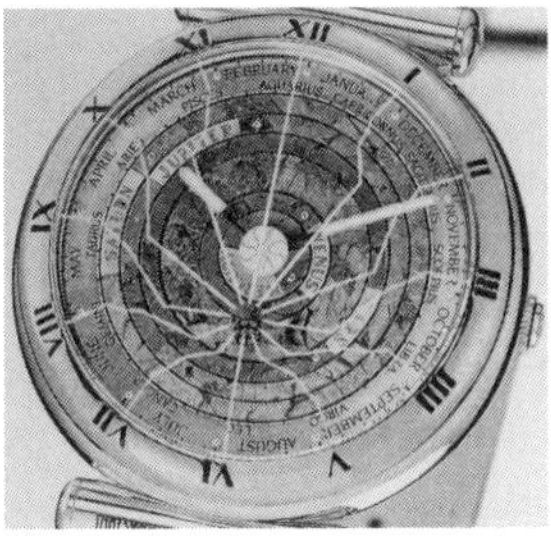

図7　ユリス・ナルダン〝プラネタリウム　コペルニクス〟

図8　ヴァンクリーフ&アーペル〝レディアーペル プラネタリウム〟

的な位置関係をより正確に示すことが可能になります。

一方、ファン・デル・クラーウーのCVDK〝プラネタリウム〟は、地球も太陽の周りを回る通常の同心円型ながら、史上最小。6惑星プラネタリウム機構をなんとサブダイアルに収めています。

グラハム〝オーラリー トゥールビヨン〟は、ブランド名の由来であるG・グラハムが作った元祖オーラリーに倣い、地球と月と火星に限定。トルコ石製の地球を回る隕石製の月の位置から月相《ムーンフェイズ》が読み取れます。太陽の位置にトゥールビヨンを据え、唐草模様を透かし彫りした18K製の円形ブリッジとブリリアントカットを施したダイヤモンドの天真受けで飾った豪華仕様です。

このようにプラネタリウムは宝飾化に向いていて、〝プラネタリウム コペルニクス〟にも文字盤に貴石や隕石を使った特注モデルがあります。また、ファン・デル・クラーウーとコラボレートしたヴァンクリーフ&アーペル〝ミッドナイト プラネタリウム〟と〝レディ アーペル プラネタリウム〟（**図8**）は、星空のようなアベンチュリン製の文字盤の上で、色とりどりの貴石で作った惑星がローズゴールドの太陽を中心に回る贅沢な宝飾プラネタリウムです。

3-4 地球中心の「テルリウム」と人間中心の「均時差表示《イクエーション》」

プラネタリウムの素晴らしさはわかったけど、人類の日常生活に他の惑星の位置情報までは必要ないのでは？　そうお感じの諸氏にご紹介したいのが、地球を中心に人の生活に身近な太陽や月の情報を示す天動説的な**「地球儀タイプ」**。ただ、困ったことにこれを総称する適当な呼び名が見当たりません。エクスリン博士は、大地や地球を意味するラテン語の〝tellus〟から**「テルリウム」**と呼びました。原子番号52の元素テルルの英語名と同じで紛らわしいせいか、あまり定着していませんが、本書では博士に敬意を表してこの名で総称しておきます。

また、人類の都合による天体表示という観点から、**「イクエーション（均時差表示）」**も併せて紹介。アストロラーベやプラネタリウムに比べ、より多くのブランドの製品に見られる点も、テルリウムとイクエーションは共通しています。

地球の美しさを競う「テルリウム」

最初に（かつ今のところ最後に）テルリウムと称した時計は、1992年に発表されたエクスリン博士の「天文三部作」完結編、ユリス・ナルダン〝テルリウム ヨハネス ケプラー〟（図9）です。文字盤中央を北極として自転するエナメル仕上げの美しい地球の周りを、月が公転。12時のインデックスを兼ねる太陽との位置関係から月相《ムーンフェイズ》とワールドタイム（世界各地の時刻）が読み取れ、竜針が日・月食の時期も教えてくれます。さらに特筆すべきは、地球を横断する曲線。18K製のワイヤーが

図9　ユリス・ナルダン〝テルリウム　ヨハネス ケプラー〟

図10　A.ランゲ&ゾーネ〝リヒャルト・ランゲ・パーペチュアルカレンダー　テラ・ルーナ〟（裏面）

季節に応じて曲率を変え、地球のどの面が日照を受けているかを示すのです。

この発展形ともいえるのがユリス・ナルダン〝エグゼクティヴコレクション ムーンストラック〟。地球は自転せず日照表示線もなくなりましたが、代わりに太陽が回ってワールドタイムを直接示し、月は公転しながら自動的に月相を変えていき各地の潮汐も示すなど、実用性は向上しました。

一方、ボヴェ〝リサイタル22グランドリサイタル〟の地球は自転し、赤道上の目盛で時間を表示。太陽は6時位置のトゥールビヨン・ブリッジに固定され、月は公転に伴い月相も変化します。

A.ランゲ&ゾーネ〝リヒャルト・ランゲ・パーペチュアルカレンダー テラ・ルーナ〟（図10）は、文字盤上ではなくシースルーバックから見える裏面に、自転する地球と公転しながら月相を変える月を配置。ちなみにムーンフェイズは1058年に1日の誤差という高精度です。

ジラール・ペルゴの〝ブリッジ コスモス〟は、北極から見た平面や半球ではなく、完全な球体の地球儀を自転させて赤道側から見せる異色のタイプ。同じく球体の天球儀と対になっていて、こちらは星座盤の役を果たします。

日影規制に役立つ「イクエーション」

現在の国際基準時刻は「協定世界時（UTC）」ですが、かつての「グリニッジ標準時（GMT）」も言葉としてはいまだによく使われます。GMTのMは平均を意味するMeanの略で「**グリニッジ平均時**」とも訳されますが、何を平均しているのでしょうか。

私たちが用いている時間システムは、元々は太陽が南中してから次に南中するまでを1日として作られました。これを「真太陽日（視太陽日）」といい、それを24等分したのが「**真太陽時（視太陽時）**」。ところが地球は公転周期が楕円で地軸が傾いているため、真太陽日の長さは季節によって微妙に増減するのです。それでは困ると人類の都合でこの増減を平均したのが、平均時こと「**平均太陽時**」。時計が刻む時間であり、私たちが日常で使っている時刻です。GMTとは、グリニッジ天文台がある東・西経0度における平均太陽時。各国はこれを基準に、領土内のきりのいい経度（日本は明石市立天文科学館のある東経135度）における時刻を自国の標準時に定めています。

「**均時差**」とは、この平均太陽時と真太陽時との差のことです。**太陽が実際に南中する時刻と時計が示す正午とのズレ**と考えてもいいでしょう。均時差は、真太陽日の変動が累積することで年間を通じ最大で**プラス17分〜マイナス14分**の範囲内で変動します。ちなみに、日本の標準時は東経135度における平均太陽時なので、東経139度強の東京では太陽の南中が時計の正午と一致する日は、実は年間を通じて1日もありません。

「**イクエーション**」は、この「**均時差**」を表示する機構。なぜそんな機構が必要だったかというと、天文学や航海暦には20世紀初頭まで真太陽時が使われていたからです。この伝統を踏まえ、現在でもイクエーションは天文時計や海洋精密時計クラスの精度を象徴するアイコンとして一部の高級モデルに搭載されています。現在の日本でも、建築基準法による**日影規制は真太陽時を基準**に定められていますので、役立つ機会がないとも限りません。

ブレゲ〝クラシック パーペチュアル・イクエーション・オブ・タイム３４７７〟は、Ａ＝Ｌ・ブレゲが得意とした扇形サブダイアルによる均時差表示。これが最も伝統的な形といえます。マーティン・ブラウン〝ノトス〟は、均時差とそれを生む太陽の赤緯変化を縦横の扇形で表示。パネライ〝ラストロノモ・ルミノール１９５０ トゥールビヨン ムーンフェイズ イクエーション オブ タイムＧＭＴ〟は、直線スケールによる均時差表示です。

図11　ブレゲ〝マリーン　トゥールビヨン　エクアシオン　マルシャント5887〟

均時差表示に新しい形をもたらしたのが、ブランパンが２００４年に発表した「**ランニング・イクエーション**」（フランス語で「エクアシオン・ド・タンプ・マルシャント」）。サブダイアルで均時差を示すのではなく、太陽針が分針と共にセンターを回って真太陽時の時刻を直接表示するという画期的な機構です。同じスウォッチグループに属するブレゲ〝マリーン トゥールビヨン エクアシオン マルシャント５８８７〟（**図11**）も同タイプで、トゥールビヨン部分に平均太陽時を真太陽時に変換する「**均時差カム**」を視認可能。瓢箪型をしたこのカムの曲線は、地球上の同地点から同時刻に見える視太陽の位置を年間を通して追った際に描かれる8の字型の軌跡**「アナレンマ」**（ギリシャ語で日時計の台座の意）に対応しています。

3-5 誰でも使いこなせる「星座盤《セレスティアル》」

天文学や精度やメカの話ばかりが続き、うんざりなさった方も多いでしょう。そこで最後に、難しい話は一切抜きで楽しめる天文表示を紹介します。時計好きは**「セレスティアル」**（「天体の」を意味する形容詞）とも呼ぶ**「星座盤」**（プラニスフィア）。自動的に変わってゆく星空を眺めるだけなので、予備知識なしに誰もが使いこなせる機構です。

「セレスティアル」は設定緯度にご注意を

使いこなすのは簡単でも、そこはやはり天体表示。単に1年に1周しているだけに見えるセレスティアル機構もまた、精度を上げるとなると簡単にはいきません。１５１頁の**図1**で紹介したパテックフィリップ〝スカイムーン・トゥールビヨン〟や同社〝セレスティアル〟の星座盤を回すギア比は、実に25兆通りもの組み合わせの中から厳選されたとか。ファン・デル・クラーウーのＣＶＤＫ〝オリオン〟も、星座盤を歯送りするタイミングをミリ秒単位まで地球の自転周期に合わせたそうです。

その時点で見える夜空の範囲を示す囲いの下を星座盤が回っていくタイプが多い中、ボヴェ〝リサイタル20 アステリウム〟は、逆に静止した星座盤の上をアストロラーベのリートのように偏心した輪が回転。ムーンフェイズと均時差表示に加え、シースルーバックには年次カレンダーも積んでいます。

ジャガー・ルクルト〝ランデヴー・セレスティアル〟はレディスとして、ヴァン クリーフ&アーペル〝ミッドナイト イン パリ〟はスイスではなくパリの夜空に浮かぶ星座を表示する点で、それぞれに希少です。

ここでお気づきになった方も多いはず。そう、セレスティアル表示もまた、厳密を期せば緯度に併せて表示する星空を変えなければならないのです。その場合、製造地の緯度に合わせる場合が多いので、スイス製だと稚内より北で見た星座配置になってしまいます。最近では北半球全域対応型や、日本対応の星座盤が用意されたモデルもありますので、本気のご使用をお考えの方はぜひその点もチェックなさってください。

図12 〝カンパノラ コスモサイン〟

クオーツ式なら手が届く

セレスティアルも他の天文時計も欲しいけど、緯度がどうこう以前に値段が高すぎて手が出ない。そうお嘆きのご同輩に向け、筆者でも買えた唯一の天文腕時計を紹介しておきましょう。すでにピンときている方もいらっしゃるはず。シチズンの〝カンパノラ コスモサイン〟(図12)。クオーツ式ではありますが、その分、精密なセレスティアルで、嬉しいことに東京に近い北緯35度の日本の夜空に浮かぶ恒星1027個と星雲・星団166個が超精細に描かれているのです。日本における実用性という点では、数千万円クラスの機械式に勝るとも劣りません。

カンパノラには、他にもクロノグラフと永久カレンダーとミニッツリピーターとムーンフェイズを全載せした〝グランド コンプリケーション〟など、機械式では数千万円クラスの複雑時計をクオーツ式で50万円以下にしてくれたモデルが揃っています。**「機械式原理主義者」**と陰で呼ばれる筆者ですら思わず手が出る天晴れなクオーツ式として、ここに謹んで紹介する次第です。

4 オートマタ

4-1 「からくり時計《オートマタ》」はスイス時計のお家芸

「オートマタ」は複数形で、単数形は「オートマトン」。元々はギリシャ語で自動機械、特に**自動人形**を意味し、時計の世界では「**からくり時計**」とその仕掛けをこう呼びます。多くの場合、時報やアラームやリピーターなど「鳴り物」(177頁参照)と連動。セットした時刻になると、文字盤やシースルーバック内に配された人物や動物のオブジェが自動的に動き出し、音に合わせてちょっとした寸劇を繰り広げる楽しい時計です(**図1**)。

図1　ジャケ・ドロー〝バード・リピーター〟

今日、日本の街角で見かけるからくり時計はほとんどがクオーツ式でからくりも電動ですが、プラハの天文時計やシュトラスブール大聖堂の大時計などヨーロッパの歴史遺産は、時計もからくりも機械式。オートマタもまた、水時計の時代から時計と一心同体で、機械式の登場によって飛躍的に発展した機構のひとつです。ちなみに機械式時計にとって最初のオートマタは、時報の鐘を打つ人形「ジャケマール（鐘撞男）」だったと推測されています。

中国がスイスをオートマタ大国にした

オートマタは、とりわけスイスのお家芸。18世紀まで英仏に後れを取っていたスイスの時計産業は中国に市場を求め、清朝の皇帝（特に乾隆帝）や宦官たちが好んだからくり時計の技術を発展させてきたからです。北京の故宮博物院には、おそろしく手の込んだスイス製からくり置時計がおそろしく大量に所蔵されていて、「故宮　钟（鐘）表」で検索なさると動画がご覧になれます。

とはいえ、18世紀スイスの時計師が到達したオートマタ技術の頂点といえば、**P《ピエール》・ジャケ＝ドロー**（Jaquet-Droz, Pierre : 1721-90）が息子と弟子と共に1774年に完成させた3体の自動人形（**図2**）に尽きるでしょう。文章を書く「文筆家」と絵を描く「画家」は、全ての機構を体内に収納。「音楽家」の腕と指の動きもよくあるダミーではなく、実際に小型オルガンの鍵盤を押して曲を演奏します。いずれも全ての動作はカムやディスクに記憶され、これを交換することで書く文章や描く絵や奏でる曲を変えることが可能です。

今でいうロボットに近いこのトリオは、同時代の自動人形《オートマタ》の水準をはるかに超えた人造人間《アンドロイド》と讃え

図2　ジャケ＝ドロー〝人造人間〟3体

図3　ルイ16世夫妻の御前で実演する〝人造人間〟

られ、各地を巡業。ルイ16世とマリー・アントワネットの御前でも実演しました（**図3**）。現在はスイスのヌーシャテル美術歴史博物館が所蔵し、〝jaquet droz android〟で検索なさると動画がご覧になれます。ちなみにジャケ＝ドローの名は現行の時計ブランドとして甦り、素晴らしいオートマタ腕時計を次々に発表しています。

時計とオートマタとオルゴールは三位一体

自動人形のどこに機械式時計の技術が活かされたかというと、ひとつはフュージ（65頁参照）などゼンマイのトルク変動を補正する定力機構。もうひとつは、時報に使う数取車（187頁参照）を起源とする回転式記憶媒体である**「作動カム」**です。ジャケ＝ドローの音楽家が一定のテンポで演奏できるのは定力機構のおかげ。文筆家と画家が文字や絵を描けるのは、回転する作動カムの曲線をレバーがなぞって腕に動きを伝えるから。文筆家の場合は、文字ごとに高さの違う歯をセットできる回転ディスクが、各文字に対応する曲線を刻んだカムを順に選択していきます（次頁**図4**）。

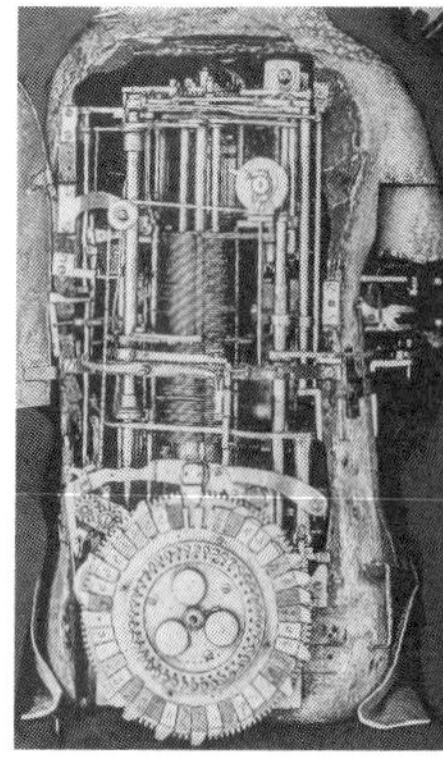

図4 〝文筆家〟の内部構造

この二つの技術は、スイスのもうひとつのお家芸であるオルゴールにも活かされました。機械式時計とオートマタとオルゴールは、それぞれの技術を互いにフィードバックしながら、三位一体で進化してきたのです。

前置きはこのくらいにして、そんなスイスの伝統技術が現在の腕時計にどう活かされているかを見ていきましょう。最初に申し添えますが、これから紹介するモデルのほとんどは各ブランドのＨＰやYouTubeなどに動画が上がっていますので、ぜひそちらも併せてご覧ください。オートマタのすごさを実感していただくには、動画でご覧いただくのがいちばんです。

4-2 腕時計のオートマタは3タイプ

オートマタ機構を腕時計に搭載する上で、最大の課題は動力です。可動部品の数と大きさは動力の消費に直結し、主ゼンマイを使えば時計本体のパワーリザーブが犠牲になります。

このため現行の腕時計に見られるオートマタは主ゼンマイを使わず、①その名に反して実は手動、②ボタンを押してオートマタ専用のゼンマイ（またはバネ）を起動、③リピーター（１８９頁参照）用の動力バネと連動、そのいずれかの方法で作動します。②はさらに、ボタンを押す力でその都度、専用ゼンマイ（またはバネ）を巻上げるタイプと、あらかじめ巻いておいたゼンマイをボタンを押して解放するタイプに分かれます。

ちなみにノベルティウォッチなどに見られる文字盤の絵柄の一部が常に動き続けるタイプは、可動部を天真に取り付けてテンプの往復で動かす**「オートマタもどき」**。パワーリザーブはもちろん時計としての精度も台無しにする荒技にすぎないので除外します。

自動人形の「伝統芸」を手動で再現

明らかに語義に反していますが、一般には手動タイプもオートマタと呼ばれています。アントワーヌ・プレジウソ〝アワーズ・オブ・ラヴ〟は、シースルーバックに裸の男女が隠されていて、リューズを手巻きするたびにその力を利用して「愛の時間《アワーズ・オブ・ラヴ》」を営ませる仕掛け。ジェイコブ〝カリギュラ〟は文字盤の下にやはり裸の男女が隠れ、4時位置のリューズを回して扇形の窓を6時位置まで回すと姿を現し、そのままリューズを1段引きして回せば愛を営み始めます。

はっきりいってセクハラで、技術と時間と費用の無駄遣いでしかありません。そんな**「エロティック・オートマタ」**を何が悲しくて最初に紹介するかというと、実は懐中時計時代から搭載され続けてきた最も伝統的な形だから。退廃的で恋愛至上主義のロココ文化と共に機械式時計の技術も爛熟した18世紀のフランスでは、これが「エスプリの効いた洒脱な時計」として王侯貴族の間で流行したというのですから、市民が革命を起こしたのも無理はありません。

日本の浮世絵も、大名や豪商が金に糸目を付けず注文した春画にこそ技術の粋が凝らされているそうです。それと同じようにヨーロッパの時計界でも、リピーター連動型の豪華なエロティック・オートマタを限定販売することが、ブランドの格と技術を誇示する伝統芸となっています。

図5　ジャケ・ドロー〝チャーミングバード〟

押しボタンタイプは詩的な情景が主流

近年、増えているのが、ボタンを押して起動するオートマタ。こちらはご家族で安心して楽しめる芸術的な作品が揃っています。

まずは、ボタンを押す力でゼンマイを巻上げるタイプから。ジャケ・ドロー〝レディ8フラワー〟は、蕾が開花して宝石製の花心が回転。ヴァン クリーフ&アーペル〝レディ アーペル パピヨン〟は、無数の宝石をちりばめた花々の中で蝶が羽ばたきます。

次に、あらかじめ巻上げておいたゼンマイをボタンで解放するタイプ。こちらは、あの人造人間トリオの作者名を冠するブランド、ジャケ・ドローの独壇場です。〝ラヴィング・バタフライ・オートマタ〟は、小天使を乗せた車を牽く蝶が羽ばたき車輪が回転。〝マジック・ロータス・オートマトン〟は蓮池の水が流れて鯉が泳ぎ出します。ちなみにこの2作は、時計本体用のゼンマイからして二重香箱（67頁参照）の自動巻。後者はオートマタ専用ゼンマイも水用と鯉用の2系統に分かれています。

腕時計の限られたスペースに、本体と自動巻機構に加え複雑で部品数の多いオートマタ機構、さらに計4つものゼンマイを詰め込むとは、収納上手の極みです。

それ以上に驚かされるのが、〝チャーミング・バード〟（図5）でしょう。スイス時計産業のもうひとつのお家芸、ゼンマイでふいごを動かして笛を鳴らし、鳥のオートマタを囀《さえず》らせる「シンギングバード」を、腕時計に組み込んでしまいました。アオガラと思われる鳥が、ドーム状の風防の中で回りながら羽ばたき、チュンチュンピーピー囀ります。文字盤をシースルーにした上に、空気を送り込むふいご役を果たすピストンもガラス製にして、機構の動きを見せる心配りも流石《さすが》です。

オートマタの神髄は「生きているように見える」こと

最後にリピーター連動タイプ。最も伝統的にして二重に複雑な機構のため、技術力を誇るブランドは定期的にこのタイプのオートマタを発表しています。ゆえにリピーターも最も複雑なミニッツリピーターやソヌリ（186頁参照）が搭載され、お値段もそれなりになるわけです。

ブランパンの最高級ライン〝メティエダール〟には、「伝統芸」としてのエロティック・オートマタを搭載したミニッツリピーターも。ユリス・ナルダン〝クラシック アワーストライカー サムライ〟は、ソヌリとアワーリピーターに宮本武蔵と佐々木小次郎が闘うオートマタをプラスしてしまいました。

現在はブルガリから作品を発表しているダニエル・ロート（296頁参照）の〝イル・ジョカトーレ・ヴェネツィアーノ〟は、18世紀にスイスから中国に輸出されたからくり置時計に見られる奇術系オートマタへのオマージュ。人形がカップを上げ下げするたびに、サイコロの目が504通りに変化します。

そして、ここでも圧巻はジャケ・ドロー。2017年発表の〝トロピカル・バード・リピーター〟は、ハチドリが超高速で羽ばたき孔雀が尾羽を広げ、オオハシが葉陰から顔を出します。これに先立ち12年に発表された〝バード・リピーター〟（169頁の**図1**）は、同社がブランド名に冠したP・ジャケ＝ドロー親子に倣いオートマタに注力し始めるきっかけとなった作品。巣を守るアオガラの番《つが》いがヒナに餌を与えたり羽を広げて風から守ったりする間に、卵が割れて新たなヒナが誕生する光景は、まるでドキュメンタリー映像を見るかのようにリアルです。

日本の伝統的からくり人形師、九代目・玉屋庄兵衛さんは、「からくりの神髄は機構の複雑さ以上に生きているように見せる技術にある」と仰っていますが、この作品もまさにそれ。機構と彩色の巧みさが相まって、鳥の親子の情までもが伝わってきます。機構としての複雑さも、腕時計に収まるほど小型化した技術もさることながら、何より「生きているように見える」素晴らしさで、オートマタの歴史に残る傑作といえるでしょう。同社のHPに動画が上がっていますので、ご視聴を特に強くおすすめします。

5 「鳴り物」（アラーム、ソヌリ、リピーター）

5-1 「鳴り物」は機械式時計の「始祖の巨人」

目覚まし機構の「アラーム」、時報機構の「ソヌリ」、そしてレバーを引くかボタンを押すたびにその時点の時刻を音で報せてくれる**「リピーター」**――。時計好きは、これら音を発する機構を総称して**「鳴り物」**と呼んでいます。複雑機構のトリを飾るに相応しい大物といえば、この鳴り物をおいてほかにないでしょう。

「時計好きも鳴り物にハマるようになったら一人前」といわれますが、そこには「もう後戻りできない」というニュアンスが含まれています。鳴り物はそれほどキリがなく、一歩間違えれば身

図1　鳴り物5種盛り（パテック フィリップ〝グランド・コンプリケーション6300G〟）

を滅ぼしかねない魔界です。同じリピーターでもブランドやモデルごとに（時には同じモデルでも製作年代によって）音色が違い、しかもどれもが魅力的。詩人の金子みすゞの言葉を借りるなら、「みんなちがって、みんないい」。全部欲しくなりますが、「鳴り物入り」の腕時計はえてして高価で、中にはパテック フィリップ〝グランド・コンプリケーション6300G〟（前頁**図1**）のような「鳴り物5種盛り」まであったりするため、お金がいくらあっても追いつきません。こうして、どんどん深みにハマっていき、後戻りできなくなってしまうというわけです。

機械式は耳で聞く時計

16世紀にイエズス会の宣教師が初めて東洋に持ち込んだ機械式時計を、明朝の宮廷人は「**自鳴鐘**」と名付けました。時刻を表示する機能よりも、自動的に鳴る鐘の音の方に惹かれたからでしょう。古今東西の珍奇を知る皇帝らをも魅了した鳴り物の魔力に、我々ごときが逆らえるはずがありません。自動的に音を鳴らす装置というのは、人類にとってそれほど魅惑的な存在なのです。

その証拠に人類は、機械式時計が登場するはるか以前から、さまざまな鳴り物を作ってきました。中でもアラームの歴史は古く、紀元前4世紀のギリシャの哲学者プラトンも、自らが運営する学園アカデメイアの生徒たちに起床時刻を告げる水力アラームを自作したと伝えられています。

水時計の指針となる浮きが一定の高さまで上がるとストッパーを解除して水力や錘動力で鐘を鳴らす機構も、機械式時計以前から存在しました。そして、詳しくは次章で述べますが、機械式時計の脱進機はこうしたアラーム機構から生まれた可能性が高いのです。

また、機械式時計の誕生後も、ほとんどの庶民が時計を持てず教会や市庁舎の鐘の音で時刻を知る時代が何世紀も続きました。その間は人類の多くにとって、**機械式時計は目で見るより耳で聞く時計**だったといえます。

天文表示が時計の起源にして複雑機構の女王なら、鳴り物は機械式の起源ともいえる「始祖の巨人」。多くの時計好きが複雑機構の頂点としてあがめ奉るのも無理はありません。そんな鳴り物の魅力のごく一端を、これから紹介して参りましょう。

5-2 700年かけて実現した「アラーム」腕時計

「アラーム」機構の原理は単純。セットした時刻の位置まで時針が回ると、鐘を打つ機構のストッパーが解除されるというだけです。ところが、機械式時計の誕生以前から存在したこの機構が携帯時計に搭載されるまでには、なんと500年近くも要しています。

理由も至って単純で、動力と振動がネックでした。鐘を打つハンマーは他の部品と比べて桁違いに重く、これを高速で振動させ続ければ携帯時計の限られたゼンマイ動力はたちまち消費されてしまいます。さらに携帯時計の限られたスペース内では、その振動が本体の精度の乱れや故障に繋がる危険も避けられません。

このため懐中時計におけるアラームは、16世紀頃から存在はしたものの、実用に耐えるレベルに達するのは18世紀に入ってからです。1732年にフランスの時計師**J《ジュリアン》・ルロア**（Le Roy, Julien：

1686–1759）が〝レヴェイユ〟（目覚まし）の特許を取り、同じ世紀の終わりには耐震装置の生みの親でもあるA＝L・ブレゲが独自の機構を開発。さらに下って1899年にスイスのデュルシュタイン社が今日のアラーム機構の原型となる特許を取得し、このあたりからようやく普及しはじめます。

ところが、すぐに腕時計の時代が訪れ、新たな問題が浮上します。まずは動力問題で、腕時計には懐中時計ほど大きなゼンマイが積めません。次に音響問題で、腕時計は懐中時計以上にケースの密閉性が求められる上に、腕が裏蓋に密着してミュートするため、音が聞こえにくくなるのです。

共鳴効果を高めるなどの工夫の末、エテルナ社が腕時計初のアラームを発表したのが1914年。それでも動力不足でアラーム音は約7秒しか続かず、ベゼルを回してアラーム時刻をセットする方式だったため何かの拍子に触れてセット時刻が動いてしまうトラブルも発生し、あまり普及しませんでした。

図2　ヴァルカン〝クリケット〟（1947年発表時の広告より）

オケラからコオロギに変わった〝クリケット〟

その後、二度の世界大戦を経て、1947年にヴァルカンが〝**クリケット**〟（**図2**）を発表。ここでようやく腕時計のアラーム機構が実用化したといえるでしょう。機械式時計の誕生から実に700年後の快挙でした。

〝クリケット〟は専用の別ゼンマイを積むことで、アラーム音の持続を約25秒にまで延長。共鳴効果のある中蓋に付けたピンをハンマーで打ち、裏蓋は腕に完全に密着しないよう外周を斜めに面取りしてそこにサウンドホールを設け（防塵防水は中蓋が担当）、音量も大幅にアップしました。アラーム時刻の設定はセンターに加えた指針で行い、オン・オフスイッチも兼ねた2時位置のボタンでリューズを切り替えてセットする方式。これで誤作動の心配も減りました。

52年には、退任が決まったトルーマン大統領にホワイトハウス報道写真家協会が〝クリケット〟を贈呈。以後これが慣習となり、特にジョンソン大統領が愛用したことで「プレジデント・ウォッチ」と呼ばれるようになりました。

〝クリケット〟は61年からはヴァルカンを吸収合併したレヴュー・トーメン銘で製作され、2001年にヴァルカンがブランドとして再興した後は再び同社の看板商品となって今も現役。ただし、その間、ムーヴメントも外装も何度か変更されているため、製作年代やモデルによって結構、音が違います。筆者の個人的な印象では、ブランド再興前は「ジーーーッ」。英語でいえば同じクリケットでもコオロギよりオケラの方の鳴き声に似ていました。それに対して現行品は「ジーーリッ」という感じでベルのような響きがわずかに混ざり、コオロギ寄りになったような気がします。これもネットに動画が上がっているので、聴き比べてみてください。

「アラーム腕時計初」を連発してきた〝メモボックス〟

〝クリケット〟と双璧をなすアラーム腕時計の定番が、ジャガー・ルクルトが50年に完成した〝メモ

図3　ジャガー・ルクルト〝マスター・コントロール　メモボックス〟（現行品）

ボックス〟（図3）です。ちなみに「ボックス」は英語のboxではなく、声や音を意味するラテン語のvox。時刻を記憶（メモ）する声（ヴォックス）という意味での命名でしょう。

こちらはセンターの指針ではなく文字盤内側のディスクを回転させてアラーム時刻をセット。2時位置にはボタンではなくリューズが配され、これでアラーム専用ゼンマイの巻き上げと時刻セット、オン・オフの切り替えを行う方式です。内蓋ではなくムーヴメントの外周を取り巻く音環を叩く音色は、「ジリリーン」というベル音。昔の黒電話の音に少し似ています。

〝メモボックス〟は56年には初の自動巻アラーム（アラーム専用ゼンマイは手巻）へと進化。59年にはデイト表示も加え、防水性能を強化したダイバーズ仕様も実現するなど、アラーム腕時計では初となる機能を次々にプラスしていきます。また、かつてはカルティエやギュベリンなどからも〝メモボックス〟と同じキャリバーを積んだモデルが発表されていました。

ジャガー・ルクルトの現行ラインナップでは、〝マスター・コントロール〟と〝ポラリス〟の両シリーズに〝メモボックス〟搭載モデルが健在。いずれも自動巻でデイト表示付き、8振動で45時間パワーリザーブを持つ最新のcal.956にバージョンアップされていますが、「ジリリーン」というベル音は変わりません。

図4　シチズン〝アラームデイト〟

図5　セイコー〝ベルマチック〟

今はなき国産2大アラーム

1950年代から'60年代にかけてのアラーム腕時計人気を陰で支えた第3の存在が、ムーヴメントメーカーのA・シルド社が54年に開発した**キャリバー〝AS1475〟**です。74年に生産中止になるまでの20年間で78万個以上も作られ、オメガやブローバをはじめ多くのブランドが450以上ものモデルに採用。初期の〝クリケット〟に似た「ジーーーッ」というオケラ音が特徴です。

これらスイス製アラーム腕時計の攻勢を前に、日本の2大メーカーも奮起します。まずはシチズンが58年に**〝アラーム〟**を発表。手巻でセンターにアラーム指針を備える点は〝クリケット〟と、2時位置リューズでアラーム専用ゼンマイの巻上げと時刻セットとオン・オフ切り替えを行うところは〝メモボックス〟と同じです。音色は〝クリケット〟系の「ジーーーッ」ですが音量はさらに大きく、オケラというよりアブラゼミを思わせます。後にカレンダー付きの〝アラームデイト〟**(図4)**なども登場しました。

一方のセイコーは満を持して67年に、自動巻でデイデイト表示付きの**〝ベルマチック〟(図5)**を発表。2時位置ボタンで主リューズの役割をアラーム用ゼンマイの巻上げからアラーム時刻のセット（文字盤外周のリングを回して指定）へと切り替え、同じボタンでデイト表示の日送りもできるなど独自の方式で、音色は〝メモボックス〟系の「ジリリーン」というベル音です。

もっとも、これら国産の名機たちは、自らが生産するクオーツ式に役割を奪われて、姿を消してしまいました。機械式アラームは歯車の回転を利用して物理的にストッパーを解除するため、設定時刻との間に誤差が生じがち。'60年代に作られたアラーム腕時計の時刻設定は、実質5分単位くらいの精度でした。一方、デジタル表示のクオーツ式は秒単位の正確なセットが可能。アラームでも、機能においてはクオーツ式の圧勝でした。

ゴングやオルゴールが鳴る高級アラーム

そこでスイスのブランドは、機械式の復興時に、アラームも高級化することでクオーツ式に対抗。自動巻や日付表示、45時間以上のパワーリザーブを完備した上で、シースルーバックでハンマーの動きを目で見て楽しめたり、凝った音色で耳を和ませるモデルが登場しています。

ユリス・ナルダン〝クラシック・ソナタ〟は、時分針でアラームをセットできるサブダイアルに設定時刻までの残り時間がわかる**「カウントダウン」**表示も併設。9時位置の日付修正リューズにあるボタンで、アラームのオン・オフが切り替えられます。さらに特筆すべきは音色で、リピーターに使われるゴング、それも通常の倍の長さでムーヴメントをほぼ2周する**「カテドラルゴング」**を積んでいます。ハンマーの形状と叩き方もリピーターと同じ。鐘に似た響きで「チンチンチンチンチン」と断続的に鳴り続けます。

Ａ＝Ｌ・ブレゲの業績にちなんでか、アラーム機構搭載機が多いのがブレゲ。〝クラシック　レヴエイユ・デュ・ツァー５７０７〟は、サブダイアルの時分針でセットし、８時位置のボタンでオン・オフ切り替え。音色は普通のベル音ですが、アラームのパワーリザーブ表示が扇形のサブダイアルになっていて、ゼンマイ残量がみるみる減ってゆく様を見て取れます。

同じくブレゲの〝クラシック　ミュージカル７８００〟は、アラーム音にオルゴールを採用。ト音記号が付いたセンター針でセットした時刻になると、ロッシーニの『泥棒かささぎ』（他の曲もあり）の調べと共に文字盤中央部が回転。オルゴールは８時位置のボタンでオン・オフが切り替わり、10時位置のボタンを押せばいつでも鳴らせます。９時半位置にオン・オフを音符で、３時位置にオルゴールのパワーリザーブを色帯で、共に控えめに表示。裏蓋はシースルーではなく、外周にサウンドホールが開けられています。

他にも多くのブランドがアラーム搭載機を出してきましたが、やはり需要が乏しいせいか生産中止になることが少なくありません。その代わりといっては大いに語弊がありますが、ネットオークションなどには１９６０年代に作られたアラーム腕時計が大量に出回っていて、かなりお手頃な価格で入手可能。機械式アラームは、新品と中古で値段が二極化しています。まずは往年の名機から、鳴り物の魔界に足を踏み入れてみてはいかがでしょうか。

5-3 複雑機構の真打《ラスボス》、「リピーター」と「ソヌリ」は双頭の大魔王

アラームが鳴り物の入口なら、その先に待ち構える大魔王が**「リピーター」**と**「ソヌリ」**です。レバーを引くかボタンを押すかすると、その都度、時刻を音で報せるのがリピーター。正時や四半時など決まった時間に自動的に鳴り出す時報がソヌリ。どちらも全ての時計好きがいつかは手に入れたいと願ってやまない複雑機構の真打《ラスボス》です。

ソヌリは腕時計に搭載されることが稀《まれ》なため、リピーターより高度な複雑機構と目されがち。けれども、それは技術的なハードル以前に需要が少ないせいかもしれません。リピーターは必要に応じて鳴らせますが、ソヌリはオンにしたままだと空気を読まず勝手に鳴り出すからです。

また、ソヌリがリピーターに上乗せされることが多いのは、両者の機構の主要部分が共通しているから。それもそのはず、リピーターは元々がソヌリから派生した機構です。

どちらが上と決めつけたがるのは時計好きの悪い癖。ソヌリとリピーターは同じ体を共有する双頭の大魔王として一柱に崇拝すべきです。

「ソヌリ」は回転式記憶媒体の生みの親

まずはリピーターの生みの親でもあるソヌリの歴史から、簡単に振り返っておきましょう。

「ソヌリ」はフランス語で「鳴る音」、中でも教会や市庁舎の「鐘の音」を指し、ここから時報を意味するようになりました。英語でいえば**「チャイム」**です。機械式時計にとってはアラームの次に歴

史の古い鳴り物であり、すでに14世紀には各地の塔時計に搭載されています。

このソヌリから生まれた最初の大発明が、あらゆる回転式記憶媒体の原型として何度か言及してきた「**数取車（カウントホイール）**」。**図6**はパリのシテ宮殿にある１３７０年頃の作と伝わる塔時計の機構図ですが、右のソヌリ輪列の中央に鎮座する11個の溝が刻まれた円盤が数取車です。数取車は、この溝の間隔は、最も短い部分から時計回りに2倍、3倍と12倍まで広がっています。**間隔の長さの違いで鐘を打つ回数を制御**します。

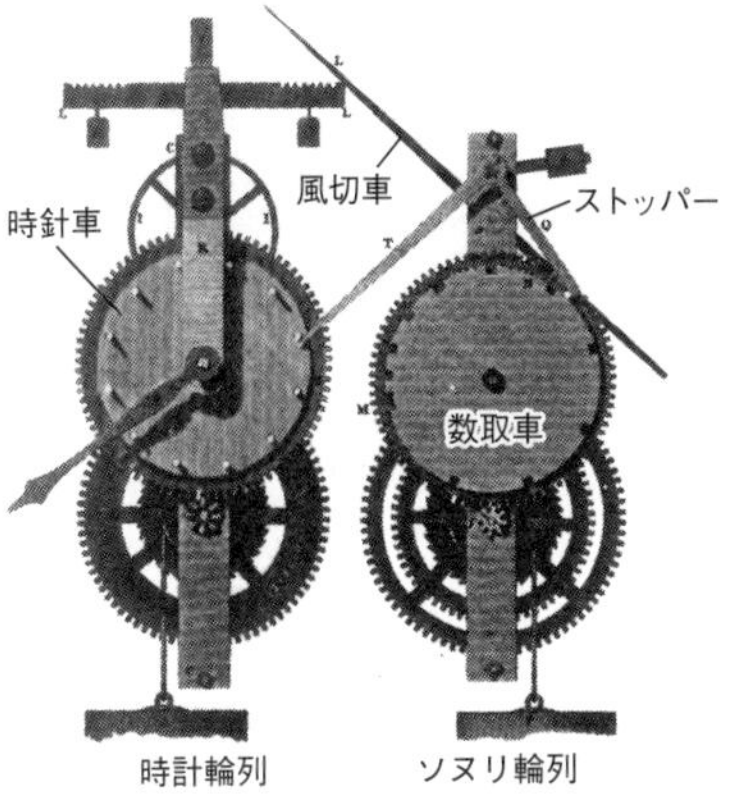

図6　パリ・シテ宮殿の大時計（1370年頃製）

図では、数取車の溝にストッパーが掛かっています。正時になると時針車に植えられたピンがレバーを押してストッパーを解除し、数取車とソヌリ輪列が錘動力で回転。ストッパーが次の溝に落ちて止まるまでの間、ハンマーが鐘を打ち続けます。1時に数取車が最も短い間隔を回り、その間に鐘を1回打つよう輪列を調整しておけば、間隔が2倍になれば2回、12倍になれば12回と、それぞれの時刻に合った回数の鐘を自動的に打つ仕組み。ちなみにソヌリ部にある大きなプロペラ状の部品は、空気抵抗を利用して錘の下降速度を遅くかつ均一に保つ「**風切車**」。現在のソヌリやリピーターに使われる「**ガバナー**」（調速機）の原型です。

数取車にはやがて歯が付いて打鐘数を歯数でコントロ

図7　歯付数取車（半時打鐘付）

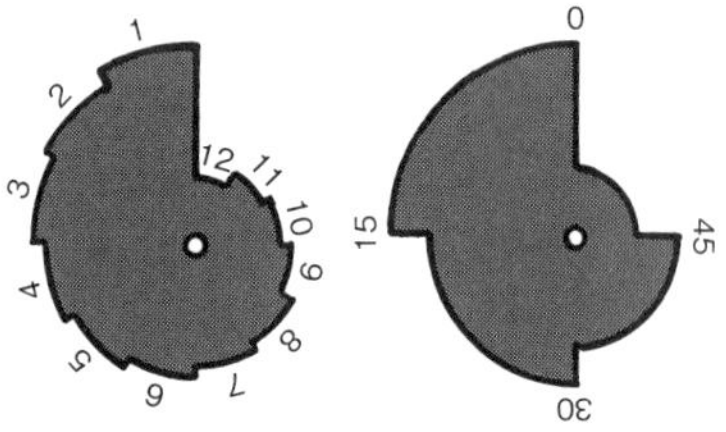

図8　アワースネイル（左）とクオータースネイル（右）

ールするようになり、さらに毎半時＝30分にも1回だけ鐘を鳴らす形（**図7**）へと発展しますが、一方でソヌリ機構を次なる次元へと進化させる部品が登場します。永久カレンダー機構でも活躍した、回転角度に応じて径の大小を変える「**スネイル**（蝸牛型カム）」。スネイルの外周を12等分して段差をつければ数取車に変わる「**アワースネイル**」（**図8左**）、4等分して段差をつければ15分おきに打鐘数を増やす「**クォータースネイル**」（**図8右**）として使えます。鐘を打つ回数を、数取車は溝の間隔や歯車の歯数という横の長さ、スネイルは径の大きさという縦の長さに置き換えて記録するわけです。

こうして西洋の塔時計が鳴らすソヌリは1時間おきに打数を増やす「**アワーストライク**」に15分おきに打鐘数を増やす「**クォーターチャイム**」を加え、これが今日まで続く伝統となりました。

ちなみに、スネイルのように径の大小で情報を記録する回転カムを「**変形カム**」と総称。クロノグラフのコラムホイール、永久カレンダーの48ヵ月ディスク、天文表示の均時差カム、オートマタの作動カムなど、**ほとんどの複雑機構は回転角度と径の大小で2つのパラメーターを記憶する変形カムが制御**しています。そして、機械式時計が育んだこの変形カムの技術が、オルゴールからレコードを経てＤＶＤやハードディスクに至るまでの回転式記憶媒体へと繋がっていくのです。

歯竿《ラック&》と蝸牛《スネイル》でソヌリを繰り返《リピート》す「リピーター」

リピーターもまた、スネイルという変形カムが生んだ発明です。１６８７年にイギリス国教会の聖職者で技術者でもあった**Ｅ《エドワード》・バーロウ**（Barlow, Edward：1639-1719／別名ブース Booth）が発明したとする記述も目にしますが、史実は少し違います。彼がリピーターの根本原理となる**「ラック&スネイル」**機構の特許を最初に申請したのは事実ですが、すでに**Ｄ《ダニエル》・クォーア**（Quare, Daniel：c.1648-1724）が同じ機構を開発済みとロンドン時計師組合《クロックメイカーズカンパニー》が異議を申し立て、国王ジェームズ2世の裁定でクォーアに特許を認可。つまり**公式に認められた発明者はクォーア**です。

ラックは日本語でいうと**「歯竿」**で、直線ないし曲線の平板に歯をつけたもの。これをスネイルとどう組み合わせるのかを見てみましょう。**図9**は、時間のみを打つアワーストライク機構。等間隔で12段の段差をつけたアワースネイルが1時間

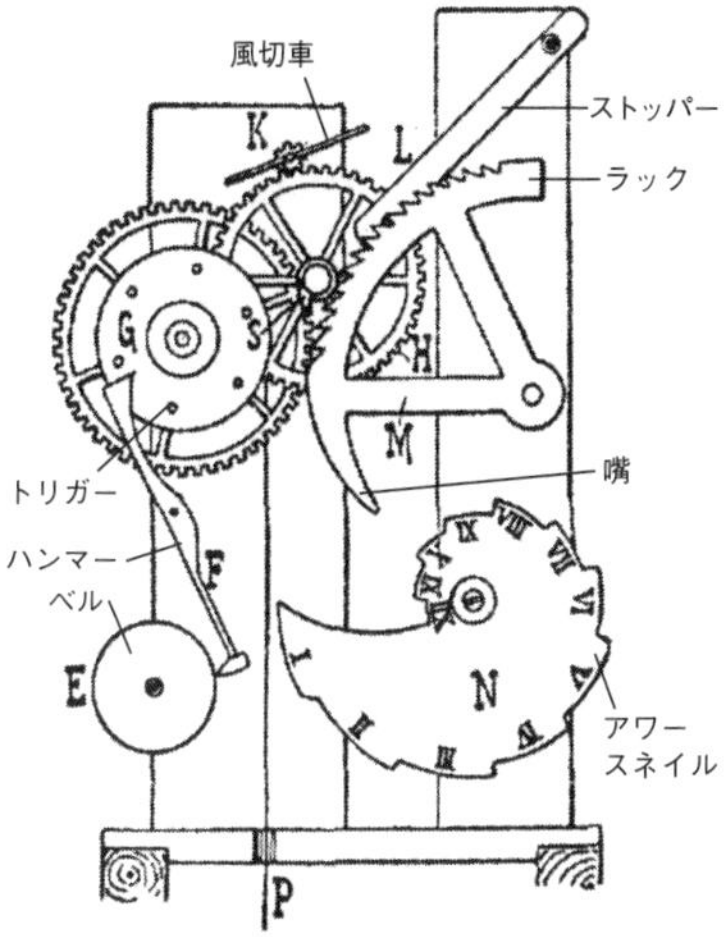

図9　ラック&スネイル機構

に1段分ずつ時計回りに回転します。正時になると片側が尖った「狼歯《ウルフトゥース》」を持つ扇形ラックに掛かったストッパーが外れ、ソヌリ輪列が錘動力で起動。ラックは下に送られますが、先端の尖った部分（これを「嘴《ビーク》」と呼びます）がスネイルに当たったところで止まり、ソヌリ輪列の回転を停止させます。ラックの移動距離はソヌリ輪列の回転量＝ハンマーの打鐘数に比例し、嘴が当たるスネイルの径に反比例。スネイルの段差1段分の移動距離を1打鐘に対応させれば、1段下がるごとに打鐘が1回ずつ増えていくという原理です。

ラック&スネイルは、数取車における溝の間隔をスネイルの径の大小に置き換えただけの機構ともいえますが、そこには決定的な違いがありました。

第一に、正時にしか打鐘できない数取車とは違い、ラック&スネイルはラックを同じ位置まで引き上げれば同じ時間内に同じ回数の打鐘を何回でも繰り返せます。これがリピーターという名の由来。

リピーターとはリピートできるソヌリという意味にほかなりません。

第二に、ストッパーの解除を手動のみで行い、必要に応じてラックを引き上げたときだけソヌリを鳴らすようにすることが可能。これは空気を読まず勝手に鳴られては困る携帯時計にとっては大いに助かる画期的な進化であり、今日の腕時計にソヌリよりリピーターの方が多い所以です。

第三に、クォータースネイルとの併用が可能であり、15分ごとに増えていく打鐘も繰り返せます。

事実、最初にラック&スネイル機構の特許が争われた時点で、リピーターはすでに時間だけを打つ「**アワーリピーター**」ではなく、15分単位の経過まで告げる「**クォーターリピーター**」でした。クォーアが特許争いに勝ったのは、彼の機構がひとつのボタンでアワーとクォーターを打鐘できたのに対し、バーロウのそれは別々にボタンを押さねばならなかったからです。

こうして、リピーターは「クォーター」にはじまり「ハーフクォーター」、「ファイヴミニッツ」と打鐘間隔を狭めていき、最終的に1分単位の時刻を告げる**「ミニッツリピーター」**へと発展。ミニッツリピーターは1750年頃にイギリスのT・マッジ（21頁参照）が開発したといわれてきましたが、近年になっていくつかの先行例が発見されています。

ソヌリもリピーターも、懐中時計に搭載された当初は小型の鐘を打っていましたが、やがて現在使われているような金属棒を曲げた**「ゴング」**が登場し、省スペースに大きく貢献。このゴングもA＝L・ブレゲが1780年代に用いたのが最初といわれ、彼はゴングではなく金属ブロックを叩いて振動で時を伝える〝repetition à toc〟、今日でいう**「サイレントリピーター」**も開発しています。

リピーターは掛け算と足し算が苦手な子には使えない

ソヌリもリピーターもクォーター以上になれば、時間と分を音色で区別するために最低でも2本のゴングが必要です。低音のゴングで時間を打った後に、クォーターなら15分、ハーフクォーターなら7・5分、ファイヴミニッツなら5分単位の経過分数を高音のゴングで打鐘。高音がクォーターで3回鳴れば45分～60分の間、ファイヴミニッツで10回鳴れば50分～55分の間の時刻と、掛け算でわかります。

これがミニッツとなるとさらに複雑化。時間を低音で打った後に、高音と低音の連打で15分単位の経過を示し、そこに高音で残りの分数を追加するのです。例えば3時33分なら、コン・コン・コンと

3回鳴って時間を告げた後、チンコン・チンコンと2回鳴って15×2＝30分、足すことのチン・チン・チンと3分で、計33分。掛け算だけでなく足し算まで必要です。

なぜそんな面倒なシステムになっているかというと、携帯時計に積める大きさのスネイルに1分刻みで59の段差を刻むのは無理がある上に、打鐘数が多くなりすぎる（例えば12時59分には71回）からでしょう。クォータースネイルと組み合わせれば、ミニッツスネイルに刻む段差は14、12時59分の打鐘も（クォーターの連打を2回と数え）32回ですみます。

それよりも10進法で打鐘した方が、5段のテンミニッツと9段のミニッツスネイルですみ、12時59分の打鐘も31回に抑えられてより合理的ではないかといわれれば、その通り。事実、A.ランゲ&ゾーネの**「10進法リピーター」**〝ツァイトヴェルク・ミニッツリピーター〟などはその方式を採っています。にもかかわらず、ほとんどのブランドが15分＋1分形式を堅持して譲らないのは、やはり西洋の塔時計のソヌリが12進法とクォーターチャイムを伝統としてきたからでしょう。この点でも、リピーターとソヌリは今なお分かちがたく結びついているといえるかもしれません。

「グランドソヌリ」と「プチソヌリ」の境界は無法地帯

今日の腕時計に搭載されるソヌリもクォーターチャイムが基本ですが、これに関してはひとつややこしい問題が存在します。打鐘の形式を表す**「グランドソヌリ」**と**「プチソヌリ」**という言葉の定義が極めて曖昧で、メーカー側の主張や紹介する記事によって違うのです。

例えばパテック フィリップ〝グランド・コンプリケーション６３００Ｇ〟のソヌリは打鐘モード

の切り替えができ、グランドモードでは打鐘を増やしていくクォーターに加え時間を示すアワーも15分ごとに毎回打ち、プチモードでは15分ごとにはクォーターだけでアワーは正時にのみ打鐘。ところが、メーカーによっては後者をグランドソヌリと称したり、記者によってはクォーターを打たないただのアワーストライクをプチソヌリと呼んだりしています。

　いくつかの現行モデルに関する記述を調べてみたところ、どうやら15分ごとに打鐘回数を増やすクォーターを打ち正時にアワーを打つところまでクリアしていればグランドを名乗ってよく、それより打鐘が少ない場合はプチと称する傾向があるようです。とはいえ、その中にもまたさまざまな打鐘パターンがあるので、明確には定義しきれません。ソヌリをお買い求めの際はグランドやプチの売り文句だけで判断なさらず、実際の鳴り方をお聴きになってみることをおすすめします。

リピーターの動作は複雑すぎて言葉にできない

　リピーターやソヌリの機構は時分針と連動するので、通常は裏輪列、つまり文字盤とムーヴメントの地板の間に隠れています。このため、文字盤をくり抜くかシースルーにして機構を見せるタイプ以外では、表から見えるのはサイドに付いたリピーターの「**起動レバー**」や起動ボタンだけ。シースルーバックの裏蓋側からもハンマーとゴングくらいしか見えません。

　そこでご参考までの一例に、１８８０年代にパテック フィリップが作った懐中時計のミニッツリピーター機構から主要部分だけを抜き出して簡略化し、細部をデフォルメして描いてみました（次頁の**図10**）。１４０年前の機構のごく一部を単純化してもなおこの複雑さ。今日の腕時計のミニッツリ

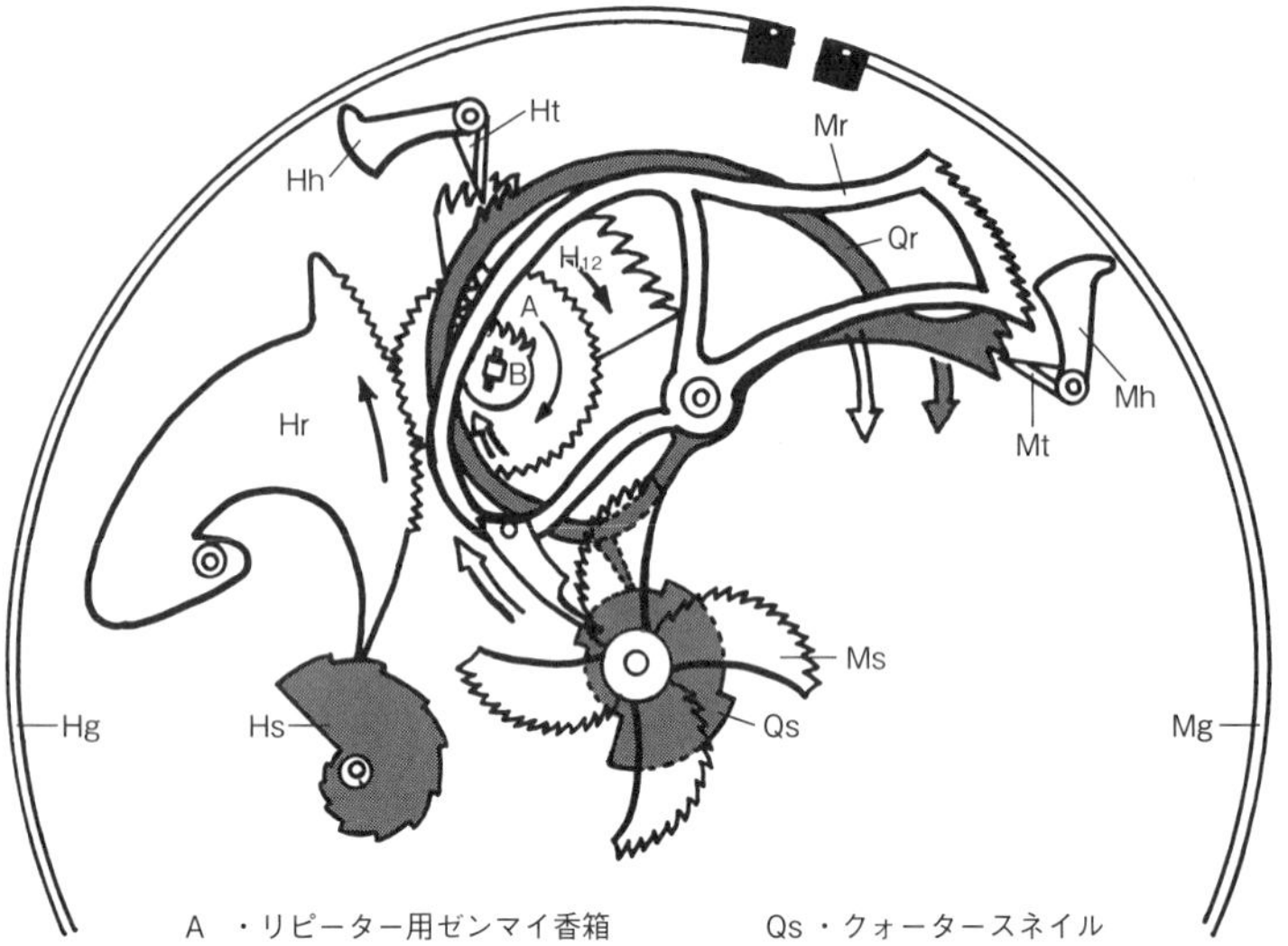

A ・リピーター用ゼンマイ香箱
B ・フィンガーピース
Hs ・アワースネイル
Hr ・アワーラック
H_{12}・12歯ラック
Ht ・時トリガー
Hh ・時ハンマー
Hg ・時ゴング
Qs ・クォータースネイル
Qr ・クォーターラック
Ms ・ミニッツスネイル
Mr ・ミニッツラック
Mt ・分トリガー
Mh ・分ハンマー
Mg ・分ゴング

図10　ミニッツリピーター機構の一例（簡略図）

ピーター機構がいかに大変なことになっているかがご想像いただけるでしょう。

図は文字盤側（裏輪列）から見たところ。ハンマーとゴングは実際には地板の反対側（裏蓋側）にあって見えません。

先に紹介したラック&スネイル機構はラックが定位置から始動して嘴がスネイルに当たったところで止まりましたが、今日のリピーターはそれとは逆。起動レバーを引いてゼンマイを巻上げる際に各ラックがスネイルに嘴が当たるところまで移動して、始動位置を変える方式です。レバーを放すとゼンマイが戻る力で各ラックが定位置まで戻り、その間の距離に対応する回数だけハンマーを弾く仕組みです。図はレバーを引いて嘴がスネイルに当たった状態で、2時44分を想定しています。

中央左の蝸牛型が「**アワースネイル**」で、その左上が「**アワーラック**」。アワーラックは「**時ハンマー**」を動かす「**12歯ラック**」を所定の位置まで回すと同時に、リピーター機構用ゼンマイを巻上げる役目も果たします。12歯ラックは定位置に戻る際に1歯につき1回「**時ハンマー**」を弾いて「**時ゴング**」をコンと打鐘。図では嘴がアワースネイルの2段目に当たり、12歯ラックが2歯だけ「**時トリガー**」の左に残っているので、12歯ラックが右（アワーラックは上）に回って定位置に戻るまでに2回打つことになります。

中央下に鎮座する手裏剣型が特徴的な部品が、15分＋1分型ミニッツリピーターの象徴ともいえる「**ミニッツスネイル**」。1分刻みで14の段差を刻んだ腕が4本あるのは、下に重ねられた4段の「**クォータースネイル**」と連動するためで、15分ごとに腕を替えます。その上にある鯨のような形の部品が「**ミニッツラック**」。左下の鯨の口部分から「**嘴**」が突き出し、反対側の右端にある14歯のラックが1歯につき1回「**分ハンマー**」を弾いて「**分ゴング**」をチンと打ちます。図では嘴がミニッツスネイルの最下端に触れてラック歯が全て「**分トリガー**」の上にきているので、ラックが下がって定位置に戻るまでに14回打鐘。

ミニッツラックの下に重なる「**クォーターラック**」も鯨形で、額部と尾部の両側に3歯ずつのラック（最近は時分トリガーを近づけ扇形クォーターラックの外か内側の両端に3歯ずつ配する形が主流）がついています。定位置に戻るため尾が下がれば、額部は右回転。尾のラック歯が分トリガーを弾いた直後に額のラック歯が時トリガーを弾く位置関係に設定することで、チンコンと交互に打つ仕組み。図ではクォータースネイルの2段目に嘴が当たり尾部分のラックが2歯分だけ分トリガーの上にきているので、尾が下がり額が右に回って定位置に戻る際にそれぞれのラックが交互に2回ずつ打鐘するわけです。

ミニッツおよびクォーターラックは、リピーター機構用ゼンマイ香箱と同軸で回る**「フィンガーピース」**という歯車が、鯨の額部の内側に刻まれたラック歯（図ではほとんど見えていません）と噛み合って、定位置まで戻します。さらに図では省いた多くの部品の働きで、各ラックはアワー→クォーター→ミニッツの順で打鐘しながら、それぞれの定位置まで回帰。こうして、図の状態から全てのラックが定位置に戻るまでに、コンが2回、チンコンが2回とチンが14回鳴って、2時44分を告げるのです。

と、書いてはみたものの、言葉でいくら説明しても伝わらないでしょう。困ったことにミニッツリピーター機構は裏蓋側からは見えず部品の重なりも多いため、ネット上にも動作がわかる動画はあまり上がっていません。それでも〝minute repeater animation〟などで検索すれば、各ブランドが新製品発表会用に作ったCG動画などがヒットすることもありますので、ご興味がおありの方はお探しになってみてください。

もっとも、動作はさっぱり伝わらなくても、この機構がそのままソヌリに利用できることはおわかりいただけたのではないでしょうか。ソヌリとリピーターは同じ体を共有する双頭の大魔王と申し上げたのは、この意味です。

だからといってソヌリをリピーターに上乗せするのが簡単かというとそうでもなく、むしろ大変。手動のレバーやボタンでその都度ゼンマイを巻上げるリピーターと違い、自動的に鳴るソヌリは専用の別ゼンマイを設けてあらかじめ巻いておくか、主ゼンマイのパワーリザーブを大幅に増やして併用しなければなりません。そうなるとリピーターも同じゼンマイで動かす方が効率的で、単独の場合とは違った構造が求められるでしょう。

ちなみに、あらかじめ巻いたゼンマイで動くリピーターは、ソヌリ併載モデル以外にも散見します。その都度ゼンマイを巻上げる必要がないため、起動にはレバーではなくボタンを使用。ストロークが短く押し感も軽いので、押せばすぐにわかるはずです。

リピーター2大ブランドの飽くなき進化

腕時計にリピーターが搭載され始めるのは1920年代。この草創期に共にアメリカの富豪の注文で作られた、2つの伝説的なミニッツリピーターが存在します。

ひとつはパテック フィリップが27年に製作し（ムーヴメントは1895年製）、28年に銀行家H《ヘンリー》・グレイヴスに販売したK18YGトノー型ケースのもの。2019年にクリスティーズのオークションで457万5000スイスフラン（5億円超）で落札され話題になりました。

もうひとつはオーデマ ピゲが1907年に製作したムーヴメントを、'30年代に実業家J《ジョン》・シェーファーが特注したPtとYGコンビのクッション型ケースに収めたもの。同社博物館が所蔵し、'90年代に発売された〝ジョン シェーファー〟シリーズのモチーフにもなっています。

今もリピーターといえば最初に名前が挙がるのがこの2ブランド。特にパテック フィリップは、クロノグラフや永久カレンダーや天文表示やトゥールビヨンといった他の複雑機構と組み合わせたミニッツリピーターのバリエーションが豊富です。そしてその頂点に君臨するのが、日付を音で報せる**「デイトリピーター」**という独自の機構に加え、グランドおよびプチソヌリにアラームにミニッツリピーターと、実に5種類ものチャイム機構を3ゴングの音色で奏でる〝グランド・コンプリケーション6300G〟（177頁の**図1**）。現行最強の鳴り物腕時計といえるでしょう。

一方のオーデマ ピゲは音色にこだわり、連邦工科大学ローザンヌ校とコラボレートして最新の音響工学を駆使した**「スーパーソヌリ」**を開発。ゴングをムーヴメントではなく音響板に取り付け、ケースの共鳴効果も高めることで、リピーターとソヌリの音質と音量を飛躍的に向上させました。さらにクォーターが鳴らない正時から14分までの時刻にアワーとミニッツの打鐘の間が開く**「ファントムクォーター」**現象を機構改良で解消し、リピーター機構を調速する**「アンクル式ガバナー」**も静音化。細かい部分まで徹底的に研ぎ澄ませた「スーパーソヌリ」の響きは、同社の〝ジュールオーデマ〟や〝ロイヤルオーク〟のミニッツリピーター（**図11**）で味わえます。

図11　オーデマ ピゲ〝ロイヤルオークミニッツリピーター スーパーソヌリ42mm〟

百家争鳴の音色合戦

両巨頭に並ぶリピーターの名門、ヴァシュロン・コンスタンタンも負けてはいません。限定生産の最高級ラインの〝レ・キャビノティエ〟に〝ラ・ミュージック・デュ・タン〟と銘打つ部門を設け、ファントムクォーターをなくすなど音色にこだわったミニッツリピーターを、さまざまな複雑機構と組み合わせています。中でも〝シンフォニア・グラン・ソヌリ〟は、その名の通りグランドソヌリとのコンビネーション。鳴り物の醍醐味を堪能できます。

複雑機構との組み合わせで特筆すべきは、ジャガー・ルクルトの〝マスター・グランド・トラディション・ジャイロトゥールビヨン・ウエストミンスター・パーペチュアル〟でしょう。3次元であらゆる方向に回転するジャイロトゥールビヨンだけでもお腹いっぱいなのに、永久カレンダーも載っていて、しかもリピーターは4ゴングのウエストミンスター・チャイム。学校のチャイムでおなじみの、イギリス国会議事堂ウエストミンスター大時計（ビッグベンは時計ではなく鐘の愛称）の4音階が、15分ごとに1小節ずつ増えていくのです。

ゴングの産みの親を創業者に戴くブレゲも、音色の改良に余念がありません。従来の鍛鉄に代えてケースと同じ18K素材をゴングに用い、音の伝わりやすさを統一。響きと音量がアップしただけでなく、音色自体がひときわ高級感を増しました。〝クラシック コンプリケーション5447〟をはじめ、レディスの〝クイーン・オブ・ネイプルズ8978〟のソヌリでもその音色が楽しめるのが嬉しいところ。ブレゲは静音化を極めた**「磁石式ガバナー」**も開発していて、こちらは現行品ではアラー

図12　セイコー　クレドール〝ミニッツリピーターGBLS 998〟

ムで紹介した〝クラシック ミュージカル7800〟に搭載されています。

その手があったかと感心させられるのが、ショパール〝L.U.Cフル ストライク〟。金属製のゴングではなく、風防と一体化したサファイアクリスタルの輪を鳴らします。一塊の同素材から削り出しているので風防との音響特性ももちろん揃い、腕に当たる裏側ではなく表側で共鳴させるため響きも抜群。グラスベルに似た独特の音色は他では味わえません。

今までにないという点で、〝日本の音〟にこだわるのがセイコーです。2006年に発表した国産初のソヌリ搭載腕時計、クレドール〝ソヌリGBLQ998〟は、日本の梵鐘やお鈴《りん》の音色をイメージした釣り鐘型のベルを積んでいます。11年に発表したこれも国産初となるクレドール〝ミニッツリピーターGBLS998〟（**図12**）は、火箸風鈴で知られる鍛冶師・明珍家52代当主が鍛造したゴングを鳴らす**「10進法リピーター」**。この2モデルは共に時計本体が**「スプリングドライブ」**である点でも他とは一線を画しています。〝ゼンマイで駆動・発電しクオーツで調速する機械式時計〟ともいうべきセイコー独自の特許機構で、無音かつ無段階で滑らかに回る**「スイープ運針」**が特徴です。

10進法といえば忘れてはならないのが、A.ランゲ&ゾーネの〝ツァイトヴェルク・ミニッツリピーター〟と〝ツァイトヴェルク・デシマルストライク〟。後者は正時の低音に加え10分ごとに高音が1

回のみ鳴る「**10進法ソヌリ**」ですが、デジタル表示ディスクの回転でハンマーのバネを圧して反発力を蓄えておき定時になった瞬間に解放して即打鐘する独自の機構で、時刻表示と時報のタイミングのズレを解消しました。

どんな「安全機構」でも防ぎきれない鳴り物の魔力

このように、今日の腕時計におけるソヌリとリピーターは全般に、最新の技術を駆使して今までにない音質と音量を実現させる方向へ進化しているといえますが、それだけではありません。「**安全機構**」という目に見えず音にも聞こえない部分でも大きく進化しています。実はソヌリやリピーターは、永久カレンダー以上にデリケートかつ入院費がかさむ複雑機構だからです。

最も深刻な故障につながるのが、作動中の時間送り。時間送りをすれば、時分針と連動するアワー、クォーター、ミニッツの各スネイルも回ります。そしてソヌリやリピーターが作動しラックの嘴《ピーク》が当たっている最中にスネイルを回してしまえば、細い嘴を曲げたり折ったりしかねません。作動中にわざわざ時間送りをする人はいないにせよ、リューズが何かに引っかかって時分針を回してしまう場合もあるでしょう。そこで現在では多くのメーカーが、ソヌリやリピーターの作動時にはリューズをロックする安全機構を採用しています。

あらかじめ巻上げたゼンマイで駆動するソヌリやリピーターで怖いのは、作動中にゼンマイ動力が不足して止まってしまうこと。表示時刻と打鐘回数のズレを招きかねないこの事態を防ぐため、ゼンマイ残量が一定以下になるとソヌリやリピーターが作動しなくなる安全機構も開発されています。

もっとも、こうした安全機構でどんなに不慮の事故を防いでも、所有者の意図的な愚行までは止められません。筆者のように、リピーターの音色を何度も聴きたいがために最も打鐘の多い12時59分までの時間送りを繰り返し、早送りしすぎて時刻表示と時報がずれてしまったりした経験がおありの方もいらっしゃるのではないでしょうか。安全機構の有無にかかわらず、**ソヌリやリピーターの時間送りはゆっくり慎重に行うべき**。それがわかっていてもなお、一秒でも早く音色が聴きたくなってしまうのが鳴り物の魔力であり、故障を招く最大の要因といえるでしょう。

第3章
間違いだらけな時計の歴史

❶ 11〜13C **機械式の起源**

機械式時計は中国で発明された……×

ドイツの思想家**E《エルンスト》・ユンガー**（Jünger, Ernst：1895-1998）は名著『砂時計の書』の中で、機械式時計は火薬や印刷術や蒸気機関よりも革命的な発明だったと述べています。[1] 機械式時計の発明とは、すなわち脱進機の発明にほかなりません。

ところが脱進機がいつどこで発明されたかは、いまだに明らかになってはいないのです。確かなのは、13世紀末の時点でヨーロッパ各地に**ヴァージ&フォリオット脱進機**（20頁参照）で調速する機械式時計が存在し、それは古代ギリシャ・ローマにも中国にもイスラム社会にも前例が見当たらない技術だったという事実だけ。そこから、**機械式時計は13世紀のヨーロッパで発明された**と推測されるにとどまっています。

イギリス発の中国起源説

これに異を唱えたのが、イギリスの生化学者にして科学史家の**J《ジョセフ》・ニーダム**（Needham, Joseph：1900-95）。彼は1954年に刊行を開始する大著『中国の科学と文明』で、**機械式時計も火薬や羅針盤や印刷術と同様に中世ヨーロッパではなく中国で発明された**と主張しました。[2]

その根拠となったのは、北宋の技術官僚で後に丞相となる**蘇頌**《そしょう》（Su Song：1020–1101）が1098年に著した『**新儀象法要**』です。同書によると、蘇頌は1086年に皇帝・哲宗から首都・開封《かいほう》に**儀象台**（天文観測時計台）を再建するよう命じられ、過去の文献を研究して88年に機構部のモデルを製作。92年に水運儀象台（**図1**）を完成させたそうです。

ニーダムは中国人学者や技術専門家の協力を得て同書を読み解き、蘇頌の儀象台は水を動力としながらも古代ギリシャやイスラムの水時計にはなかった「**天衡**」と呼ばれる調速機構を持つことを発見。これこそが脱進機の起源であると主張した上で、蘇頌が参照したと思われる過去の文献も調査。同様の機構がすでに唐代の僧・**一行**《いちぎょう》（Yi Xing：683–727）らによって725年に完成されており、さらにその起源は後漢の官僚科学者・**張衡**《ちょうこう》（Zhang Heng：78–139）が132年頃に作った渾天儀（天文時計）にまで遡る可能性があると指摘しました。

図1　水運儀象台・予想復元図

「機械式時計は11世紀（あるいは8世紀）の中国で発明された」という説は、ニーダムのこの研究に由来し、今日でもしばしば目にします。

けれども、「天衡」がはたして脱進機の起源といえるのかどうかに関しては、かなり疑問があるといわざるをえないでしょう。

儀象台と「天衡」の仕組みは日本でも見学可能

蘇頌の水運儀象台は、日本でも1997年にセイコーエプソンが京都大学の協力を得てほぼ実寸で再現し、長野県下諏訪町の〝儀象堂〟で実演展示されています。3層構造で、1階は5段の窓にそれぞれ異なる単位の時刻を表示。2階に自動回転する天球儀「渾象」と正時に鉦《かね》や太鼓を打つ人形、3階にこれも自動回転する天体観測器「渾儀」が設置されていて、全てをひとつの巨大な水車が駆動しています。機構の複雑さもさることながら、驚くべきはその精度。これだけ大がかりな仕掛けを水力で動かしながら、日差±5～10分程度に収まるそうです。

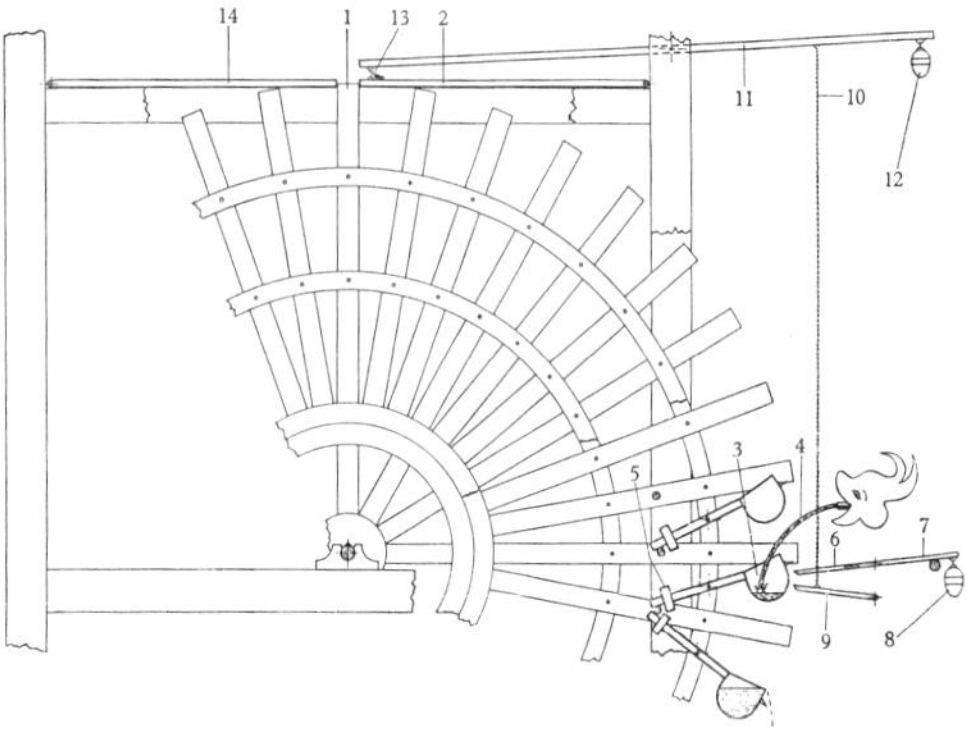

図2 『天衡』の作動原理図

　どのような仕組みで動くのか、**図2**で見てみましょう。駆動輪には「鹿威《ししおどし》（添水《そうず》）」に似た仕組みの柄杓（3）が等間隔で配され、そこに2段階の定水位水槽で流量を一定に保った水が竜の口から注がれます（4）。一定時間の経過と共に一定量の水が溜まると柄杓は前に倒れ、その際に板（9）を下に押してスポーク（1）を止めていた停止板（2）を上げ、駆動輪を解放。駆動輪は柄杓に溜まった水の重みで回転しますが、スポーク1本分回ったところで柄杓（3）が板（9）から外れて停止板（2）が下がり、再び停止――。この一連の動作を一定間隔で繰り返します。

この止め板を上げ下げする機構が、ニーダムが脱進機の起源と主張する「天衡」。駆動輪の回転の解放と停止を一定間隔で繰り返すという点では、確かに脱進機の一種といえなくもありません。とはいえ、これをヨーロッパの機械式時計に用いられた脱進機の原型とするのは、あまりにも構造が違いすぎていて無理があるでしょう。構造原理からいえば、ヴァージ&フォリオット脱進機は鐘を打つ機構から生まれたとするイギリスの時計史家**J《ジョン》・D《ドラモンド》・ロバートソン**（Robertson, John Drummond：1857-1934）の推理[3]の方が、はるかに説得力があるように思えます。

水時計の終着点であって機械式時計の出発点ではない

さらに、脱進機にとって最も重要な調速原理でも、「天衡」とヴァージ&フォリオット脱進機は根本的に異なります。蘇頌の水運儀象台で駆動輪の解放と停止を一定間隔に保つのは、あくまで外部から注がれる水の流量であり、「天衡」自体に調速機能があるわけではありません。つまり、蘇頌の儀象台は、調速原理においては従来の水時計の域を出てはいないのです。

これに対して、ガンギ車の解放と停止の間隔をフォリオット（平衡棒）の慣性モーメントで一定に保つヴァージ脱進機は、それ自体が調速機構。この自律性ゆえに、ヴァージ脱進機は動力を錘からゼンマイに替えて携帯化することも、フォリオットを振子やヒゲゼンマイ付きの天輪に変えて精度を飛躍的に向上させることも、さらにはレバー脱進機へと発展してゆくことも可能だったのです。いずれも「天衡」では成し得なかった進化でしょう。

ニーダムは「天衡」こそが水時計と機械式時計を繋ぐ「失われた環《ミッシング・リンク》」だと主張しましたが、全ての技術が同じ進化の鎖に連なるわけではありません。初期の機械式時計は機構の複雑さにおいても精度においても蘇頌の儀象台の足元にも及びませんでしたが、進化する伸びしろははるかに勝っていました。蘇頌の「天衡」は水時計という古代からある技術の終着点であり、ヴァージ&フォリオット脱進機は機械式時計という新たな技術の出発点だったのです。両者は翼竜と鳥類のように似て非なる存在であり、異なる技術的系譜に属していると考えるべきでしょう。

1 今村 孝訳 講談社学術文庫（1990年）72頁

2 藪内 清ほか監修、中岡哲郎ほか訳 思索社（1978年）第9巻583～721頁

3 Robertson, J. Drummond *"The Evolution of Clockwork"*（London, 1931）8～25頁

❷14C 複雑機構の起源

時計の機構はより複雑な方が高度である……✕

前章までをお読みいただいた方には、改めて説明するまでもないでしょう。時計に限らずあらゆる機械は、**同じ性能ならむしろシンプルな方が高度**といえます。単純な機構で部品数が少ない方が誤差や故障を生じにくく、調整や修理もしやすいからです。

ただし、それは機能的側面から見てのこと。機械式時計には装飾的側面もあり、そちらから見ればより複雑な機構の方が高度とされることも、第2章で述べました。

高精度が当たり前の前提となる今日では、複雑機構はいわば上乗せした付加価値と考えられています。けれども、歴史を振り返ると順序は逆。17世紀半ばに振子が導入されるまで、脱進機はほとんど進化していません。機械式時計は13世紀に誕生してから400年近くの間、つまり長い歴史の半分を、精度を司る脱進機に先んじて、天文表示やオートマタといった複雑機構の進化に費やしてきたのです。少なくともその間は、時計の機構はより複雑な方が高度と考えられていたでしょう。

デ・ドンディの天文時計は14世紀の時点で早くも超複雑

記録に残る最古の天文時計は、イギリスの聖アルバン修道院長だった**ウォリンフォードのリチャード**（Richard of Wallingford：1292–1336）が1327年頃に作り、後に弟子が完成させたといわれるもので、現物は残っていません。再現品が聖アルバン大聖堂はじめ何ヵ所かに展示されていますが、いずれもリチャードが残した手稿の断片からの推測によるものです。

一方、イタリアの時計師で医師・天文学者でもあった**G《ジョヴァンニ》・デ・ドンディ**（de Dondi, Giovanni：1330–88）が1348年から64年にかけて作った天文時計は、彼自身の手による極めて詳細な記録と解説（**図1**）が完全な形で残っているため、忠実な復元が可能。アメリカのスミソニアン博物館やミラノ国立科学技術博物館に復元品（**図2**）が展示されています。

ちなみに現物は1381年に初代ミラノ公に献上され、パヴィーアの城館の図書室に設置。およそ100年後にレオナルド・ダ・ヴィンチが機構をスケッチ（**図3**）した頃までは確実に存在していま

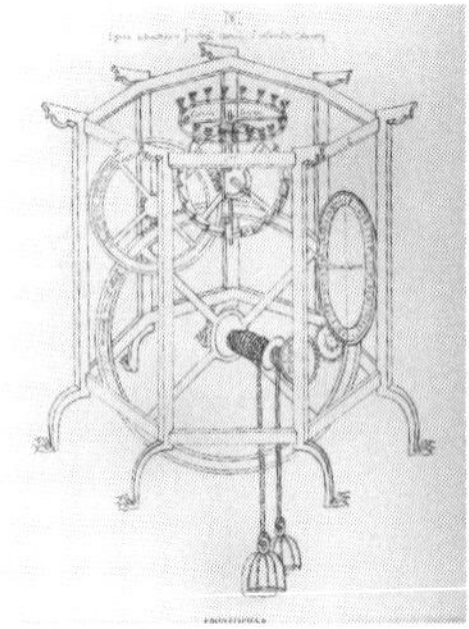
図1　デ・ドンディの天文時計手稿

図2　ミラノ国立科学技術博物館の復元模型

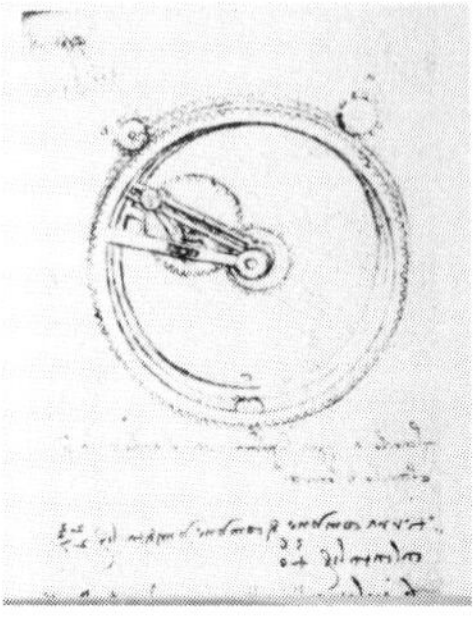
図3　ダ・ヴィンチによる金星ダイヤルのスケッチ

したが、その後の消息は不明です。

残された手稿と復元品から見るデ・ドンディの天文時計は、高さ約1mの七角柱型。上下2段から成り、下段には24時間表示の時計（指針が固定され文字盤が回転）と、移動祝祭日や聖人暦も記した365日カレンダー（円筒型で水平回転）。上段には天球の回転と太陽の位置を示すアストロラーベと、月および水・金・火・木・土星それぞれの運行位置を示すプラネタリウムが7つの面に配されています。小ネジを作る技術がなかった時代ゆえ300個以上の小楔で部品を止め、総歯車数は107個。

水時計と機械式時計を結ぶ輪は、脱進機ではなく複雑機構

機械式時計が誕生してから100年経つか経たないかのうちに、ここまで高度な複雑機構を作ることができたのは、すでに充分な知識と技術があったからです。ヨーロッパの中世がキリスト教会に断圧された科学の暗黒時代だったというのは、大きな誤解。スペインのイスラム諸王国や東ローマ帝国を通じて、古代ギリシャの天文学やアストロラーベなど天文器具の製作法、さらにそれらを水時計と組み合わせる技術が伝えられ、独自の発展を続けていました。水時計と機械式時計を結ぶ輪は、ニーダムがいう脱進機ではなく、むしろ天文表示やオートマタなどの複雑機構にあったのです。

水時計伝来の複雑機構は、機械式時計に乗り換えることで飛躍的な発展を遂げました。水量の増減という直線的な運動を回転運動に変換する必要がなく、錘やゼンマイを使用することで同体積の水よりはるかに多数あるいは重い金属部品を動かす力が得られたからです。

デ・ドンディの天文時計の複雑機構も、蘇頌の儀象台とは明らかに次元が違います。遊星歯車に内

図4　水星ダイヤルのプラネタリウム機構（スミソニアン博物館の復元模型）

歯車、移動歯車、楕円歯車と、種類だけでなく歯形まで使い分けたプラネタリウム機構（**図4**）は、100年後の天才レオナルド・ダ・ヴィンチだけでなく、現代の天文時計の鬼才L・エクスリン博士をも感嘆させたほど見事です。

一方、精度に関しては、さほど進歩していません。平衡棒《フォリオット》から天輪に変わりはしたものの相変わらず慣性モーメントだけが頼りのヴァージ脱進機で調速していたデ・ドンディの天文時計は、蘇頌の儀象台と同程度かそれ以下の精度しか出せなかったでしょう。

天動説が複雑機構を発展させた

機械式時計が脱進機よりも先に複雑機構を発達させた理由のひとつは、実は**天動説**にありました。天動説が実際の観測結果と矛盾することは、ギリシャ時代から知られていました。それでもほとんどの天文学者は地球が動いているとは考えず、惑星が地球に近い別の点を中心に回っているとする「**離心円**」説や、軌道上の1点を中心にさらに小さな軌道を二重に公転しているとする「**周転円**」説など、さまざまな仮説を駆使して無理やり辻褄を合わせてきたのです。その結果、中世の終わりには、天動説に基づく惑星の軌道は1枚の図に描ききれないほど複雑怪奇なもの（**図5**）になっていました。デ・ドンディのプラネタリウムが高度に複雑な機構と、惑星ごとに独立した文字盤を必要としたのはそのためです。

ガリレオ裁判を例に、天動説はキリスト教会が押しつけたものと思われがちですが、教会も古代ギリシャ以来の天文学の伝統に従っていたにすぎません。その証拠に、地動説の有名な提唱者は教会の内部から出ています。デ・ドンディと同世代のフランスの神学者**N《ニコル》・オレーム**（152頁参照）は「宇宙は神が創った時計」であるとして、天動説を信じながらも地動説を支持。2世紀後にポーランドのカトリック司祭**N《ニコラウス》・コペルニクス**（Copernicus, Nicolaus：1473-1543）が地動説を主張したのも、神が創った宇宙は単純明快な法則に基づいているはずであるという一種の宗教的信念に導かれてのことでした。彼が提唱した地動説に基づく同心円の宇宙像（**図6**）は、極限まで単純明快。実際の惑星はより複雑な楕円軌道を描いていますが、それでも天動説モデルよりははるかにシンプルです。

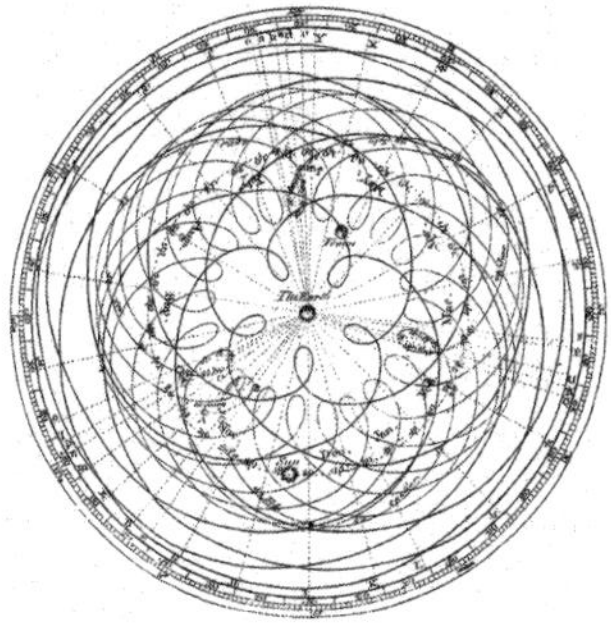

図5　周転円で複雑化した天動説宇宙像

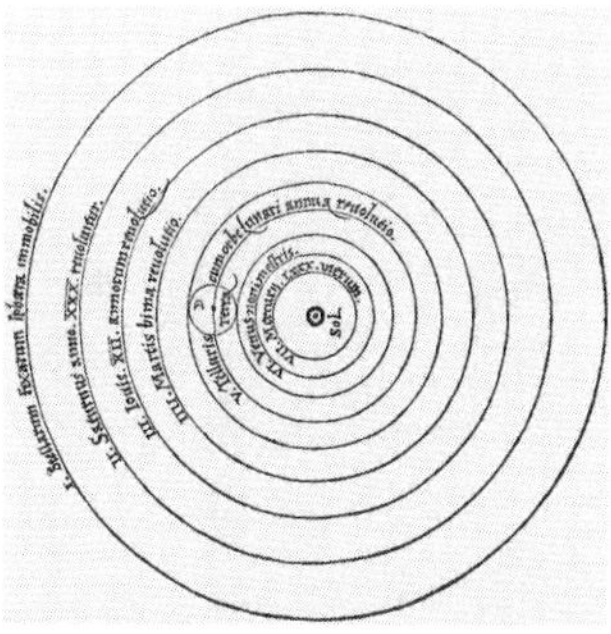

図6　コペルニクスの地動説宇宙像

こうして、地動説のおかげで、天文学は惑星の複雑な運行をより単純な形で表すことができ、天文時計のプラネタリウムは1枚の文字盤で全惑星を表現できるようになりました。天文学でも時計でも、やはり「性能が同じなら機構はシンプルな方がより高度」といえるでしょう。

③ 16C 携帯時計の起源

携帯時計はペーター・ヘンラインが1505年に発明した……×

世の中には、明らかに史実と異なるのに、なぜかそういうことになってしまっている話がよくあります。時計史でいえば、この「ヘンライン伝説」が最たるものでしょう。

ウィキペディアで〝Peter Henlein〟を検索すると、英語版では「1505年に世界初の携帯時計を発明した」と明記。年号が「1510年」だったり、携帯時計どころか「ゼンマイ時計を発明した」ことになっていたり、「その携帯時計は『ニュルンベルクの卵』と呼ばれた」と追記されていたりする場合も含め、似たような説明はいまだに多くの本や雑誌で見かけます。

結論から先にいいますと、いずれも正しいとはいえません。**ゼンマイ時計も携帯時計も15世紀にはすでに存在していた**のですから。ほかならぬヘンラインの故郷ニュルンベルクのゲルマニッシェス国立博物館に、1430年に作られたブルゴーニュ公フィリップ3世旧蔵のゼンマイ置時計が現存。携帯時計に関しては、ダ・ヴィンチが仕えたミラノ公L《ルドヴィコ》・スフォルツァが1488年に時打機構つき携帯時計を服に下げていたことを、フェラーラ公国の大使が詳細に伝えた手紙が残っています。

このため、同じウィキペディアでも独語版は「ドイツでは携帯時計の発明はヘンラインに帰されている」と断定を回避。また、ヘンラインが作った携帯時計が「ニュルンベルクの卵」と呼ばれるのは彼の死後で、古い独語表記による「小さな時計」(Aeurlein《エウアーライン》)を「小さな卵」(Eierlein《アイアーライン》)と混同した結果にすぎないことは、英語版も独語版も認めています。

そんな数々の伝説に彩られたヘンラインとは何者で、なぜ携帯時計の発明者に擬せられることになったのか? ここで史実をはっきりと確認しておきましょう。

実録:ペーター・ヘンライン

ペーター・ヘンラインという時計師が16世紀のドイツ・**ニュルンベルク**で活動し、**「麝香林檎《ビサムアプフェル》」**と呼ばれた小さな香玉に仕込んだ携帯時計を作ったことは、ほぼ疑いのない史実です。

生年は1479年頃とも85年頃ともいわれ、1509年に錠前師《シュロッサー》として親方《マイスター》登録。当時は塔時計などの大物を手がける職人だけが時計師《ウアマッヒャー》と呼ばれ、携帯時計など小型のものは錠前師が手がけていました。ちなみに若い頃は結構やんちゃだったようで、04年には錠前師仲間への傷害致死容疑で訴えられた記録が残り、その際に逃げ込んだ修道院で時計作りを学んだともいわれます。

時計師としてのヘンラインは、24年に「時計つき金メッキ麝香林檎」を製作し、35年に市庁舎にあった小型時計を修理。41年にリヒテナウの城館の塔時計を製作するなど、42年に亡くなるまでの業績のいくつかを、ちゃんと公的記録に残しています。[1]

とはいえ、同じように携帯可能な小型時計は、同時代のアウクスブルクやフランスのブロワでも盛んに作られていました。なのになぜヘンラインの名だけが後世に残り、携帯時計の発明者と讃えられるまでになったのでしょうか。

メディアと愛国教育が作った伝説

これも結論から先にいいますと、メディアの力のなせるわざです。ヘンラインの時代のニュルンベルクは、北方ルネサンスを代表する大画家**A《アルブレヒト》・デューラー**や、ヴァーグナーの楽劇でお馴染みの「親方詩人《マイスタージンガー》」**H《ハンス》・ザックス**が活躍した一大文化拠点であると同時に、出版産業の中心地。デューラーの絵画が版画という形で全欧に普及したように、ヘンラインの名も印刷物を通じて広まりました。

まだ存命中の1511年に神学者**J《ヨハン》・コクレウス**（Cochlaeus, Johann：1479–1552）が著書の序文で、「ヘンラインは年は若いが数学者たちも感嘆する携帯時計を作る」と賞賛。死後も書家**J《ヨハン》・ノイデルファー**（Neudörfer, Johann：1497–1563）が1547年に出版した本で、「麝香林檎に時計を仕込む方法を発明した**ほぼ最初の人物のひとり**」と紹介しています。こうした印刷物が広まるにつれ細かい説明が省略されていき、1730年に数学者**J《ヨハン》・G《ガブリエル》・ドッペルマイヤー**（Doppelmayr, Johann Gabriel：1677–1750）が出版した本では、ついに携帯時計を発明したと記されるに至るのです。[2]

これに拍車をかけたのが愛国教育。1871年にドイツ帝国が統一され国威高揚と殖産興業の気運が高まると、ヘンラインは「祖国が誇る名工」にまつりあげられ、91年には医師で作家の**W《ヴィルヘルム》・ノエルデヒエン**（Noeldechen, Wilhelm：1839–1916）が、『**ペーター・ヘンライン〜**

図1　ヘンラインの戦費協力切手（1942年）

懐中時計の発明者』と題した偉人伝を上梓。1903年にはグラスヒュッテ時計学校に記念碑が建ち、05年にはニュルンベルクで「携帯時計誕生500年祭」が開かれて噴水付きの銅像が建立されました。

第2次世界大戦中の39年にはヘンラインが主人公の映画『**不滅の心**』が上映され、42年には死後400年を記念して上述の銅像をモチーフにした戦費協力切手（**図1**）も発売——。こうして、独語版ウィキペディアにあるように、ドイツでは彼こそが携帯時計の発明者であると信じて疑われなくなったのでした。

教会の時鐘から個人を解放した携帯時計と宗教改革

1979年に生誕500年記念祭が企画されたのを機に、ヘンラインの生年など史実の検証がようやくはじまり、時計師でヴッパータル時計博物館長だった**J**《ユルゲン》**・アーベラー**（Abeler, Jürgen：1933–2010）らが、先述のゲルマニッシェス博物館が所蔵するドラム型携帯時計に刻まれた1510年という制作年と署名が後代の偽刻であることを証明。[3] 1905年に「携帯時計誕生500年祭」が開かれた際の根拠となった1505年製とされる麝香林檎時計がこの時点で所在不明になっていたこともあり、「ヘンライン伝説」はかつての勢いを失いました。

図2　ヘンライン1505年作とされる麝香林檎時計

ところが2014年にアメリカの個人コレクターが所蔵する麝香林檎時

計（前頁**図2**）を科学鑑定にかけ、「ヘンラインが1505年に製作した真作と認定された」と発表。英語版ウィキペディアの記述はこれを根拠とし、**〝Watch 1505〟**なる別項まで立てて伝説を甦らせようとしています。

もっとも、たとえ〝Watch 1505〟が真作でも、ヘンラインが携帯時計の最初の発明者ではないという事実は変わりません。そして時計の歴史において重要なのは、携帯時計を誰が発明したかより、それが16世紀初頭の南ドイツの都市で盛んに作られていたという事実です。

機械式時計の携帯化は、技術的には単にゼンマイ時計を小型化したにすぎません。けれども文化的には、**時間を個人化して人々を教会の時鐘から解放**するという、計り知れないほど大きな意味があったのです。同じ時代の同じ地域で、人々をローマ教会から解放しキリスト教を個人化する宗教改革が起きたことは、決して偶然ではないでしょう。ちなみにヘンラインと同世代のニュルンベルク市民だったデューラーもザックスも、宗教改革者M《マルティン》・ルターの熱烈な支持者でした。

1　Abeler, Jürgen *“In Sachen Peter Henlein”* (Wuppertal, 1980) 66～67頁
2　同書71頁
3　同書60～65頁

④ 16C 時計と宗教改革

スイスで時計産業が発達したのは水と空気がきれいな山国だから……✕

日本の高度成長期に義務教育を受けた世代の方なら、一度はそう聞かされたことがおありでしょう。この後には「だから日本でも時計産業の中心地は水と空気がきれいな長野県」と続いたことから推測するに、おそらくは諏訪精工舎（現・セイコーエプソン）かその周辺が出所と思われるこの話は、実は**日本でしか語られていない非常によく出来た伝説**です。

確かに、水と空気がきれいな高所は精密機器産業に適しています。とはいえ、さほど水を使わず屋内で製造する機械式時計にとって、それは絶対に必要な条件ではありません。その証拠に、スイスに先んじて長らくヨーロッパの時計産業の中心地だったのはロンドンとパリであり、日本の高度成長期に諏訪精工舎と共に〝グランドセイコー〟など多くの名機を生んだ第二精工舎（現・セイコーウオッチ）の本社工場は東京の亀戸にありました。

一方、スイスは国土全体が水と空気がきれいな高地ですが、時計関連企業のほとんどはジュラ地方という限られた一地域にのみ集中しています。スイスで時計産業が発達した本当の理由は、実はここに隠されているのです。

ジュネーヴとバーゼルを結ぶジュラ山脈は、フランスとの国境地帯。そこに時計産業が集中しているのは、宗教戦争を逃れてカトリック国のフランスから亡命してきたユグノー（プロテスタントの「新教徒」）とその子孫たちが担い手となったからにほかなりません。つまり、**スイスで時計産業が発達した本当の理由は、水でも空気でも山国でもなく、宗教改革**だったということです。

スイス時計産業の産みの親は宗教改革者カルヴァン

宗教改革以前、15世紀までのジュネーヴに時計師は数えるほどしか存在せず、主な地場産業は宝飾加工でした。ところが、1541年から「神権政治」でジュネーヴ市を統治した宗教改革者**J《ジャン》・カルヴァン**（Calvin, Jean：1509-64）（**図1**）は、市民が華美な装飾品を身につけることを厳禁。ただし飾りのない時計に限っては実用品として認めたため、多くの宝飾職人や金銀細工師が少しでも技術が活かせる時計師へと転業します。さらに隣のカトリック国フランスから、ユグノーの時計師たちが亡命。1562年から98年まで続くユグノー戦争を通じてその数は増え続け、1601年にはジュネーヴに時計師組合《ギルド》が作られるまでになりました。これがスイスに時計産業が発展する最初の一歩です。

図1　J・カルヴァン（1509-64）

ちなみに思想家**J《ジャン》＝J《ジャック》・ルソー**（Rousseau, Jean–Jacques：1712–78）の先祖もフランスからジュネーヴに亡命したユグノーで、時計師が代々の家業でした。彼の曾祖父**J《ジャン》・ルソー**が17世紀に作った銀製の「**髑髏時計**」（**図2**）がルーヴル美術館に所蔵されていま

図2　J・ルソー作の髑髏時計

図3　ピューリタン・ウォッチ（1590年ロンドン製）

すが、これはカルヴァン派の教えで時計に許された数少ない装飾のひとつ。髑髏は「死を想え《メメント・モリ》」という虚飾を否定する宗教的モチーフと解されたのです。

　こうした禁欲主義はイギリスのカルヴァン派である清教徒にも共通し、彼らは俗に**「ピューリタン・ウォッチ」**（**図3**）と呼ばれる一切の装飾のない楕円形の銀製ケースに入った懐中時計を愛用。清教徒革命の立役者**O《オリヴァー》・クロムウェル**（Cromwell, Oliver：1599-1658）旧蔵と伝わるものを大英博物館が所蔵しています。

ジュラ地方の水平分業システムも「ナントの勅令」廃止から

　1598年にフランス国王アンリ4世が「ナントの勅令」で信仰の自由を保障し、ユグノー戦争はようやく終結。スイスへの亡命の波も一旦は鎮まりました。ところが1685年にルイ14世が「フォンテーヌブローの勅令」を発し、再びプロテスタントを禁教としてしまうのです。ユグノーたちはもはや闘わず、イギリスやオランダや北ドイツの新教国、そしてスイスへと大挙して移民。これがスイス時計産業発展の第2段階をもたらします。

　この時期に移民したユグノーの時計師や金工たちの多くは、すでに過密化していたジュネーヴを避け、母国フランスと国境をなすジュラ地方に定住。ジュネーヴの時計師組合には加盟できなかったため部品や「エボーシュ」（276頁参照）の製造を始め、これがこの地方の地場産業として定着していくのです。

もっとも、それを組織化した立役者は移民ではなく、ジュラ地方の中心ヌーシャテル州はル・ロクルで活動した地元生まれの**D**《ダニエル》**・ジャンリシャール**（Jeanrichard, Daniel：1665-1741）だったといわれています。彼は旋盤などの工作機械を積極的に導入すると同時に、「エタブリサージュ」（277頁参照）をはじめとする水平分業システムを確立。彼に学んだ弟子たちが、これをラ・ショー＝ド＝フォンやフルーリエといった今日のスイス時計産業の中心地に伝えたそうです。ジャンリシャールは「ヌーシャテル時計産業の父」と讃えられ、ル・ロクルに銅像が建てられています。

時計師にはなぜ新教徒が多かったのか？

このように、スイス時計産業の発展はユグノーの移民なしにはありえませんでした。そこで気になるのが、なぜ時計師には新教徒が多かったのかという点です。

誤解を怖れず乱暴にいうと、カトリックが第1次産業を基盤とする地縁共同体の宗教だとすると、カルヴァン派は第2次産業を基盤とする都市の宗教だったからではないでしょうか。

カトリックは蓄財を認めない一方で、教会に献金して聖職者に懺悔すれば罪が許されます。これに対してカルヴァン派は、教会や聖職者による許しを認めず個々の信者に禁欲を強いる一方で、天職たる仕事に精進して得た利益の蓄財を認めました。自然相手の第1次産業とは違い、努力次第で増産増益が可能な第2次産業に従事する都市の手工業者が、後者を支持したのは不思議ではありません。

宗教改革が南ドイツから火が付いたのは、ルネサンス美術に浪費するローマ教会が罪の許しを金で売る贖宥状《しょくゆうじょう》（免罪符）の販売権をアウクスブルクのフッガー家に与えたことがきっかけだったと、世界史の授業では教わります。けれども前項で述べたように、それはこの地方の諸都市で時計産業が盛んであり、携帯時計を持つことで**教会の時鐘から独立した個人の時間**という意識が養われていたこととも無関係ではないでしょう。

フランスの時計師たちは職業的特性と時間意識から新教徒となり、その信仰ゆえに国を追われ、新天地スイスで時計産業発展の担い手となったのでした。

⑤ 16〜19C 和時計の誕生と進化

機械式時計の1時間は夏でも冬でも変わらない……×

私たちが現在用いる**「定時法」**は1日を24等分しているので、場所や季節が違っても1時間の長さは同じです。これに対し、1日を日の出と日没で昼夜に分けてそれぞれに等分する**「不定時法」**では、同じ1時間でも緯度や季節や昼夜によって長さが変わってきます。

不定時法は今でこそ不便に思えますが、人類の暮しにとってはむしろ自然で、世界中の多くの伝統社会で用いられていました。それが機械式時計の普及と共に定時法へと変わってきたわけです。日本でも1873（明治6）年の元日をもって不定時法から定時法への切り替えが行われ、**機械式時計は文明開化の象徴**となりました。

とはいえ、それ以前の日本に機械式時計がなかったわけではありません。それどころか江戸時代の日本は、世界でほぼ唯一の**「不定時法の時間を示す機械式時計」**を開発していたのです。

日本は機械式時計の計時機能、中国は複雑機構に食いついた

日本に初めて機械式時計が渡来したのは戦国時代で、1551（天文20）年にイエズス会宣教師

図1　家康公の時計（久能山東照宮蔵）

Ｆ《フランシスコ》・ザビエル（de Xavier, Francisco：1506–52）が大内義隆に献上した記録が残っています。[1] 現存する最古のものは、久能山東照宮が所蔵する重要文化財**「家康公の時計」**（**図1**）。１６１１（慶長16）年にスペイン国王が徳川家康に贈ったゼンマイ動力の時打機構つき置時計で、「１５８１年にハンス・デ・エバロ（Hans de Evalo）がマドリッドで製作」と記された銘板がありますが、その下に「１５７３年にニコラウス・デ・トロエステンベルク（Nicolaus de Troestenberch）がブリュッセルで製作」と刻まれていたことが、２０１４年のX線調査で明らかになりました。[2]

イエズス会の宣教師は、日本だけでなく中国の為政者にも、ヨーロッパの特産品だった機械式時計を贈っています。興味深いのは、未知の機械に対する両国の対照的な反応です。皇帝と宦官が支配する中国の貴族社会はこれを**「自鳴鐘」**と呼んで時打機構などの装飾的付加機構に価値を見出し、後にオートマタ時計をスイスに大量発注（１７０頁参照）。一方、日本の武家社会は**「時計（土圭）」**としての計時機能に注目し、自分たちが使う不定時法に適した形へと改変し自作していくのです。

最初はコピーから始まりました。家康が朝鮮から献上された時計を１５９８（慶長3）年頃に尾張の鍛冶職人・**津田助左衛門**が修理した際に作った複製品が最初の**「和時計」**（明治以前の日本で作られた機械式時計の総称）と伝えられています。谷中大名時計博物館を創設した**上口愚朗**（1892–1970）が「大名時計」と名付けたように、当初は大名クラスの富裕層しか持てない贅沢品でした。

図2　櫓時計（一挺天符式）

初期の和時計に多いのは**「一挺天符式」**の**「櫓時計」**と呼ばれるタイプ（**図2**）で、錘動力でヒゲゼンマイのないヴァージ＆フォリオット脱進機を使用。機構から見て「家康公の時計」と同時期かそれ以前に作られたヨーロッパの機械式時計を真似たことは明らかです。けれども、これを不定時法に対応させたのは、日本が独自に開発した技術でした。

伸び縮みする時間を表示する和時計の種類と進化

江戸時代の日本で用いられていた不定時法は、日の出前の薄明を「明け六ツ」、日の入り後の薄暮を「暮れ六ツ」として昼夜をそれぞれ6等分。12の時刻を十二支で呼んだ他、午《うま》の刻（正午）と子《ね》の刻（真夜中）を九ツとして四ツまで減じていく独特の数え方をしていました。全ての時間が均等になるのは春分と秋分だけ。同じ一刻でも夏は昼、冬は夜の方が長くなります（**図3**）。

一定間隔の時間しか刻めない機械式時計をこの不定時法に対応させるため、江戸時代の日本人はいくつかの方法を考案。中でも画期的だったのが**「二挺天符式」**です。昼用と夜用2つの脱進機を搭載し、明け六ツと暮れ六ツに自動的に切り替わる機構（**図4**）で、櫓時計や掛時計に用いられました。節気が変わるたびに昼夜それぞれの平衡棒《フォリオット》に下げた小錘の位置を変え、時間の伸び縮みに対応します。

一方、文字盤のインデックスを手動でスライドさせて1時間の幅を変えるのが**「割駒式」**。こちらは一挺天符式の櫓時計などに用いられた丸文字盤タイプ（**図3**）と、これも日本独自の形式である**「尺時計」**などに使われた直線文字盤タイプ（次頁の**図5**）があります。

同じ直線文字盤でも目盛自体を時間の伸び縮みに対応した曲線で描く**「波板式文字板」**（次頁の**図6**）は、暦学者が使う尺時計などに見られます。この手の尺時計は高精度が要求されるため、西洋から情

図3　割駒式文字盤で表された夏至（左）と冬至（右）の時間間隔

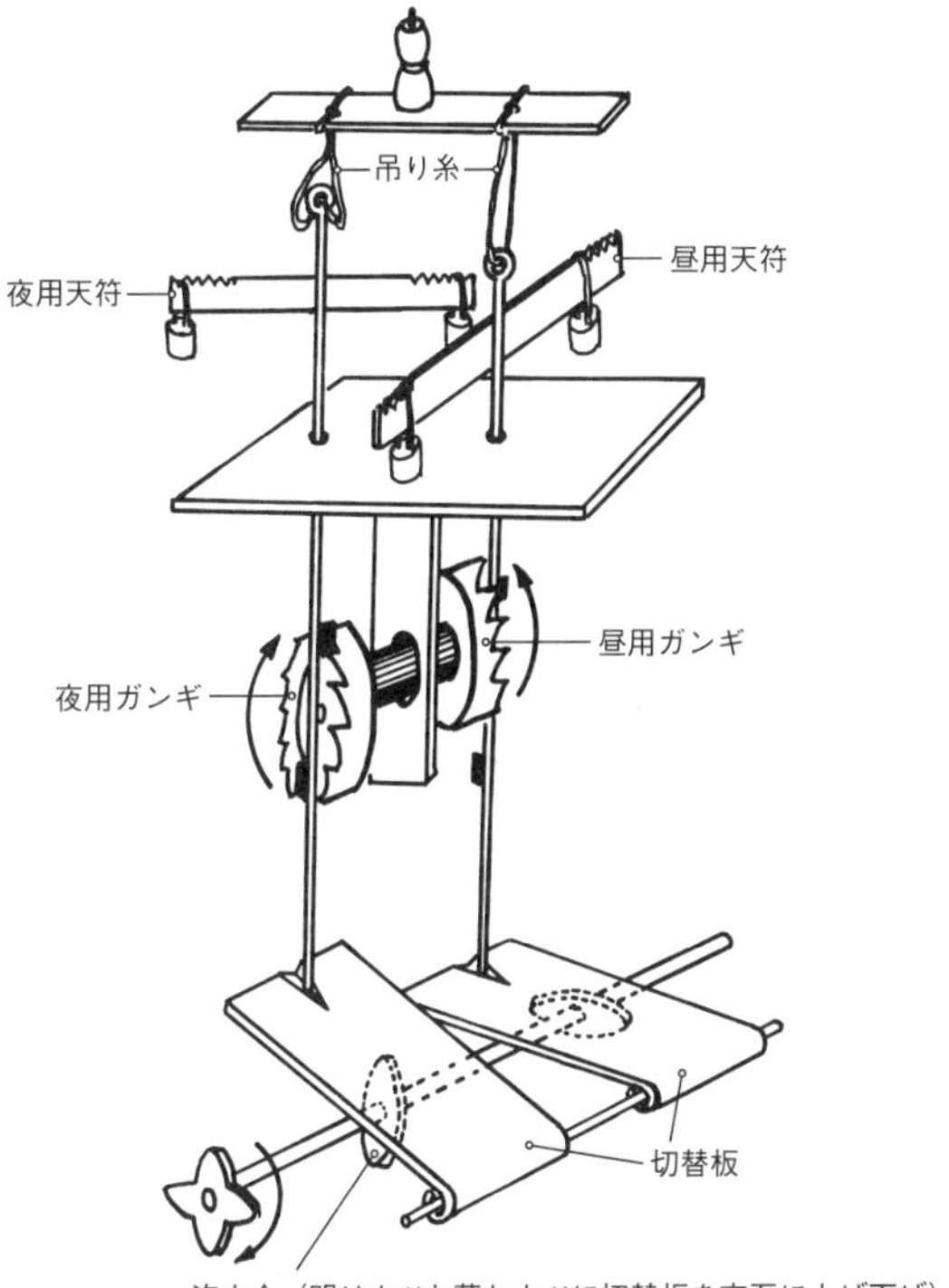
盗人金（明け六ツと暮れ六ツに切替板を交互に上げ下げ）

図4　二挺天符式の切替機構

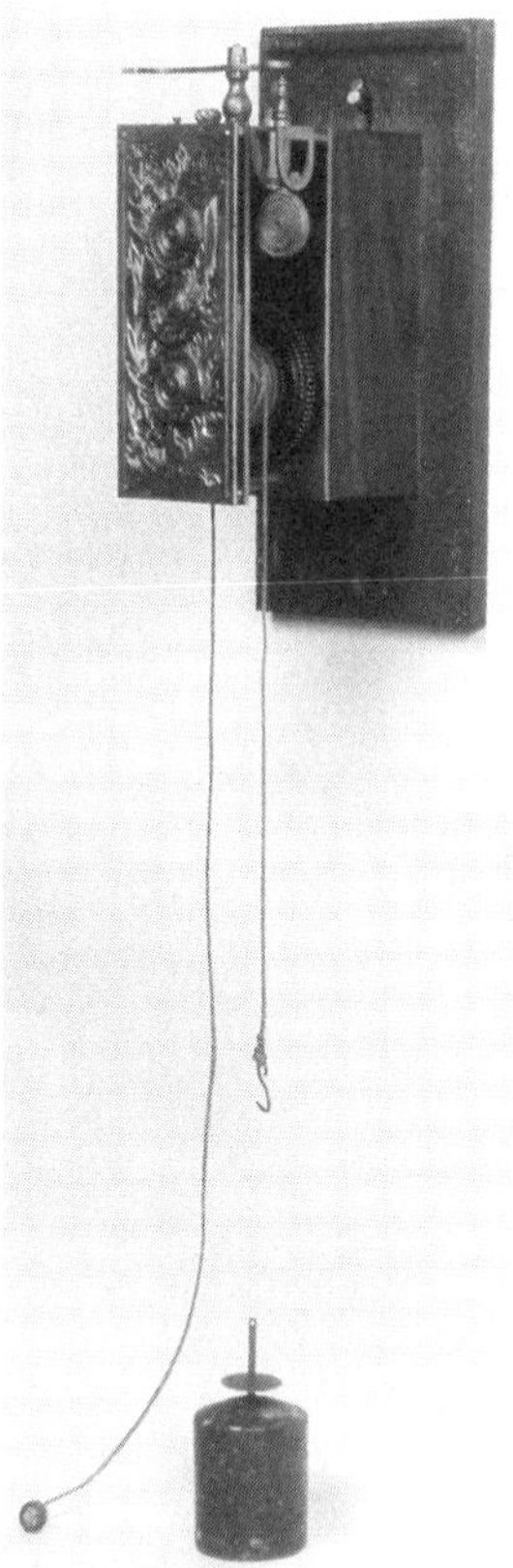

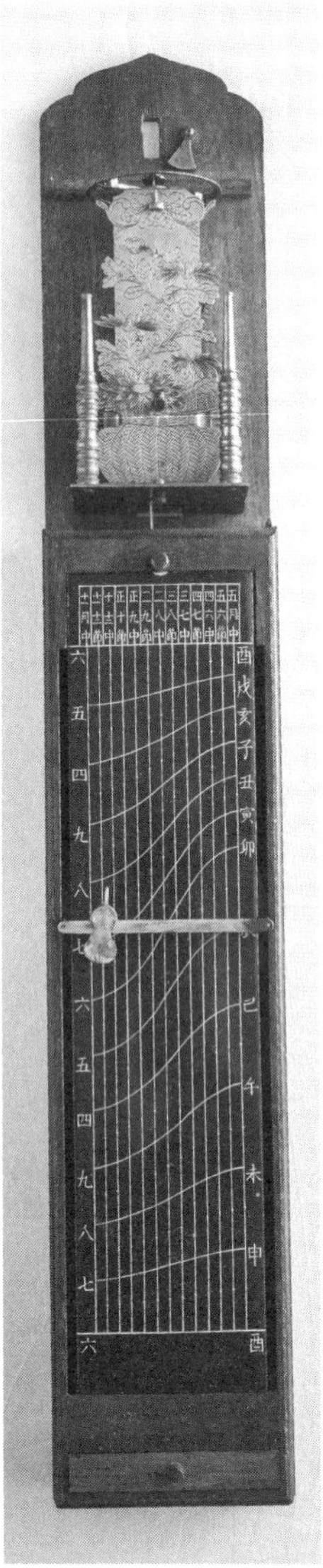

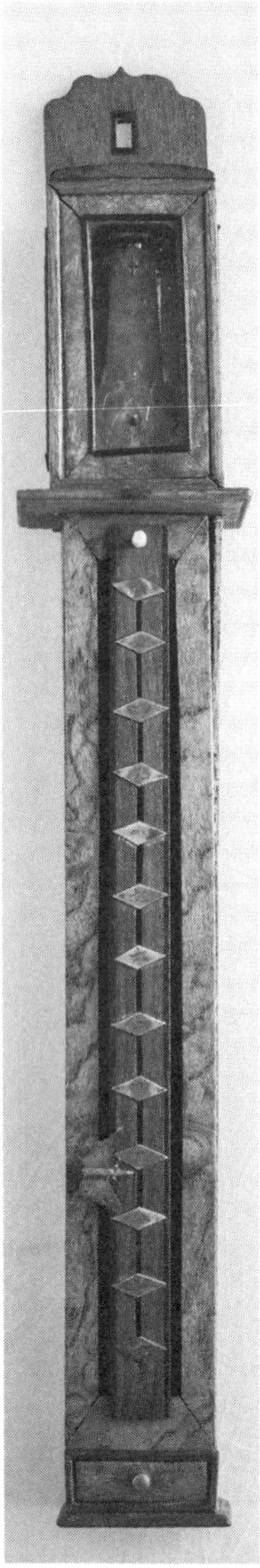

右から
図5　尺時計（割駒式文字板）
図6　尺時計（波板式文字板）
図7　伊能忠敬が使った垂揺球儀

報を得た振子やヒゲゼンマイが使われていることが少なくありません。ちなみに１７８０年代の天明年間には、天文学者の**麻田剛立《ごうりゅう》**（1734-99）らが**「垂揺球儀」（図7）**と呼ばれる二重ガンギ車式の精密な振子時計を考案。剛立門下の高橋至時《よしとき》（1764-1804）や間重富《はざま》（1756-1816）らによる寛政暦の編纂や、伊能忠敬（1745-1818）が日本地図を作る際の測量に利用されました。

今日へと続く和時計の最終進化形

こうした技術の集大成が、からくり儀右衛門こと**田中久重**（1799-1881）が１８５１（嘉永４）年に製作した**「万年自鳴鐘」（図8）**。国立科学博物館が所蔵し、重要文化財に指定されています。

図8　田中久重の万年自鳴鐘

スイス製の懐中時計ムーヴメントを時間制御に用い、六角柱の本体各面に、定時法の洋時計と不定時法の和時計、二十四節気と十干十二支、曜日と月齢を表示。その上に据えられたガラスドームには、年間の太陽と月の位置を日本地図上に立体的に示す一種のテルルリウム（１６２頁参照）まで備え、総部品数は１０００点以上です。

それ以上に注目すべきは、和時計の割駒インデックスの間隔が季節に応じて自動的に変わること。**「虫歯車」**と名付けた特殊歯車を介して一方向の

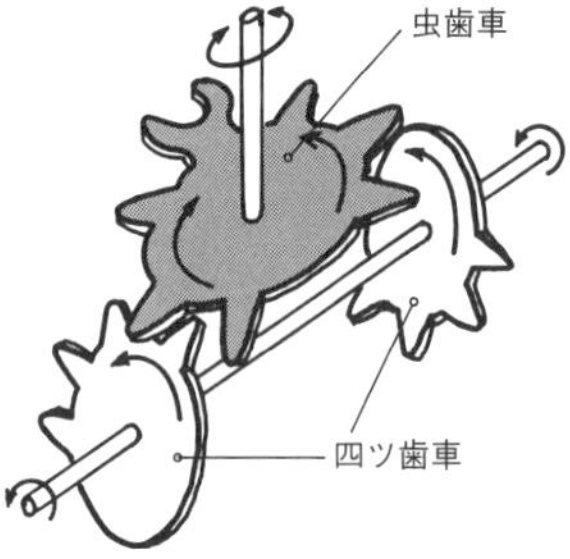

図9　「虫歯車」機構

図10　菊野昌宏〝和時計改　暁鐘〟2016年

回転を往復回転に変換する、他に例を見ない独創的な機構（**図9**）が用いられています。和時計は、幕末に作られたこの万年自鳴鐘をもって、ついに伸び縮みする**不定時法の時間を自動的に示せる機械式時計**へと最終進化を遂げたのでした。

久重は維新後に上京して、電信機器の製造に乗り出し、1875（明治8）年には銀座に工場を創設。久重の死後、同工場は芝浦に移転して芝浦製作所、さらに東京電気と合併して東京芝浦電気となって、現在の東芝へと続きます。また、万年自鳴鐘の自動割駒機構は、独立時計師アカデミーに所属する菊野昌宏（286頁参照）の手で2011年に腕時計化されました。和時計が残した遺産は、今も我が国の技術者たちに脈々と受け継がれているのです（**図10**）。

1　『群書類従』第394合戦部26「大内義隆記」温故學會（1989年）

2　佐々木勝浩・齋藤　曜『久能山東照宮に保存されている1581年ハンス・デ・エバロ銘置時計の機構と由来』国立科学博物館（2016年）

⑥ 17C 振子とヒゲゼンマイの誕生

振子時計はガリレオが発明した……×

地震で揺れる教会のシャンデリアにヒントを得たという逸話の真偽はともかく、近代科学の父と呼ばれる**ガリレオ・ガリレイ**（Galilei, Galileo：1564-1642）（**図1**）が1600年代初頭に**振子の等時性**を証明したことも、死の前年に息子と共に振子時計の製作に挑んだことも、疑いのない史実です。けれども、その振子時計（**図2**）が思い通りに作動せず未完に終わったことも、ガリレオの助手を務めていた数学者**V**《ヴィンチェンツォ》**・ヴィヴィアーニ**（Viviani, Vincenzo：1622-1703）が証言しています。[1]

図1　ガリレオ・ガリレイ（1564-1642）

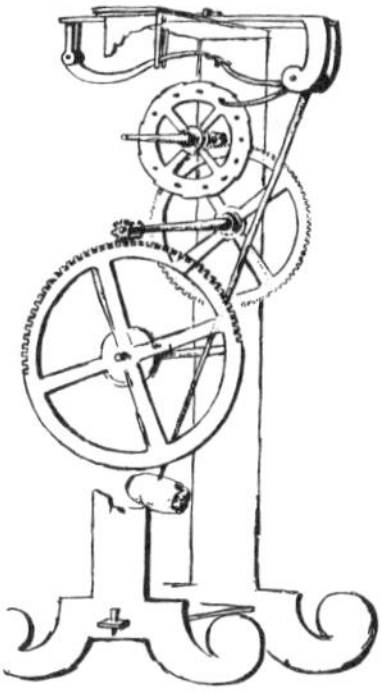

図2　ガリレオ設計の振子時計（ヴィヴィアーニ画）

ガリレオ親子の失敗の一因は「**等時性の破れ**」にありました。小学校では「振子は長さが同じなら振幅にかかわらず周期が一定」と習いますが、実は単振子でこの法則が成り立つのは振幅が充分に小さい場合のみ。ガリレオもそれには気づいていて、当時主流だったヴァージ脱進機より振幅を小さくできる脱進機（前頁の**図2**）を考案していますが、これが上手く機能しなかったようです。

機械式時計の精度革命・振子時計を実現したのはホイヘンス

それでは実用可能な振子時計を発明したのは誰かというと、こちらも近代科学の産みの親のひとりであるオランダの**C**《クリスティアーン》**・ホイヘンス**（Huygens, Christiaan：1629–95）（**図3**）です。彼は１６５７年にハーグの時計師**S**《サロモン》**・コスター**（Coster, Salomon：c.1620–59）らに振子時計を作らせ、翌年にはその仕組み（**図4**）を公開する小冊子『時計』を刊行しています。

コスター作の振子時計はロンドン科学博物館などで現物を見られますが、注目すべきはこれ以前の時計ではあまりお目にかかれない分針があることでしょう（**図4右下**）。誕生以来4世紀もの間、平衡棒や天輪の慣性モーメントだけに頼ってきた機械式時計の精度は、自律的な等時性を持つ振子と出会うことで初めてかつ飛躍的に向上。１日に10分以上が普通だった誤差を一気に10秒程度にまで縮め、分針が実用的な意味を持つようになったのです。

図３　C・ホイヘンス（1629-95）

もうひとつの注目点が、振子の上半分を挟む形で取り付けられた逆V字型の金属板（**図4右上**）。振子が等時性を保つよう軌道

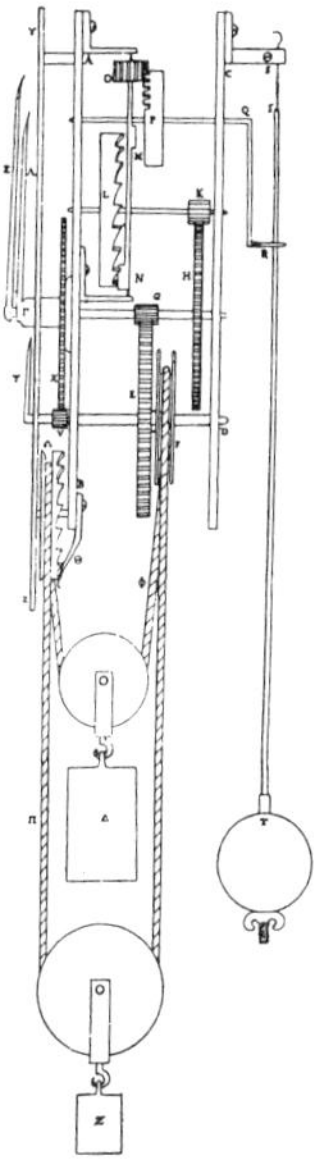

図5　ホイヘンス1658年考案の振子時計

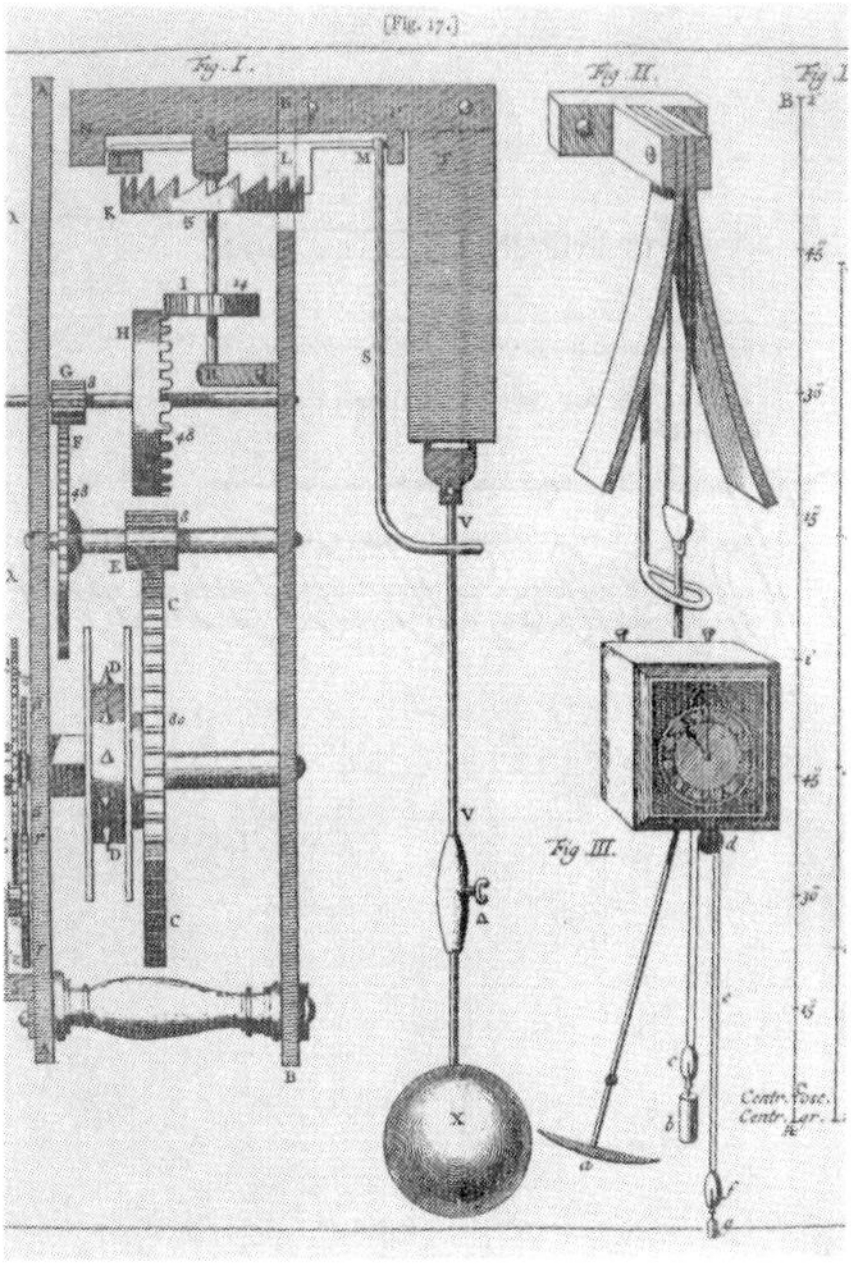

図4　ホイヘンスの振子時計

を変える工夫で**「サイクロイダル・チョップ」**と呼ばれますが、この時点ではホイヘンスもまだサイクロイド曲線の等時性を証明しきれていませんでした。そのため翌58年には、小さな振幅を歯車で増幅してヴァージ脱進機に対応させた振子時計**（図5）**を考案。単振子でも振幅が小さければ軌道が等時曲線と重なるからです。

とはいえ等時曲線振子を諦めたわけではなく、59年にはそれがサイクロイド曲線であることをついに証明。さらに振幅によって長さが変わるサイクロイド振子の周期を調整する方法の一般解をも導き出し、73年にこれらの成果を著書**『振子時計』**にまとめて公開しました。時計の精度に革命をもたらしただけでなく、他分野にも応用可能な物理法則の数々を証明したこの本は、ガリレオの『新科学対話』とニュートンの『プリンキピア』と並ぶ「科学革命3大名著」に数える人もいるほどです。

「経度の発見」と偉大な科学者たちの賞金争い

もっとも、機械式時計誕生から4世紀目にして精度革命が起きたのは、科学革命の成果という以上に、**「経度の発見」に多額の賞金がかけられていた**からでしょう。むしろこの賞金が科学革命を加速させたといっても過言ではないかもしれません。

「経度の発見」とは、目印のない洋上で現在地の経度を知る方法の発見のこと。緯度は南中時の太陽や北極星の高度でわかりますが、経度は何らかの天体の観測結果か、出発地との**時差**から弾き出すしかありません。ところが16世紀の時点でもまだ天体観測による経度の算出法は確立されておらず、揺れが激しい海上で精度を保つ時計も存在しませんでした。コロンブスがアメリカ大陸をインドと勘違いしたのも、経度がわからず東西に進んだ距離を正確に計算できなかったことが一因です。

このため、他国に先駆け世界の海に進出していたスペインが1567年に**「経度の発見」に多額の賞金**をかけ、98年には終身年金も追加。17世紀に入るとオランダもこれに続きました。

ガリレオは1616年に、自らが発見した**木星の衛星を経度測定に利用する方法**をスペイン王室に提案し、[2]不採用とされています。彼が振子の等時性を時計に応用しようと試みたのも、それが念頭にあったから。ガリレオの弟子ヴィヴィアーニがホイヘンスの振子時計に対し先行権を主張して争ったのも、亡き師の名誉のためだけでなく、多額の賞金が絡んでいたからでしょう。

ヒゲゼンマイも「経度の発見」のためホイヘンスが発明

ホイヘンスも自ら開発した振子時計を揺れに耐える形**（図6）**に改良し、何度も海上実験を行っています。それでも充分な結果は得られなかったようで、振子と同精度で揺れに強い別の調速方法を模索。ついに1675年1月20日に閃いたのが、バネの振動周期の等時性を利用した**ヒゲゼンマイ（図7）**だったのです。

今日の機械式時計に使われている**振子とヒゲゼンマイは共にホイヘンスの発明**です。そして振子の発明と同様にヒゲゼンマイの発明もまた、彼を醜い特許争いに巻き込みました。

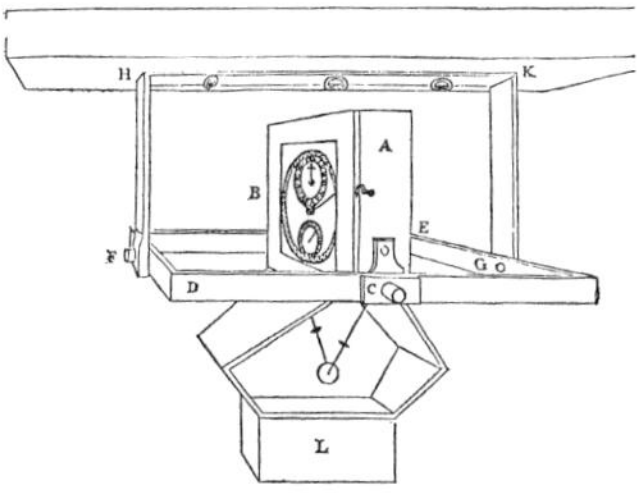

図6　ホイヘンスの海洋実験用振子時計

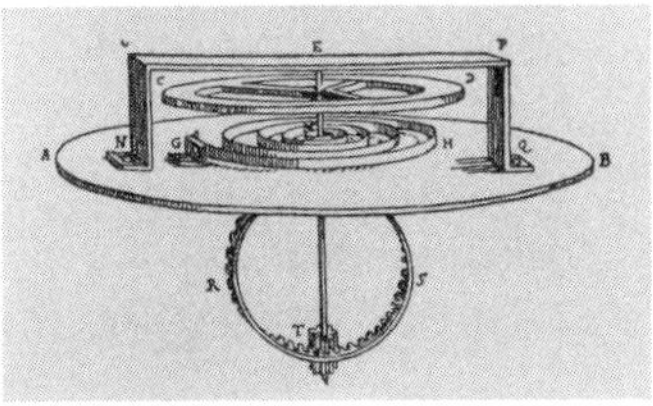

図7　ホイヘンスのヒゲゼンマイ

試作品の製作を依頼したフランス国王付き時計師**I《イザーク》・テュレ**（Thuret, Isaac：c.1630-1706）が信頼を裏切って先に特許を申請（後に改心して取り下げ）し、フランス科学アカデミーの**J《ジャン》・ド・オートフィーユ**（de Hautefeuille, Jean：1647-1724）も先行権を主張（最後まで譲らず）。中でも最も激しく噛みついたのが、イギリスの**R《ロバート》・フック**（Hooke, Robert：1635-1703）でした。

フックは**I《アイザック》・ニュートン**（Newton, Isaac：1643-1727）の最大のライバルと目された偉大な科学者ですが、さまざまな研究分野の実験に明け暮れて論文を書かず、そのくせ他人が発表すると自分の方が先に考えていたと抗議せずにはいられない困った性分。特にヒゲゼンマイに関しては「**フックの法則**」と呼ばれる弾性の法則の発見者としても、外国人嫌いの愛国者としても譲れないものがあったのでしょう。

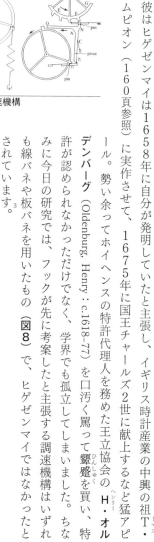

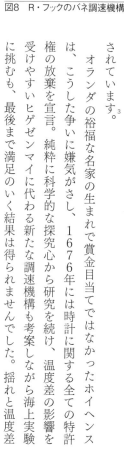

彼はヒゲゼンマイは1658年に自分が発明していたと主張し、イギリス時計産業の中興の祖T《トマス》・トムピオン（160頁参照）に実作させて、1675年に国王チャールズ2世に献上するなど猛アピール。勢い余ってホイヘンスの特許代理人を務めた王立協会の**H《ヘンリー》・オルデンバーグ**（Oldenburg, Henry：c.1618-77）を口汚く罵って顰蹙《ひんしゅく》を買い、特許が認められなかっただけでなく、学界でも孤立してしまいました。ちなみに今日の研究では、フックが先に考案したと主張する調速機構はいずれも線バネや板バネを用いたもの（**図8**）で、ヒゲゼンマイではなかったとされています。[3]

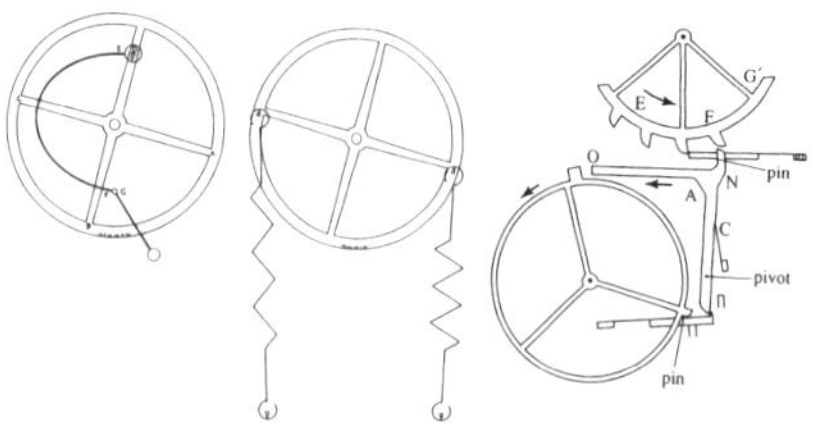

図8　R・フックのバネ調速機構

オランダの裕福な名家の生まれで賞金目当てではなかったホイヘンスは、こうした争いに嫌気がさし、1676年には時計に関する全ての特許権の放棄を宣言。純粋に科学的な探究心から研究を続け、温度差の影響を受けやすいヒゲゼンマイに代わる新たな調速機構も考案しながら海上実験に挑むも、最後まで満足のいく結果は得られませんでした。揺れと温度差が激しい海上で長期間にわたって精度を保つ時計を作るのは、科学史に輝く巨星の才能をもってしても困難だったのです。

振子時計には「どっちが先か問題」がつきもの

一方、地上では、ホイヘンスがかつて考えた小振幅振子の実用化が進んでいました。理論より実用を重んじる時計師たちにとっては、調整が難しいサイクロイド振子を使うより、脱進機を工夫して単振子の振幅をサイクロイド曲線と重なる範囲内に抑える方が現実的だったからです。

図9　アンカー脱進機

図10　デッドビート脱進機

1670年頃には振幅を10°前後に保てる**「アンカー脱進機」（図9）**が登場。**W**《ウィリアム》**・クレメント**（Clement, William：生没年不詳）なる時計師に帰されることが多いこの発明に対しても、フックは自分の方が先に考案していたと抗議しています。現存する最古のアンカー脱進機は70年に**J**《ジョセフ》**・ニブ**（Knibb, Joseph：1640-1711）が製作したオクスフォード大学ウォダム・カレッジの塔時計に見出され、同カレッジはフックの拠点だったので、彼が何らかの形で絡んでいた可能性も否定できません。

アンカー脱進機は**「退却型脱進機」**とも呼ばれ、爪が噛み合う際にガンギ車をわずかに逆行させますが、爪の形を改良してこの欠点を克服したのが**「デッドビート（前進型）脱進機」**（図10）。1715年にG《ジョージ》・グラハム（160頁参照）が発明したとされることが多いのですが、天文学者**R《リチャード》・タウナリー**（Townely, Richard：1629–1707）が1675年に考案し、翌年にグラハムの師トムピオンに作らせた時計がグリニッジ天文台に現存しています。グラハムは師の発明をさらに改良して完成させたというのが本当のところでしょう。

こうして、約1mの**「秒振子」**（片道1秒）を振幅10°（振り角5°）前後で振る**「ロングケース・クロック」**の形が確立。ホイヘンスが発明した振子時計は海上では「経度の発見」を実現できませんでしたが、地上では天文台でも使われる**「レギュレーター（標準時計）」**へと発展したのでした。

ホイヘンスのもうひとつの発明であるヒゲゼンマイも、トムピオン、グラハム、マッジ（21、160頁参照）と3代続く師弟が次々に新たな脱進機に応用して実用精度を向上。そしてガリレオもホイヘンスも成し得なかった「経度の発見」をついに実現したのも、彼らと同時代のイギリスの時計師でした（次項参照）。18世紀前半の時計史は、イギリスの時代だったといえるでしょう。

1　S・ドレイク『ガリレオの生涯』田中一郎訳（共立出版1984、85）第3巻535頁
2　同書　第2巻245頁
3　中島秀人『ロバート・フック』（朝倉書店1997）103頁

⑦ 18C 経度の発見

クロノメーターは時計の精度の公式認定規格……△

今日の時計でクロノメーターといえば、ＩＳＯ規格に基づきCOSC（スイスクロノメーター検定協会）などが精度を認定した時計のこと。けれども、「時間《クロノス》の測定器《メトロン》」を意味するギリシャ語に由来するこの言葉には、正確とか精密といった意味は含まれていません。それがなぜ「高精度の時計」を意味するようになったのかというと、元々は「経度の発見」のために揺れや温度差が激しい海上で精度を保つ時計、つまり**「海洋《マリン》精密時計《クロノメーター》」**を意味する造語だったからです。

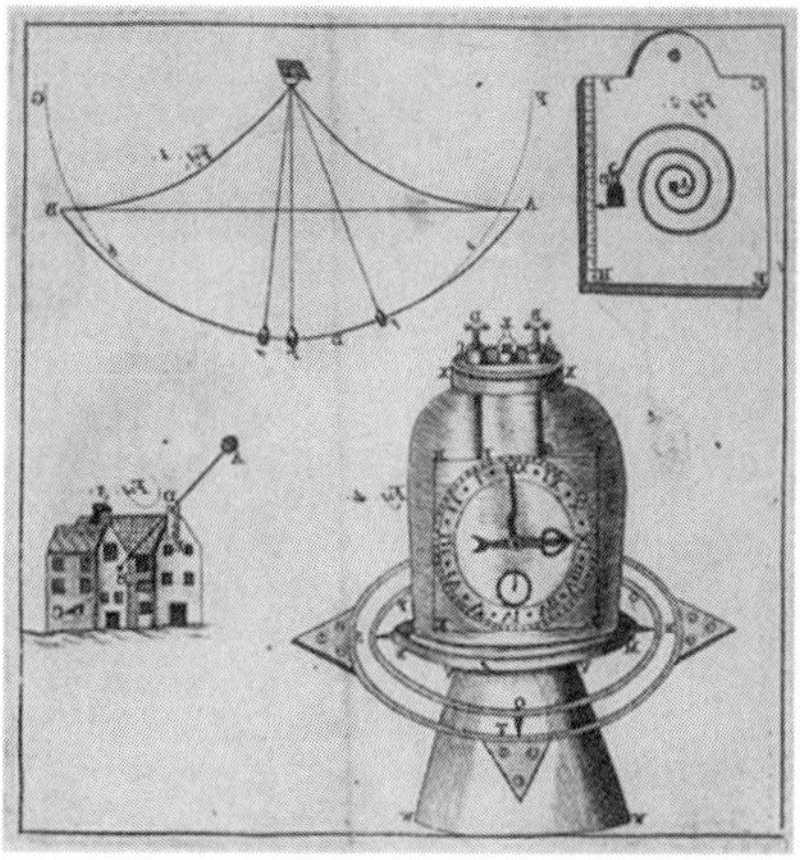

図1　J・サッカーの〝クロノメーター〟

クロノメーターという言葉の作者は実在しない？

クロノメーターという言葉は、１７１４年にイギリスの時計師 **J《ジェレミー》・サッカー**（Thacker, Jeremy：生没年不詳）

が最初に用いたといわれてきました。彼は同年に出版した『試された経度』と題する小冊子で、**ジンバル**（回転吊枠）に据えた真空容器入り海洋時計**（図1）**など自作の「クロノメーター」を紹介し、「経度の発見」が可能であると主張しています。

しかし今日では、音速の測定で知られる科学者**W《ウイリアム》・デラム**（Derham, William：1657-1735）の方が先に高精度の時計をクロノメーターと表現していた事実が判明。さらに2008年にはイギリスの歴史学者**P《パット》・ロジャース**（Rogers, Pat：1938-）が、そもそもJ・サッカーなる時計師は実在せず、件《くだん》の小冊子は同時代の医師で風刺家だった**J《ジョン》・アーバスノット**（Arbuthnot, John：1667-1735）が「経度の発見」に血道を上げる人々を皮肉るために創作した偽書であるという説を発表して話題になりました。[1]

図2　W・ホガース『放蕩一代記』より「精神病院」（部分）1735年

これには異論もあるようですが、当時のイギリスで**“longitudinarian”**と呼ばれる「経度オタク」が増えていたことは確かです。画家の**W《ウイリアム》・ホガース**（Hogarth, William：1697-1764）も1735年に発表した版画**（図2）**に、「経度の発見」に没頭しすぎて心を病んだ入院患者を描いています。

この経度ブームのきっかけは、海難事故の多発を受けて1714年7月に制定された**「経度法」**。スペインやオランダが「経度の発見」に賞金をかけて以来1世紀ぶりに、多額の賞金が明確な基準と共に法律で保証されたのです。その額は、経度にして1°以内の誤差（時間にして日差4分）で実現すれば1万ポンド、3分の2°以内なら1・5万ポンド、2分の1°以内なら2万ポンド。ある試算によれば当時の2万ポンドは2019年時点の約290万ポンド（約4億円）に相当するそうですから、心を病むほど血眼になる人が出てきてもおかしくはありません。

ところが、経度法に基づきニュートンや彗星に名を残す**E《エドモンド》・ハレー**（Halley, Edmond：1656–1742）ら錚々《そうそう》たる科学者を諮問委員として同年に開設された**「経度委員会」**は、23年もの間、一度も召集されませんでした。数々の高名な天文学者や時計師を含む〝longitudinarian〟たちの必死の努力にもかかわらず、天体観測を利用する方法も海洋精密時計も、審査に価する精度を実現できるものがあらわれなかったからです。

図3　J・ハリソン（1693-1776）

「経度の発見」を実現したクロノメーターの作者は田舎の大工

その経度委員会を1737年6月30日に初めて開かせた人物こそが、**「経度の発見者」**として時計史に名を輝かせる**J《ジョン》・ハリソン**（Harrison, John：1693–1776）（**図3**）。彼が35年に完成して時計師グラハムに託した時計が、翌年の航海試験でついに経度法の2番目の基準をクリアしたのです。

後に**H1**（ハリソンの1号機）と呼ばれるこの海洋精密時計（**図**

図4　H1（1730-35年）

４）が委員たちを驚かせたのは、性能と奇抜な形もさることながら、主輪列の**歯車が木製**だったこと。それもそのはずハリソンは、ヨークシャー州の小さな村の大工でした。けれども彼が木製部品を使用したのは、金属加工ができない田舎大工だったからではなく、逆に木の性質を熟知する大工だったからこその、あえての選択。揺れと温度差と潮風にさらされる海上では、軽くて錆びず温度差による膨張収縮が少ない木製部品の方が向いていると判断したからにほかなりません。

木製部品の弱点となる湿度には、木目の方向が違う板を貼り合わせるという大工の知恵で対応。ガンギ車と停止爪の摩擦を軽減する「**グラスホッパー脱進機**」（図５）は、それ自体が画期的な発明ですが、ここにも硬くて油分が豊富なユソウボクという木製部品が使われています。そしてもうひとつの偉大な発明が、鉄と亜鉛の膨張率の差を利用して温度が変化しても長さを一定に保つ「**グリッドアイアン振子**」（図６）。後にハリソン自身が開発する「**バイメタル温度補正切りテンプ**」（33頁参照）の原点となるこの機構は、ハリソンが金属の扱いにも精通していた事実を物語って余りあるでしょう。

このように、あらゆる点で画期的だったＨ１を、ハレーら経度委員は高く評価。けれどもハリソン自身はさらなる改良を目指して資金供与を求め、結果的にこの向上心が仇となります。そこからＨ２（図7）、Ｈ３（図8）と小型化を進め、最終的にそれまでとは大きさも構造も根本的に違うＨ４（図9）を完成するまでに20年以上も要してしまい、その間に「経度の発見」のもうひとつの有力候補と目されていた天体観測による**「月距法」**が大躍進を遂げてしまうからです。

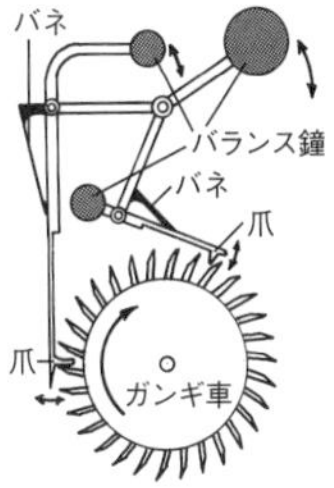

図5　グラスホッパー脱進機

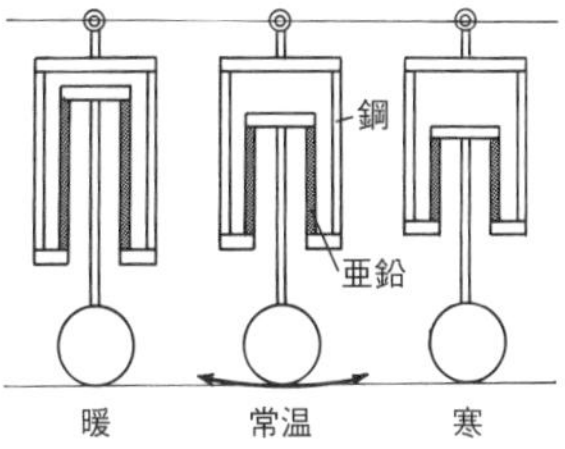

図6　グリッドアイアン振子（簡略図）

図7　H2（1737-39年）

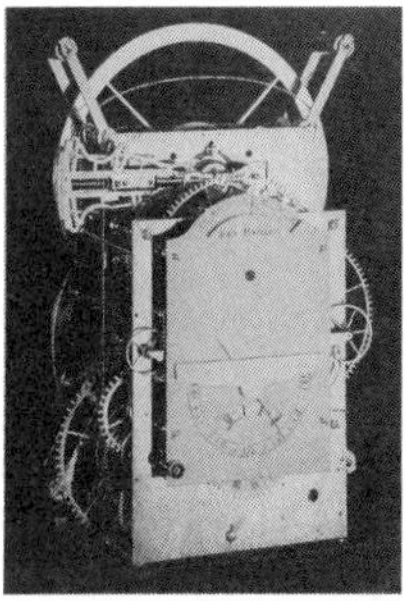

図8　H3（1740-59年）

図9　H4（1755-59年）

図10　H5（1770年）

天文学者vs.時計職人の仁義なき戦い

月と特定の恒星の角距離から経度を割り出す月距法は16世紀の初頭から研究されてきましたが、1752年にドイツの**T《トビアス》・マイヤー**（Mayer, Tobias：1723-62）が数学者**L《レオンハルト》・オイラー**（Euler, Leonhard：1707-83）の協力を得て、月の正確な位置を示す「月行表」を完成。58年には、ハレーの次のグリニッジ天文台長**J《ジェームズ》・ブラッドリー**（Bradley, James：1693-1762）が、同表を用いれば2分の1°以下の誤差で「経度の発見」が可能であると報告します。

1761年、ハリソンの息子がH4を携え航海試験に出たのと時を同じくして、ブラッドリーの助手**N《ネヴィル》・マスケリン**（Maskelyne, Nevil：1732-1811）も月距法の実地試験航海へと出帆。翌年の帰国時に明らかになった両者の成績は、共に2分の1°以下の誤差と互角でした。

ここからマスケリンの妨害が始まります。大学出の天文学者が田舎出の職人と互角では、プライドが許さなかったのでしょう。65年にグリニッジ天文台長になると経度委員会に働きかけ、すでに亡くなっていたマイヤーの遺族に報奨金を贈呈。さらに賞金の全額を得るにはその方法が誰にでも再現可能であることを証明しなければならないという条項を経度法に追加させたため、ハリソンには賞金の半額しか贈られませんでした。

残る半額を得るためにハリソン親子はH4の機構を公開し、時計師**L《ラーカム》・ケンドール**（Kendall, Larcum：1719-90）に複製を依頼すると同時に自分たちも新たに**H5**（**図10**）を製作。ケンドールによるH4レプリカ**K1**と共に70年に経度委員会に提出しますが、いつまで待っても審査してもらえません。思い余ったハリソンの息子が直訴し、国王ジョージ3世自らがH5を試験して精度を認めたのが

72年。その翌年、**J《ジェームズ》・クック**（Cook, James：1728–79）の2回目の世界周航でK1の洋上試験が行われ、残りの賞金が支払われたときには、ハリソンはすでに80歳になっていました。

科学史に名を残す偉人たちが100年かかっても成し得なかった「経度の発見」は、こうしてイギリスの片田舎から出てきた元大工の時計師によって実現されたのです。ハリソンのH1～H4とケンドールのK1は、かつて仇敵マスケリンが君臨したグリニッジ天文台に展示されています。

グリニッジを標準時（GMT）にした時計師たち

もっとも、独自のヴァージ脱進機の調整が難しく、当時は天然物しかなかったダイヤやルビーの軸受け石を多用したためコストもかさんだH4は、複製は可能でも量産には不向きでした。

この問題を解決し、全ての船に搭載できる量と値段の海洋精密時計を実現したのも、18世紀イギリスの時計師**J《ジョン》・アーノルド**（Arnold, John：1736–99）と**T《トマス》・アーンショウ**（Earnshaw, Thomas：1749–1829）の2人です。彼らはフランスの**P《ピエール》・ルロワ**（LeRoy, Pierre：1717–85）が1748年に開発した**「デテント脱進機」**を、**「スプリング・デテント脱進機」**（22頁参照）へと改良。特許の取得はアーノルドが1年先ですが、アーンショウは自分の発明を盗まれたと抗議しています。

いずれにせよ、今日でも用いられているのはアーンショウが83年に特許を取ったタイプ。海洋精密時計のデフォルトとなったため**「クロノメーター脱進機」**とも呼ばれ、そこから逆にスプリング・デテント（今日では単にデテントとも呼称）脱進機を用いた時計は航海用でなくてもCOSCの認定を受けていなくても「クロノメーター」と呼ばれることがあります。

図11　近代のマリンクロノメーター

摩擦が少なくテンプの自由振動を妨げないスプリング・デテント脱進機は、高精度の反面、縦姿勢差に弱いため、航海用の海洋精密時計は常に水平姿勢を保つジンバルに据え、航海士以外が時刻合わせをできないよう鍵付きの箱に格納されます（図11）。GPSが普及する以前は、遠洋に出る船のほとんどがこうした海洋精密時計を積んでいました。

このように、他国に先駆けて「経度の発見」を実現し、全ての船に搭載できる海洋精密時計を開発することで、イギリスは七つの海を制することができたのです。グリニッジ天文台を通る子午線が経度の基点となり、その子午線上の時刻が**「標準時」**になったのも、**『航海年鑑』**を創刊したマスケリンら天文学者だけでなく、ハリソンをはじめとする時計師たちの功績があってこそでした。

1　Rogers, Pat *“The Longitude impostor”* Times Literary Supplement, Nov. 2008

⑧ 18C マリー・アントワネットと3人の時計師

ボーマルシェは劇作家である……△

間違いでもなければ時計にも関係ないではないか！　と一斉に突っ込まれそうですが、少なくとも関係はあるのです。『セビリアの理髪師』や『フィガロの結婚』で知られる劇作家ボーマルシェの元々の職業は時計師で、時計作りで貴族に成り上がったのですから。彼はまた、王妃**マリー・アントワネット**（Marie Antoinette Josèphe Jeanne de Habsbourg-Lorraine：1755-93）（**図1**）の運命を変えた「3人の時計師」の一人でもありました。

図1　「田舎遊び」に興じるマリー・アントワネット（1755-93）

図2　P＝A・カロン・ド・ボーマルシェ（1732-99）

時計でのし上がった山師貴族の反体制劇

ボーマルシェの本名は、**P＝A《ピエールオーギュスタン》・カロン**（Caron, Pierre-Augustin：1732-99・**図2**）。パリで時計師の息子として生まれました。1753年、弱冠21歳で2枚のコンマ（フランス語でヴァーギュル）型の爪を持つ**「2重ヴァーギュル脱進機」**を開発。このアイデアを国王付き時計師**J《ジャン》＝A《アンドレ》・ルポート**(Lepaute, Jean-André：1720-89)が横取りしたと科学アカデミーに訴えて勝訴します。

この事件が話題となってルイ15世に謁見を許され、寵姫ポムパドゥール夫人に指輪時計を贈って宮廷内に人脈を拡大。時計修理を頼まれた貴族の女性と結婚し、彼女の所領の地名からド・ボーマルシェ(de Beaumarchais)を名乗り、国王秘書官の肩書きを買って貴族の地位を得たのでした。

もっとも筆者の個人的見解では、彼が自らの力だけで新脱進機や指輪時計を作ったかどうかは疑問です。というのもボーマルシェのバックには、共に彼の父に学んだ兄弟子で後に義兄弟となる**J＝A・レピーヌ**(49頁参照)という本物の天才時計師がついていたからです。

いずれにせよ、晴れて貴族の肩書きを得たボーマルシェは、レピーヌに店を譲って時計師を辞め、国王の私設外交官と称してさまざまな山師的な活動にいそしむ傍ら、戯曲を執筆。1775年初演の『セビリアの理髪師』で一躍、人気劇作家の仲間入りを果たします。

ところが、その続編となる『フィガロの結婚』は、王政批判的な内容が新国王ルイ16世の逆鱗《げきりん》に触れ、上演・出版禁止処分に。そこに救いの手を差し伸べたのが、流行り物に弱い新王妃マリー・アントワネットでした。彼女の取りなしもあって、『フィガロの結婚』は84年に公開初演。さらに翌年には**王妃自らが主演してヴェルサイユ宮殿内の劇場で『セビリアの理髪師』を上演**し、ボーマルシェの反体制思想を警戒した国王の慧眼と面目を台無しにしてしまうのです。

時計師の息子が巻き起こした自然回帰ブーム

無邪気な王妃が後先を考えずに食いついたもうひとつの流行が、アウトドア。その自然回帰ブームのきっかけを作った18世紀フランス最大のベストセラー小説『新エロイーズ』の著者**J＝J・ルソー**（220頁参照）もまた、時計師の息子です。

ルソー**（図3）**はジュネーヴで代々続く時計師、すなわち**「キャビノティエ」**（277頁参照）の名家の出身であることを生涯、誇りにしていましたが、本人は13歳で時計ケース職人の徒弟になるも厳しい修業に耐えられずに脱走。年上の男爵夫人に囲われて独学で教養を身につけ、さまざまな遍歴を経て1755年、43歳にして上梓した『人間不平等起源論』で思想家としての地位を確立しました。

図3 J＝J・ルソー
(1712-78)

図4 A＝L・ブレゲ
(1747-1823)

同書でも展開されたルソーの自然回帰思想は、小説というわかりやすい形をとることで貴族たちの間にも広まり、本来の趣旨とは無関係にアウトドア・ブームを醸成。マリー・アントワネットも居館であるプチ・トリアノン宮に田園テーマパークともいうべき自然庭園を造成し、村落《アモー》と呼ぶ田舎家で牛乳搾りごっこに興じました。**巨額の公金を費やしての「田舎遊び」**が国民の反感を買い、フランス革命の遠因となって自らの命を縮めたことはいうまでもないでしょう。

王妃同様に数奇な運命をたどったブレゲの複雑時計

ボーマルシェやルソーとは違い純然たる時計師として王妃の運命にかかわったのが、ご存知、**A＝L・ブレゲ（図4）**です。

図5　マリー・アントワネットが1787年に購入したブレゲNo.46

図6　マリー・アントワネットが1792年に購入したブレゲNo.179

図7　ブレゲNo.160通称〝マリー・アントワネット・ウォッチ〟

スイスのヌーシャテルに生まれた彼は、15歳でフランスに出てヴェルサイユの王立時計学校で学び、１７７５年にパリで開業します。当時の時計師にとって最高の名誉とされた海洋精密時計の分野では、すでに同郷のＦ《フェルディナン》・ベルトゥー（Berthoud, Ferdinand：1727-1807）らが国王および海軍付き時計師として君臨。遅れてきたブレゲの椅子はありませんでしたが、それが逆に幸運でもありました。ブレゲはあり余る才能を民生品に注ぎ込むことで、今日の腕時計にも使われる数々の機構の発明者として名を残すことになったのですから。

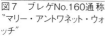

自らが開発した自動巻機構に〝ペルペチュエル〟と名付けるなど、技術だけではなく営業センスにおいても時代を先取りしていた彼の作品は、新しもの好きな貴族たちの間でたちまち流行。もちろんマリー・アントワネットもすぐに飛びつき、クォーターリピーターとゼンマイ残量表示を持つ〝ペルペチュエル〟No.46（図5）をはじめ複数の懐中時計を愛用していたそうです。王妃の最期の時を刻んだ時計も、革命後に幽閉された牢の中からブレゲに注文したNo.１７９（図6）でした。

中でも最も有名なのが、１７８３年に王妃の使者と名乗る謎の人物（王妃の愛人だったフェルゼン伯ではないかともいわれています）から「時間と費用は問わず最高の時計を」と注文され、フランス革命を経て王妃とブレゲの死後1827年に完成した**No.160、通称〝マリー・アントワネット・ウォッチ〟（図7）**でしょう。

ミニッツリピーターと永久カレンダー、クロノグラフのように独立作動するセンター秒針とスモールセコンド、パワーリザーブと均時差表示に加え温度計も装備した超複雑機構を見せつけるかのように、透明な水晶で作られたシースルー文字盤が用意されたこの時計は、何人かのコレクターを経てイスラエルの個人美術館に所蔵されていましたが、1983年に盗難にあって行方不明になっていました。ところが、残された図面と記録を元に現在のブレゲの技術者たちが4年がかりでレプリカを制作し、完成する直前の2007年12月に、死亡した窃盗犯の遺品の中から発見されるのです。

王妃と同様に数奇な運命を辿ったNo.160は元の個人美術館に返還されて門外不出となり、現代の技術が甦らせたレプリカNo.1160は2016年に開催された『マリー・アントワネット展』を機に来日し、銀座のニコラス・G・ハイエック センターにあるブレゲブティック銀座で公開されました。

⑨ 18〜19C 時計産業の機械化

高級時計は伝統的な手仕事で作られる……△

かつてはその通りでしたし、今もそういう高級時計は存在します。故G・ダニエルズ博士（43頁参照）は、「自分の手で全ての部品を削り出し製品に組み上げることができなければ時計師とは呼べない」とおっしゃっていました。ただし、「そのやり方で食べていくには納期と値段を問わない顧客が少なくとも2人は必要だ」とも。事実、博士が手作りする複雑時計は「数年待ちで数億円」が当たり前でした。納期と値段を問わず高級ブランドや独立時計師に特注をかける大金持ちは今も世界中にいて、彼らの要望に応える伝統的な手仕事の技術も途絶えてはいません。

とはいえ、私たちが普段、お店で目にすることのできる腕時計は、どんな高級品でも多かれ少なかれ既製部品や工作機械が使われています。そして、それは決して悪いことでも邪道でもありません。時計産業の近代化は、宗教弾圧を逃れてスイスのジュラ地方に移り住んだ新教徒の時計師たちが部品作りに甘んじた結果、期せずして規格化という概念が生まれたところから始まりました。近代の時計作りにおいては、むしろ規格化と機械化こそが本流といえるでしょう。

ムーヴメントの規格化で「村おこし」

部品だけではなくムーヴメント全体を規格化する「キャリバー」という概念の産みの親は、**J《ジャン》＝A《アントワーヌ》・レピーヌ**（49頁参照）**（図1）**。劇作家ボーマルシェの義兄弟にあたるフランス国王付き時計師で、歯車の軸をブリッジで受ける方法を最初に用いたあの名匠です。

1770年、啓蒙思想家**ヴォルテール**（Voltaire：1694-1778）**（図2）**が、晩年に住んだスイス国境の村フェルネで取り組んだ殖産興業の一環として、時計工房を設立。折からの政変でジュネーヴを追われた時計師たちを受け入れる一方で、顧問として招聘したのがレピーヌでした。

図1　J＝A・レピーヌ（1720-1814）

図2　ヴォルテール（1694-1778）

レピーヌは、自らが考案したブリッジを用いて薄型化したキャリバー〝calibre à pont〟を規格化し、製造工程を合理化。73年には、時計師1人あたり年産10個体制を確立します。現代ではお話にならない少なさですが、同時期のジュネーヴの時計師の平均年産は6・6個だったそうですから、これでも大進歩。生産力の差は価格の差に直結し、フェルネ製は「ジュネーヴ製に劣らぬ品質で値段は3分の2」を売り文句に、スペインやロシア市場に送られました。レピーヌ自身も、パリの店で受注した製品にフェルネ製のキャリバーを使って後方支援しています。

こうして、ヴォルテールが勝手に「王立」を名乗った工房が生んだ雇用は、彼が亡くなるまでの8年間で、わずか20戸ほどの寒村だったフェルネの人口を1200人にまで拡大。史上初の「時計による村おこし」の功績を讃えて同村はフェルネ＝ヴォルテールと名前を変え、今日に至っています。

もっとも、**フェルネ王立時計工房**はヴォルテールの個人的な人脈による販路が彼の死で断たれてからは経営が悪化。レピーヌや彼の弟子ともいわれるA＝L・ブレゲらの支援も虚しく、19世紀に入る頃には自然消滅してしまったようです。「時計による村おこし」が今日まで続く成果をもたらすのは、約半世紀後のドイツでのこと。1845年にドレスデン近郊の寒村グラスヒュッテ村に入植した**F《フェルディナント》・A《アドルフ》・ランゲ**（318頁参照）の登場を待たねばなりません。

「機械に魂を売った」と排斥された悲劇の先駆者

一方、時計作りの本格的な機械化にスイスで最初に取り組んだパイオニアは、**P《ピエール》＝F《フレデリク》・アンゴール**（Ingold, Pierre-Frédéric：1787-1878・**図3**）という時計師です。スイスのビール（ビエンヌ）に生まれ、ロンドンやパリのA＝L・ブレゲの下で研鑽を積んだ彼は、1825年に帰国してラ・ショー＝ド＝フォンで時計生産の機械化を企画。ところが、これが「**時計師の仕事を奪う悪魔の所業**」と周囲から叩かれて、母国にいられなくなってしまうのです。

産業革命が進む1810年代のイギリスでは、織物工たちが自動織機を破壊する「ラッダイト運動」の嵐が吹き荒れました。当時の

図3　P＝F・アンゴール（1787-1878）

職人たちが工作機械に対して抱いた反感は今日では想像できないほど過激で根深く、時計師も例外ではありませんでした。

アンゴールは38年にパリ、39年にはロンドンで時計を機械生産する会社を立ち上げますが、ここでも理解は得られません。行く先々で排斥運動を起こされて、ついに45年には新天地を求めてアメリカへと旅立ちます。

新興国ゆえ伝統産業のしがらみも機械生産への抵抗もなかったアメリカでは、すでに1806年に**E《イライ》・テリー**（Terry, Eli：1772-1852）が水車動力機械による掛時計の量産を開始していました。アンゴールが考案した懐中時計用の工作機械や生産システムは、この新天地ではじめて好意的に迎えられ、講演依頼が相次ぎます。ところが、喜んだのも束の間。求められていたのはアイデアだけで、彼自身に出資してくれる人はいつまで経ってもあらわれません。

こうして、アンゴールは52年にスイスに帰国し、失意のうちに91年の長い人生を終えるのでした。数々の特許機構を開発した優秀な時計師でありながら「機械に魂を売った」せいで国を追われて各地を彷徨《さまよ》い、尾羽打ち枯らして帰ったアンゴールを、スイスの時計師たちはドン・キホーテと呼んで笑いものにしたそうです。

けれどもその数十年後、スイスの時計産業は、アンゴールの教えを元に**A《アーロン》＝L《ラフキン》・デニソン**（Dennison, Aaron Lufkin：1812-95）らが創業したアメリカン・ウォッチ・カンパニー（後のウォルサム）**（図4）**をはじめとするアメリカのメーカーが機械で量産する懐中時計に市場を奪われることになるのです。手仕事の伝統が根強かったことに加え、部品の規格化という点では他に先駆けての近代化に貢献した水平分業型産業構造が、垂直統合型の機械化を進める上では逆に足枷となり、スイスの時計産業が近代的な量産体制を確立するまでにはその後も長い時間がかかりました。１９７０年代に日本製のクォーツ式に市場を奪われた一因も、実はここにあったのです。

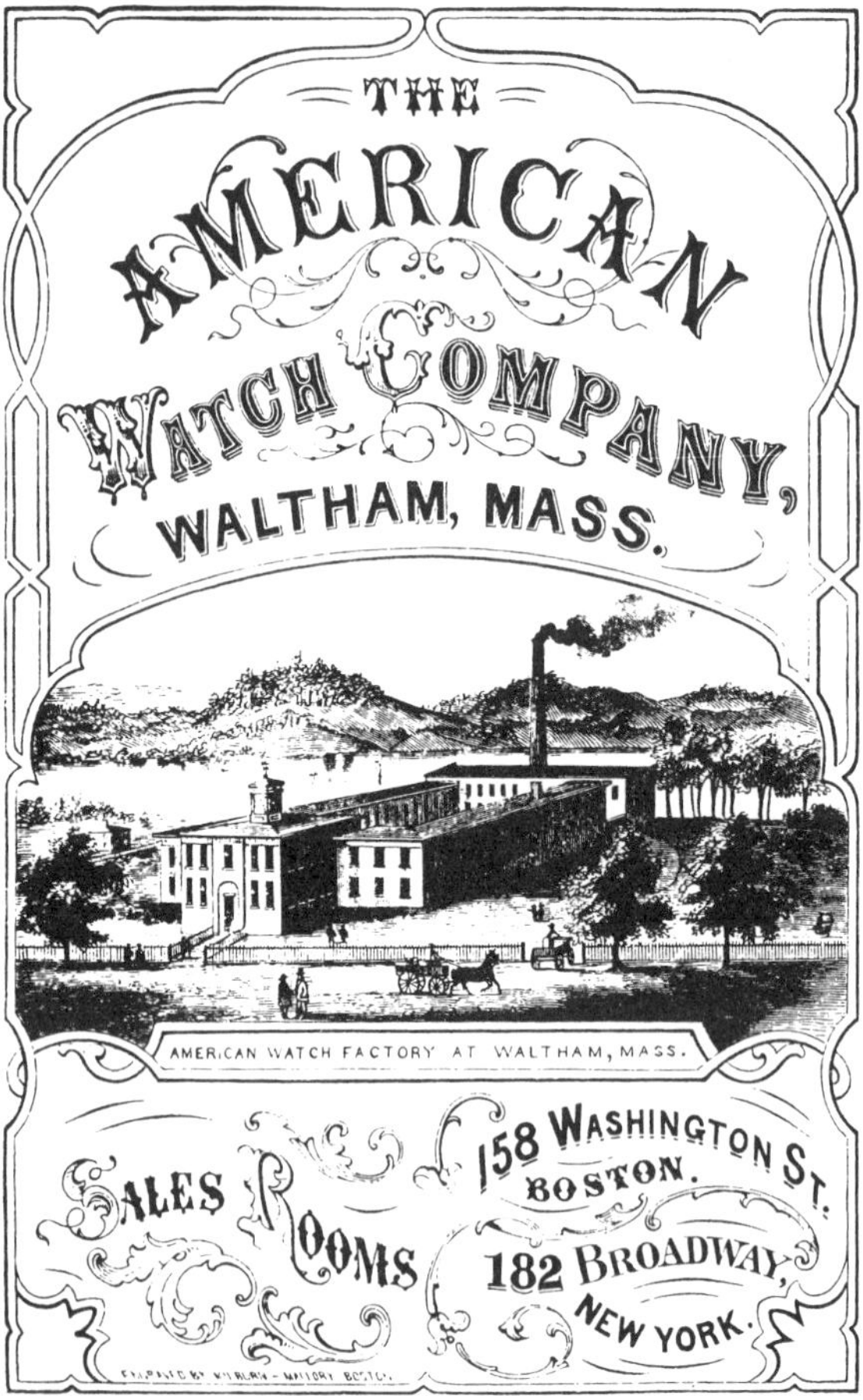

図4　アメリカン・ウォッチ・カンパニー（1862年の広告）

⑩ 19～20C 腕時計の誕生

腕時計はA＝L・ブレゲが発明した……×

ブレゲの現行レディス腕時計〝クイーン・オブ・ネイプルズ〟シリーズの説明として女性誌でよく見かける表現ですが、残念ながら正確とはいえません。

同シリーズのモチーフになったのは、1810年6月8日にナポレオン1世の妹でナポリ王妃だったカロリーヌ・ミュラがブレゲに注文した腕時計。これは台帳に記録が残る事実です。けれども、すでにその4年前の1806年に同じナポレオン1世の皇妃ジョゼフィーヌが、ショーメの前身であるパリの宝飾商ニト（Nitot）に腕時計を注文していて、こちらは現物（**図1**）が残っています。真珠と宝石をちりばめたブレスレットがついた2針の腕時計で、月日表示の自動カレンダーをお揃いのブレスレットにつけたものとの2本セット。ちなみに、この腕時計はナポレオン1世が皇妃に贈るために注文したと説明されることがありますが、これも間違い。正しくは皇妃自身が注文し、息子（皇妃の連れ子でナポレオンの養子）の妻（バイエルン王の娘）

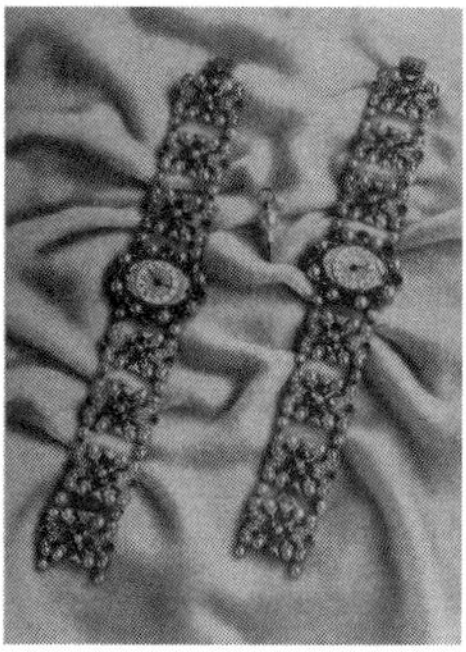
図1　ニト、1806年製腕時計

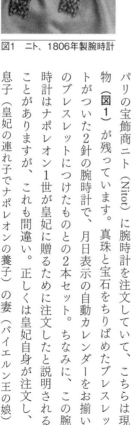

に結婚祝いとして贈ったそうです。

装飾品《アクセサリー》としての腕時計は16世紀から存在した

腕時計を単に「腕につける時計」と定義するなら、記録に残る歴史は16世紀にまで遡ります。１５７１年にイギリスのレスター伯が女王エリザベス1世に「留め具部に時計がついたダイヤとルビーをちりばめた腕輪」を贈った逸話もあれば、１５８０年頃にドイツのアウクスブルクで作られた指輪時計（**図2**）も現存。18世紀まで下れば、ジャケ・ドローの１７９０年の台帳に腕時計の注文記録を見出せます。ブレゲがナポリ王妃の注文で作った腕時計No.２６３９は極薄型でリピーターつきだったようですが、これに関しても１７６４年にイギリスのＪ・アーノルド（２４５頁参照）が国王ジョージ3世の誕生日に献上したリピーターつき指輪時計が現存しています。

図2　1580年頃の指輪時計

近代以前の携帯時計は実用品というより装飾品でしたから、腕輪につけるのは自然な発想。そして精度と耐久性を問わず単に時計を小さく作るだけなら、16世紀の技術でも可能でした。腕時計の歴史は一般に考えられているよりはるかに古く、いかに数々の発明を成し遂げた天才時計師ブレゲといえども、19世紀の時点で腕時計を「発明」したとまでいうのは無理があるでしょう。

戦争が普及させた腕時計

　同じ理由で、かつて男性誌でよく見かけた「１８９９年にはじまった第2次ボーア戦争でイギリス兵が懐中時計をベルトで腕に留めたのが腕時計の起源」とする説も、正しいとはいえません。時計を腕に縛り付けるのは17世紀の哲学者パスカルもやっていたそうですし、ジラール・ペルゴはボーア戦争より20年も前の１８７９年にドイツ皇帝ヴィルヘルム１世から海軍将校用の風防ガードつき腕時計**（図3）**を受注し、翌年に２０００本を納品しています。

　とはいえ**「ボーア戦争起源説」**は、腕時計が限られた富裕層のアクセサリーから一般市民の実用品へと変わっていく過程を正しく物語ってはいます。腕時計は19世紀の終わりから小型の懐中時計にベルトを通す金具を取付ける形**（図4）**で量産され、**第1次世界大戦を通じて広く普及**したのですから。

　１９１４年にはじまる第１次世界大戦は、人類が初めて体験した近代的総力戦。職業軍人だけでなく一般市民までもが徴兵・徴用され、戦車や飛行機といった近代兵器が機械文明の勝利を見せつけま

図3　ドイツ海軍将校用腕時計（1880年に納入したものと同タイプのジラール・ペルゴ製）

図4　リピーター付懐中時計を流用した腕時計（1889年頃）

した。人々は戦地や徴用先で腕時計の便利さを痛感し、終戦後の'20年代には**装飾より機能**、**曲線より直線**、**自然より文明**に美を見出す**モダニズム**が大流行。腕時計が単なる装飾品《アクセサリー》ではない実用品として一気に普及し、懐中時計の生産数を追い抜くのはこの時期です。

１９２０年代のモダニズムが実用品としての腕時計を普及させた

懐中時計とは違い、むき出しで激しい動きにさらされる腕時計を実用品として機能させるには、耐衝撃性と防塵・防水性を高めなければなりません。一方、激しい動きを逆用して発展したのが自動巻機構。第1章で述べたように、今日まで利用されているショックレジスト機構や防水・防塵ケース、そして今日の腕時計に用いられている自動巻機構の原型は、全て１９２０～'30年代に開発されています。実用品としての腕時計がこの時期に普及したことを物語る事実といえるでしょう。

日本でも同じでした。１９１１（明治44）年の「服部時計店定価表懐中時計ノ部」にはすでに9種類の輸入腕時計が掲載されていて、13（大正2）年には同店の製造部門である精工舎が国産初の腕時計〝ローレル〟**（図5）**を発売。それでも17（大正6）年の時点ではまだ同社が生産する携帯時計の7割が懐中で、腕時計の生産量が上回るのは昭和に入った'20年代後半だったそうです。

１９０４年に後に〝サントス〟の商品名で知られる腕時計を作ったカルティエの3代目**L《ルイ》＝J《ジョセフ》・カルティエ**（Cartier, Louis-Joseph：1875-1942）は、第1次世界大戦で初めて登場した戦車のキャタピラからデザインのヒントを得て19年に〝タンク〟**（図6）**を発表。ジャガー・ルクルトが31年に発売した反転型防護ケースの〝レベルソ〟（96頁参照）といい、草創期から残る腕時計の名品にアールデ

図5　初の国産腕時計、セイコー〝ローレル〟（1913年）

図6　カルティエ〝タンク フランセーズ〟（現行品）

コ調の角形が多いのも、腕時計がモダニズムと共に普及した名残です。

ちなみに、モダニズム建築の父**ル・コルビュジエ**（Le Corbusier＝Jeanneret-Gris, Charles-Édouard：1887–1965）は本名をC《シャルル》＝E《エドゥアール》・ジャンヌレ＝グリといい、スイスの時計文字盤職人の息子でした。建築の道に進む以前は家業を継ぐべく装飾学校で彫金を学び、1906年頃にアールデコを先取りするような懐中時計ケースを製作しています。

話が横道にそれましたが、要するに、腕時計はブレゲの発明でもボーア戦争が起源でもなく、装飾品としては16世紀から存在。一方、実用品として普及するのは、モダニズムが流行する20世紀に入ってからだったということです。腕時計は、意外に古くて新しい存在なのです。

⑪ 20C クオーツ危機

日本のクオーツ式がスイスの機械式を駆逐した……×

1970年代後半から'80年代前半にかけて日本製の安価なクオーツ式腕時計が世界の市場を席巻し、スイスの機械式時計産業は壊滅的な打撃を受けた――。この歴史解釈は俗に「クオーツ危機《ショック》」と呼ばれ、日本だけでなくスイスでも広く信じられているようです。事実、筆者は時計産業に携わる年配のスイス人から、この件に関する恨み言をいわれた経験が何度かあります。

図1　セイコー〝クオーツ アストロン〟

確かに、現象だけを見れば、そう解釈できるでしょう。69年末にセイコーが世界初のクオーツ式腕時計〝**クオーツ アストロン**〟(**図1**)を発売した後、'70年代後半から'80年代前半にかけて日本のクオーツ式時計の生産数はうなぎ登りに増え続け、年産1・5億個を突破。一方、スイスの時計とエボーシュの輸出量は74年の8440万個をピークに84年には3000万個強にまで激減しています。

けれども、この事実だけをもってして「日本の技術力の勝利」

と誇るのは早計であり、「日本のクオーツ式がスイスの機械式を衰退させた」と恨むのも筋違いでしょう。

クオーツ式腕時計の開発は日本もスイスもほぼ同時

というのも、スイスの各メーカーも、日本とほぼ同時期にクオーツ式腕時計の生産を開始しているからです。実用化への取り組みはむしろスイスの方が先で、早くも48年にはパテック フィリップが開発に乗り出しています。クオーツ式が安価な時計の代名詞となった今では意外でしょうが、当時の価値観では高精度＝高級機。セイコー〝クオーツ アストロン〟初号機の定価が国産普通乗用車と同じ45万円だった事実が物語るように、クオーツ式は本来、精度も価格も機械式とは桁違いの最高級機として開発されてきたのです。

図2　オメガ〝コンステレーション・エレクトロクオーツ〟

62年にはそのパテック フィリップやオメガ、ロレックスなど機械式の名門約20社の出資でCEH「電子時計センター」（Centre Électronique Horloger）が設立され、66年に最初のクオーツ式キャリバー〝Beta1〟を完成。翌年のヌーシャテル天文台クロノメーターコンクールには〝Beta2〟がセイコー〝アストロン〟のプロトタイプと並んで出品されました。そして、〝クオーツ アストロン〟の発売から遅れることわずか4

ヵ月、70年4月に開催されたバーゼルフェア（国際時計見本市）で、オメガをはじめ18社がETA製 **"Beta21"** キャリバーを積んだクオーツ式腕時計 **（図2）** を発表しています。

日本製のクオーツ式が市場を席巻するのは'70年代後半に入ってからですから、この時点での4ヵ月の遅れが致命的だったとはいえません。つまり、その後のスイス時計産業の衰退は、クオーツ式の技術開発で日本に後れをとったからではなく、他に理由があったとしか考えられないのです。

クオーツ危機をもたらしたのは日本ではなかった

スイス時計産業の一大中心地、ラ・ショー＝ド＝フォンご出身の経済史学者 **P《ピエール》＝Y《イヴ》・ドンゼ** 博士（Donzé, Pierre-Yves：1973–）は、**クオーツ危機の真の原因は産業集積の遅れと為替の変動にあった**のではないかと指摘しています。[1]

企業としては中小規模の組立・エボーシュ・部品各メーカーの寄り合い所帯だったスイス時計産業は、日本のセイコーやシチズン、リコー、カシオといった垂直統合型大企業のような量産体制を築けず、クオーツ式の低価格化を進められなかった。そしてこの問題はクオーツ式に始まったことではなく、すでに機械式時代から良質な腕時計の量産においてスイスは日本に後れをとりつつあったというのです。確かに、'60年代の終わりには、高精度な機械式腕時計の生産数でも日本はスイスを追い抜こうとしていました。

為替というのも大いにうなずける指摘です。71年の「ドルショック」を機に対米ドル相場が変動制に変わった後、スイスフランは日本円に比べて大幅に急騰。85年のプラザ合意までは、アメリカをはじめとする輸出市場において、スイスより日本の方が有利な状況が続きました。

スイス時計産業は、クオーツ式というプロダクト・イノベーションではなく、垂直統合型量産体制というプロセス・イノベーションにおいて後れをとり、そこにスイスフラン高が追討ちをかけた――。これがクオーツ危機の実態だったというドンゼ博士の分析は、実に説得力があります。危機の元凶は日本という外敵ではなく、スイス時計産業内部の構造的問題と自国通貨の強さだったのです。

クオーツ式は実は機械式を救った立役者

'80年代後半に入ると、クオーツ式のコモディティ（陳腐）化と円高が同時に進んで日本のメーカーは失速。代わって市場を席巻したのが、安価なプラスチック製ながらデザイン性を重視したスイス製のクオーツ式腕時計、**スウォッチ**でした。

日本の垂直統合型大企業は、精度や耐久性といった目標が明確な実態価値を量産するのは得意ですが、多様な趣味嗜好に応える付加価値を多品種少量生産する柔軟性に劣りがち。スイス時計産業は、クオーツ危機を経ることでグループ化による垂直統合を進め量産体制を整えながら、水平分散型産業構造の利点も活かし、**デザイン性という付加価値で逆襲**に出たといえるでしょう。

さらに'90年代に入ると、**複雑機構という付加価値**を前面に押し出すことで、**機械式腕時計を贅沢品として復興**。複雑機構といえばカレンダーとクロノグラフとアラームくらいしか作ったことがなく、'80年代に機械式の国内生産を終了してしまっていた日本のメーカーは、この分野では大いに後れをとることになりました。

こうしてみると、クオーツ式腕時計はスイス時計産業を衰退させたどころか、むしろ旧態依然だった産業構造を改革し、機械式を復興させた立役者。機械式原理主義のご同輩も、実はクオーツ式に足を向けては寝られないのではないでしょうか。

1　P＝Y・ドンゼ『「機械式時計」という名のラグジュアリー戦略』長沢伸也・監訳（世界文化社2014）47～71頁

⑫20C スイス時計産業の復興

スウォッチ グループはN《ニコラス》・G《ジョルジュ》・ハイエック氏が創業した………△

スウォッチ グループ ジャパンのHPは**N《ニコラス》・G《ジョルジュ》・ハイエック**（Hayek, Nicolas George：1928-2010）氏を「創業者」と紹介し、同グループに属するブランドの旗艦店が集まる銀座のビルにも彼の名が冠せられています。とはいえ、スウォッチ グループは彼がゼロから起業したわけではなく、1930年代初頭からあった**ASUAG**と**SSIH**という2つのグループの合併から誕生。ハイエック氏が「創業者」と呼ばれるのは、水平分散型の寄り合い所帯だった2グループの統合と合理化を推進し、垂直統合型量産システムとグローバルな経営戦略を確立した功績を讃えてのことでしょう。

ハイエック氏自身は「スウォッチのSはスイスではなくセカンドウォッチのS」と語っていますが、スウォッチ グループの成り立ちと発展は、まさにスイス時計産業の近代史そのものでした。

第1次世界大戦後の不況と「シャブロナージュ」の横行

先にも述べたように、スイス時計産業は宗教改革でジュラ地方に亡命してきた人々の子孫が営む小さな部品メーカーや組立業者の集合体として発展。1929年の時点でも、314の組立製造会社と

98のエボーシュ製造会社、そして636もの部品製造会社が登録されていたそうです。

分業化が進んだ水平分散型の産業構造は、好況期には柔軟で迅速な対応が可能な反面、不況期にはダンピング競争が起きて統制がとれず共倒れになる危険もはらんでいます。そこでスイスの時計業者達は、不況のたびに持株会社によるカルテルを作ってきました。

最初の不況は1920年代。第1次世界大戦で英仏独の時計産業が軍需化される中、中立国スイスの輸出量は倍増しましたが、終戦後に反動がきたのです。各国が保護関税政策に走ったため、完成品より関税率が低いムーヴメント・キットの状態で輸出する「**シャブロナージュ**」（276頁参照）が横行。これはスイス製を名乗る粗悪品を世界中に広め、自らの首を絞める行為でした。

このため、24年には時計組立製造業者、26年にはエボーシュ製造業者、27年には部品製造業者がそれぞれカルテルを作り、28年にダンピングやシャブロナージュの禁止を含む「**時計製造協約**」(Convention Horlogère) を締結。ちなみに26年にフォンテーヌメロン社やA・シルト社を中心に作られたエボーシュ製造業者の持株会社が、**Ebauches SA**。後にヴィーナス、ETA、ユニタス、プゾー、ヴァルジューといった著名エボーシュ会社が加わり、今日の**ETA**へと統合されていく組織です。

大恐慌が生んだASUAGとSSIH

それでもカルテルに加盟しない業者も多く、ダンピングやシャブロナージュはなくなりません。さらに追討ちをかけたのが、29年の世界大恐慌。ここに至ってついにスイス連邦政府が乗り出し、4大銀行と3地銀の出資を受けて31年に設立した持株会社が、**ASUAG**こと「全スイス時計産業株式会社」（Allgemeine Schweizerische Uhrenindustrie AG）です。

　ASUAGは日本では「ロンジンを中心としたグループ」と説明されることが多いのですが、これは間違い。本来はエボーシュや部品の製造・売買の統制を目的に、Ebauches SA に加え脱進機、天輪、ヒゲゼンマイの各製造業者のカルテルを管理する、政府と銀行・出資者の主導による持株会社です。そのASUAGが、ずっと後の71年になって、時計組立製造会社を組織する**GWC**（General Watch Co.）を設立。そこに参加したのがラドー、ミド、サーチナ、エテルナ、テクノス、エドックス、オリスなど、そしてロータリーとレコードを傘下に擁するロンジンでした。つまり、「ロンジンを中心としたグループ」と呼ぶべきは、GWCの方なのです。

　一方、時計組立製造業者のカルテルとして、30年にオメガとティソ（昔の日本でいうチソット）が結成したのが、**SSIH**こと「スイス時計産業協会」（Société Suisse pour l'Industrie Horlogère）。こちらには、後にレマニアやブランパン、ランコなどが加わっています。

スイス機械式時計の救世主

　こうしてスイス時計産業は再度の不況を乗り越え、第2次世界大戦後の'50～'60年代に全盛期を迎えますが、そこを襲ったのが先述した「俗にいうクオーツ危機」。ここで登場するのが、ETAで働きながら大学で化学と医学、さらに経営学も学んだ異能の才人、**E**《エルンスト》**・トムケ**博士（Thomke, Ernst：1939-）。製薬会社の研究所で働いていた78年にETAに社長として呼び戻され、82年には Ebauches SA とASUAGの代表にも就任。組織の整理統合と合理化を推進した彼の指揮下でETAが開発したのが、83年に発売される**スウォッチ（図1）**でした。

一方、ASUAGやSSIHに出資していた銀行は、経営コンサルタントだったN・G・ハイエック氏の提言で両者の合併を推進。その結果、83年にスイス最大の時計産業グループ**SMH**こと「スイス精密電子工業および時計製造会社」（Société suisse de **M**icroélectronique et d' **H**orlogerie SA）が誕生し、98年にスウォッチ グループへと名称を変更するわけです。

図1　スウォッチ（1983年のファーストシリーズの復刻版）

85年にSMHの株式の過半数を取得し、翌年には自ら会長兼CEOに就任したハイエック氏は、エボーシュ製造をETAに集約すると同時に、合併と買収で部品メーカーを整理し、グループ内での時計生産ラインの垂直統合と合理化を推進。爆発的人気となったスウォッチの収益で大胆な設備投資を行って、量産体制も確立します。

さらに、リシュモンをはじめとするラグジュアリー産業の複合企業がスイスの高級時計ブランドを取り込み始めたのに対抗すべく、92年にブランパン、99年にブレゲを買収。スウォッチ グループ内のブランドを「プレステージ&ラグジュアリー」、「ハイ」、「ミドル」、「ベーシック」の4レンジに分類して全価格帯に対応できるラインナップを揃えると同時に、複雑機構という付加価値で機械式時計を贅沢品《ラグジュアリー》として甦らせたのでした。彼はスウォッチ グループの「創業者」という以上に、スイス時計産業と機械式時計の救世主と呼ぶべきかもしれません。

⑬21C スイス時計20××年問題

機械式腕時計のムーヴメントは大半がETA社製……○→×

これは時計好きの間でよくいわれてきたことで、少なくとも20年前までは真実でした。

前述したように、ETAは何社もの有力メーカーが数十年にわたって合併を繰り返して出来た、スイス最大最強のエボーシュ・メーカー。スウォッチ グループに組み込まれてからはN・G・ハイエック氏の下でさらなる合理化と部品供給ラインの整備を進め、2000年前後にはスイス製エボーシュの8割、完成ムーヴメントの5割ともいわれたシェアを獲得。スウォッチ グループ傘下だけでなく、スイス内外の数え切れないほど多くのブランドにムーヴメントを供給してきました。

「ETAポン」＝粗悪とは限らない

その結果、日本の時計好きの間では「ETAポン」という言葉が流行。ETA製ムーヴメントをカスタマイズせずそのままケースにポンと入れただけの時計という意味で、粗悪な機械式腕時計の代名詞のように用いられました。「ムーヴメントはどこ製かと聞かれてETAと答えると買っていただけない」と嘆く時計販売員の声を、筆者もかつてはよく耳にしたものです。機械式はムーヴメントを自社で開発製造しているブランドを選ぶべきとする**「マニュファクチュール信仰」**が高まったのもここからでした。

けれども、PCメーカーの多くがインテル社製のCPUを使っているように、他社の部品や半完成品を使うのは、時計に限らずよくある話。多くのブランドがETAのエボーシュやムーヴメントを採用していたのは、価格以上に性能が優れていたからにほかなりません。そして、どんな部品も、より多くの製品に使われた方が汎用性と互換性が高まり、修理や交換がしやすくなります。つまりETA製ムーヴメントを使うこと自体は、一定の品質と利便性の保証にこそなれ、粗悪さの理由にはならないのです。

それでも悪くいわれたのは、いかにも高級そうに見えるデザインで価格を吊り上げたETAポンが横行したせいではないでしょうか。かつてスイス時計産業界を悩ませたシャブロナージュ（268頁参照）の国内版です。これは時計好きの消費者以上に、ETAと同社を擁するスウォッチ グループにとっても頭の痛い問題でした。

「ETA2006年問題」の泥沼化

2002年7月、ついにN・G・ハイエック氏は「スウォッチ グループは2006年以降、全ての部品とエボーシュの他グループへの供給を停止する」と発表。世にいう**「ETA2006年問題」**です。この問題は、ETAのエボーシュに依存しないマニュファクチュールまで巻き込んで、最終的な解決を何度も先延ばしされ、その都度「2010年問題」、「2020年問題」と呼び名を更新。いっそのこと「スイス時計産業界の20××年問題」と呼んだ方がいいかもしれません。

なぜそこまで大事になったかというと、スウォッチ グループはETAだけでなく、スイスのほとんどの時計メーカーにヒゲゼンマイを供給してきたニヴァロックス・ファー社も擁しているからです。同社が特許を有する**ニヴァロックス**は、1933年に開発された温度による弾性変化が少ないエリンバー系の恒弾性金属。ヒゲゼンマイ素材としてこれに代わり得る金属は、他にセイコーのSPRONくらいしかありません（35頁参照）。

このためスウォッチ グループ以外の各社は、供給停止を無効とするようスイス連邦競争委員会（COMCO）に提訴。とはいえ、スウォッチ グループに供給の継続を強制すれば独占を認めることにもなるので、COMCOの態度も二転三転。両者の協議は泥沼状態に陥って結論は何度も先延ばしされ、N・G・ハイエック氏が2010年に他界した後も解決しませんでした。

ムーヴメントは群雄割拠時代に突入

その間、他のブランドも手をこまねいていたわけではありません。パテック フィリップをはじめ多くのマニュファクチュールが**シリコン素材ヒゲゼンマイ**を採用しはじめた（35頁参照）のも、摩擦の軽減や耐磁性の向上といった実用面の理由だけでなく、ニヴァロックスへの依存を脱する目的もあったのではないでしょうか。タグ・ホイヤーは2010年にセイコーの6S系をベースに自社製キャリバー cal.1887を開発し、12年には同社と部品供給契約を結んで話題になりました。

グループ内でのエボーシュ自給化も進んでいます。リシュモングループは、ピアジェに加えすでに

2000年にはジャガー・ルクルト、A.ランゲ&ゾーネ、IWCの3マニュファクチュールを傘下に収めていましたが、2005年にはグループ内のブランドにエボーシュを供給する**ヴァル・フルリエ**社を新たに設立。パルミジャーニ・フルリエの高級エボーシュ製造部門、**ヴォーシェ・マニュファクチュール・フルリエ**社は、ヒゲゼンマイを含む脱進機を自製できる**アトカルパ**社などの部品メーカーと連携して自給体制を強化し、パルミジャーニ・フルリエの株主となったエルメスをはじめリシャール・ミルなどにもムーヴメントを供給しています。

図1　ETA 2892A2

図2　セリタSW300

一方、特定のグループに属さない汎用エボーシュ・メーカーとして台頭してきたのが、ETAの下請けから独立した**セリタ**と**ソプロード**。cal.2892（**図1**）やcal.7750といった特許期限が切れたETAの名キャリバーのいわばジェネリック版互換ムーヴメント（**図2**）を量産し、さまざまなブランドに採用されはじめています。さらに高級エボーシュでつとに定評のある**クリストフ・クラレ**や、複雑機構のモデュール製造を得意とする**デュボワ・デプラ**といった老舗が供給するムーヴメントも見逃せません。

このように、「20××年問題」の解決を待たずして、すでにムーヴメント業界は群雄割拠時代に突入。今後もさまざまな買収・合併劇が繰り広げられていくことでしょう。機械式時計のムーヴメントは、もはや「**自社で開発製造するマニュファクチュールvs.他社の部品やエボーシュを組み立てるエタブリスール**」という単純な図式だけでは語り尽くせなくなりそうです。

コラム2 スイスの時計業界用語

スイスでは、仏・独・伊に加えロマンシュ語と、4つの公用語がそれぞれに独特な方言も含めて用いられています。さらにその時計産業も、水平分散型に分業化。このため、スイスの時計業界には、フランス語に限っても普通の仏和辞典には単語自体が載っていないか適当な訳語が見当たらない特殊な用語が結構あります。本書で片仮名表記のまま使用しているいくつかの言葉について、ここでまとめて解説しておきましょう。

1 ムーヴメントに関する用語

◉「アソルティマン」(assortiment) 辞書的意味は「取り合わせ」。時計業界では部品、特に天輪やヒゲゼンマイやレバーといった**「脱進機部品のキット」**、または**「汎用脱進機」**自体を意味します。

◉「モデュール」(module) 辞書には「組立ユニット」とありますが、時計用語としてはクロノグラフや永久カレンダー、トゥールビヨンといった**「複雑機構を付加する部品ユニット」**。複雑時計の多くは、ベースとなるムーヴメントにモデュールを「載せる」形で作られます。

◉「シャブロン」(chablon) 「雛形」を意味するドイツ語 Schablone がフランス語化した時計用語で、**「ムーヴメントあるいはその部品キット」**のこと。普通の仏和辞典には載っていません。

◉**「シャブロナージュ」(chablonnage)**　部品を集めて**「シャブロンを作り販売すること」**。ケースに入った完成品より関税率が低いシャブロンの状態で輸出し、輸入元の代理店がそれぞれの国の市場に合った形に仕上げて販売するシャブロナージュは、スイス時計産業の古くからの慣行。輸出を促進する一方で、粗悪部品の寄せ集めによる評判低下や、技術流出の一因にもなりました。明治時代の日本に輸入された「商館時計」も、しばしばこの方法で作られました。

◉**「エボーシュ」(ébauche)**　原意は「下描き」。時計用語としては脱進機を除く地板や輪列など**「未完成のムーヴメント」**を指しますが、最近では**「他社製の汎用ムーヴメント」**という意味で完成したムーヴメントを呼ぶことが多いようです。

◉**「キャリバー」(calibre)**　フランス語風に表記すれば「カリブル」。銃の口径や丸いものの大きさの意ですが、時計業界では**「ムーヴメントの型番」**を指して**「cal.」**と略され、cal.7750といった形で使われます。エボーシュを用いたムーヴメントの場合、エボーシュ会社の型番とは別にブランドごとの型番がつけられる場合が多いので、混同なさらぬようご注意ください。

◉**「リーニュ」(ligne)**　メートル法以前にフランス語圏で使われていた長さの単位で、1プース(フランス・インチ)の12分の1。スイス時計業界ではいまだに**「ムーヴメントの直径**(ケース径ではないので要注意)」をリーニュで示す慣行が続いています。**「1リーニュ=約2・256㎜」**。

◉**「レファランス」(référence)**　これは時計以外の業界でも使われる用語で各メーカー(ブランド)の**「製品照会番号**(品番)」。**「ref.」**と略されて数字が続くため、「cal.」との混同にご注意を。

２　業態に関する用語

◉**「マニュファクチュール」(manufacture)**　原意は世界史で習った「工場制手工業」。時計業界では手工業に限らず**「ムーヴメントを自社で開発製造できるブランド」**、つまり**「他社製エボーシュに依存しないブランド」**をこう呼びます。

◉**「エタブリスール」(établisseur)**　辞書的意味は「創立者」。時計業界では部品を集めてエボーシュやムーヴメントを組み立てる**「組立専門業者」**を指す言葉でしたが、最近では**「他社製エボーシュを用いるブランド」**という意味で、主にマニュファクチュールとの対比で使われます。ちなみに部品の組立を意味する**「エタブリサージュ」(établissage)**は時計業界が生んだ用語。

◉**「テルミヌール」(termineur)**　直訳すれば「末端業者」で、さまざまな業者の要望に応えて**「部品を集める業者」**のこと。集める作業は**「テルミナージュ」(terminage)**。どちらも水平分業が進んだスイス時計業界ならではの用語といえるでしょう。

◉**「キャビノティエ」(cabinotier)**　かつて**「ジュネーヴの時計師」**は自らをこう呼びました。彼らの多くが屋根裏部屋（cabinet）を工房にしていたことに由来。カルヴァンの宗教改革により１５３６年に共和国として独立したジュネーヴの職人の、意識と教養とプライドの高さを象徴する言葉です。これも仏和辞典には見当たりませんが、腕時計のモデル名などではたまに目にします。

第4章

機械式時計の現状と主なブランド

序 機械式腕時計のブランドとグループ

腕時計を選ぶポイントとして、見た目や機能と同じくらい、人によってはそれ以上に重視するのがブランドです。物をブランドで選ぶのは虚栄にすぎないとの批判もありますが、**ブランドが物の価値や品質に対する一定の担保となる**こともまた事実。少なくとも自らの選択眼に自信のない初心者のうちは、ブランドで選ぶのはむしろ賢明ともいえるでしょう。とはいえ単に有名なブランドを選ぶだけでは、賢明どころか逆に蒙昧。ブランドで選ぶなら、個々のブランドの歴史や得意分野に関する知識はもちろん、そもそもブランドとは何かを理解しておかなければ、正しい判断はできません。

ブランドは何をどこまで保証してくれるのか？

ブランドを日本語でいえば「**商標**」です。何を今さらと思われるかもしれませんが、この周知の事実が意味するところは、意外と見過ごされているのではないでしょうか。

最たる例が、**ブランドとメーカーの混同**です。すでに述べてきたように、スイスの時計ブランドの多くは他メーカー製のムーヴメントを使っています。にもかかわらず全てのブランド品が自社製品であるかのように思われがちなのは、無意識のうちに商標と製造元を混同しているからです。

商標と人名の違いも見過ごされがち。人名を冠したブランドは、その人物が創業して代々受け継がれてきたものと思い込んではいないでしょうか。実際には老舗ブランドでも創業者一族が今日まで経営を受け継いでいるのはセイコーやオーデマ ピゲなど数えるほどしかなく、ほとんどのブランドは途中で経営者が変わっています。途切れていた名跡《みょうせき》を再興したブランドや、歴史上の人物の名だけを借りた新興ブランドも少なくありません。ダニエル・ロート氏のように、存命中の時計師が自らの名を冠したブランドを売却して自身は別ブランドを運営していることもあります。

つまり、**ブランドとは製造者ではなく販売者の商標であり、しかもその権利は売買できる**ということです。ブランドが保証する価値や品質は私たちが思っているほど絶対でも不変でもなく、常に変化するものと考えておいた方がよいでしょう。

所属グループを知ればブランドの特徴がよくわかる

歴史の章で述べたように、スイスの時計産業界では内外の資本による有名ブランドの買収とグループ化が現在も進行中。それに伴い、ブランドの位置づけや採用されるムーヴメントも変わってきています。個々のブランドの来歴だけでなく、どのグループに属している（または属していない）か、あるいはどの地域に本拠を構えているかを知ることで、見えてくることも多いはず。そう考えて本書では、日本に正規輸入されているスイスの主要ブランドを資本グループ別に、ドイツ製は地域別（ただしA.ランゲ&ゾーネとグラスヒュッテ・オリジナルはそれぞれが属するスイスのブランドグループの一員として）、日本製は会社別に紹介します。なにしろ移り変わりが激しい業界。いずれも2021年初頭時点での情報に基づくことをあらかじめご諒解いただければ幸いです。

1 日本のブランド

日本の機械式時計産業は、群雄割拠のスイスとは違い、**セイコー**と**シチズン**という二大企業が他を圧倒。1960年に当時世界最薄の〝**ジャトー**〟を発売した名古屋の**タカノ**は、62年にリコー傘下に入って現在はリコーエレメックスとなり、主にクオーツ式を作っています。また、**オリエント**は現在ではセイコーエプソンの1ブランドとなっています。

日本製を選ぶ最大のメリットは、アフターケア体制の充実でしょう。セイコーもシチズンも大企業だけに全国の主要都市に直営店や正規販売店（百貨店や専門店を含む）があり、アフターケアを受け付けています。どんな高級モデルでも、いや、むしろ高級であればあるほどメンテナンスが欠かせない機械式腕時計にとって、この安心感はひときわありがたいところです。

一方、21世紀に入ってからは、2013年に日本人で初めてAHCI独立時計師アカデミー（339頁参照）正会員に迎え入れられた菊野昌宏をはじめ、同じく15年に正会員になった浅岡肇、19年に準会員になった牧原大造など、限られた数を受注生産する独立時計師も登場。製造過程まで身近に味わうことができ、我が国の機械式文化もついにここまできたかと頼もしい限りです。

1-1 日本の2大メーカー

セイコー（SEIKO 1881）

今やあらゆる精密機器の素材や部品から電子デバイスまでを手がける一大コングロマリットに成長したセイコー・グループは、時計メーカーとしても世界最大規模。国内外に複数の製造拠点を持ち、製品のラインナップも複雑です。

まずはごく簡略な歴史から。1881（明治14）年に服部金太郎が東京・京橋に服部時計店（現・和光）を創業し、92年に製造部門として錦糸町に精工舎（現・セイコークロック）を設立。1913（大正2）年に**国産初の腕時計〝ローレル〟**を発売し、37（昭和12）年には腕時計部門が第二精工舎（現・セイコーウオッチ）として独立し亀戸に工場を構えます。一方、服部時計店出身の山崎久夫が同42年に長野県・諏訪で創業し、第二精工舎の腕時計などの組立製造を請け負っていた大和工業が、59年に諏訪精工舎（現・セイコーエプソン）と改名。SEIKOの腕時計は「亀戸製」と「諏訪製」が競い合うことで、機械式黄金時代の'60年代に世界の頂点へと躍り出ました。

機械式の国内生産は'80年代初頭に一旦、終了しましたが、92年に再開。海外工場で作られていた低価格帯の機械式も、**〝セイコー5スポーツ〟**という新たなブランド名を冠して国内で生産されるようになりました。同じように、かつてモデル名だった**〝グランドセイコー〟**やシリーズ名だった**〝クレドール〟**なども現在はブランド名として独立し、販売はセイコーウオッチが統括しています。

各ブランドの高級モデルは、機械式はセイコーウオッチ傘下の盛岡セイコー工業・雫石高級時計工房、スプリングドライブ（200頁参照）はセイコーエプソン塩尻事業所（長野県）のマイクロアーティスト工房が主に製造。「亀戸・諏訪」の切磋琢磨は、「雫石・塩尻」に場所を変えて続いています。同じブランドでも機械式だけでなくスプリングドライブやクオーツ式もありますので、お買い求めの際にはムーヴメントのチェックもお忘れなく。

オリエント（ORIENT 1950）

1950（昭和25）年に多摩計器として創業。東洋時計製作所（1920年設立）日野工場を借りて腕時計の生産を開始し、翌51年にオリエント時計に商号を変更しました。今日もブランド名として残る〝**オリエントスター**〟をはじめ、穴石と受け石を100個も用いた〝グランプリ100〟（52頁参照）や〝万年カレンダー〟といった個性的なモデルを次々に発表。クオーツ式が世を席巻した後も、81年に羽後時計精密、86年に秋田オリエント精密（共に現・秋田エプソン）を設立し、機械式を作り続けてきました。

2017年にセイコーエプソンに統合され、会社としてのオリエント時計はなくなりましたが、オリエントとオリエントスターの2ブランドは今も健在。5万円以下で買えるモデルが豊富な前者は、機械式入門に最適です。

シチズン（CITIZEN 1918）

貴金属商・山崎商店（現・田中貴金属ジュエリー）の製造部門・尚工舎を母体に1918（大正7）

年、尚工舎時計研究所として創業。24年に発表した懐中時計〝シチズン〟(後藤新平の命名といわれます)から名を取って30年にシチズン時計として会社化し、東京・高田馬場に本拠を構えました。52年に日・曜・月カレンダー付き、58年にアラーム機構付き、59年に完全防水仕様、66年に電磁テンプ式〝コスモトロン〟と、腕時計における「国産初」を連発。一方でアメリカのブローバと提携し、同社が特許を持つ音叉時計〝アキュトロン〟を71年に〝ハイソニック〟の名で国産化しています。

2008年にはその**ブローバ**、12年にはスイスのプロサー社(**アーノルド&サン**や15年に復興した**アンジェラス**、高級ムーヴメントメーカーの**ラ・ジュー・ペレ**を所有)、16年には同じくスイスの**フレデリック・コンスタント**を買収。シチズンファインデバイス(旧・御代田精密)が作る**MIYOTA**ブランドの国産ムーヴメントを内外のブランドに供給するなど、海外進出にも意欲的です。

別ブランドとして展開する**カンパノラ**には、リピーターや永久カレンダーなど機械式なら数千万円コースの複雑機構をクオーツ化して手が届く価格帯に収めた通好みなモデル(168頁参照)に加え、ラ・ジュー・ペレ製のムーヴメントを用いた高級機械式も。一方、〝**シチズンコレクション**〟などには10万円以下の機械式も幅広くラインナップされています。

1-2 日本の独立時計師たち

菊野昌宏（1983-）

陸上自衛隊を退官後、ヒコ・みづのジュエリーカレッジで時計作りを学び、同校で教鞭を執りながらETA製ムーヴメントなどをベースに自らの作品を開発。2011年に〝**永久カレンダー・トゥールビヨン**〟と、田中久重が万年自鳴鐘に用いた自動割駒を腕時計化した〝**和時計**〟を発表（230頁参照）してAHCI準会員に迎えられ、13年に正会員に昇格しました。その後もオートマタ付きリピーター〝**折鶴**〟やムーンフェイズ〝**朔望**〟など、和のテイストを利かせた名作を次々に発表。注文が殺到して生産が追いつかず、現在は受注を中止しているほどの人気です。

浅岡肇（1965-）

東京藝術大学デザイン科卒業後、プロダクトデザイナーとして活動。仕事で腕時計をデザインしたのをきっかけに独学で時計作りを修得し、2009年に日本で初めてのトゥールビヨンを搭載した腕時計を製作。13年にAHCI準会員、15年に正会員に迎えられました。

自身の工房「**東京時計精密**」で、ベーシックなスモールセコンドの〝**TSUNAMI**〟や〝**クロノグラフ**〟、トゥールビヨンはキャリッジにジュラルミン素材を用いた〝**ピュラ**〟と軸受け石の代わりにボールベアリングを用いた〝**プロジェクトT**〟の2種を受注生産。機械式の面白さを知る入門用としてMIYOTAのムーヴメントを用いた〝**クロノトウキョウ**〟は市販もしています。

牧原大造（1979–）

元調理師で、時計好きが高じてヒコ・みづのジュエリーカレッジに入り、菊野昌宏らに師事。スイスにＰ《フィリップ》・デュフォー（後述）を訪ねて励まされ、２０１７年に自らのブランドを立ち上げました。日本の伝統工芸とスイスの伝統的時計作りの融合を目指し、０・５㎜厚のガラス板に江戸切子細工を施した文字盤と桜の彫金を施したムーヴメントの〝**菊繋ぎ紋　桜**〟を19年のバーゼルフェアに出品。ＡＨＣＩ準会員に迎えられました。部品ひとつひとつの磨きにまでこだわった作品を受注生産しています。

飛田直哉（1963–）

スイス時計の2大輸入代理店だった日本デスコとＤＫＳＨを経て、F.P.ジュルヌ（後述）南青山ブティックやラルフローレン ウォッチの立上げに参加した後、２０１８年に独立して自らの名を冠した機械式腕時計をプロデュースする「NH WATCH」を設立。デビュー作〝NH TYPE1A〟からして、37㎜ケースに合う手巻でスモールセコンドの位置が理想的なムーヴメントを探し抜いた末にヴァルジュー〝cal.7750〟からわざわざ自動巻とクロノグラフのモジュールを外して用いたという容赦のなさ。業界きっての機械式マニアとして知られたこだわりが針先にまで行き届いた、通好みな時計作りを貫いています。

2 スイスのブランドとそのグループ

グループ化とムーヴメントの共有化が進むスイスの時計ブランドは、どのグループに属しているかを知っておくことも大切です。そこで本書では独立資本系、5大グループ、商社取扱ブランド、独立時計師アカデミーの4カテゴリーに分け、日本で機械式が買える主要64ブランドを紹介して参ります。余談ながら、老舗ブランドがグループに組み込まれてゆく歴史を見ると、「クオーツ危機」の影響がいかに大きかったかを改めて痛感させられるでしょう。

2-1 独立資本系

今日まで資本の独立性を保っているだけあって、いずれも自社でムーヴメントを開発製造できる「マニュファクチュール」の一流ブランド。それだけに買収対象として狙われやすく、特に投資系資本がバックについているブランドや小さな個人ブランドは、今後どこかのグループに組み込まれる可能性も否定できません。

パテック フィリップ（PATEK PHILLIPE 1839）

ロシアとの闘いに敗れスイスに亡命したポーランドの元騎兵隊少尉**A**《アントワーヌ》・**パテック**（Patek, Antoine：1812–77）と時計師**F**《フランソワ》・**チャペック**（Czapek, François：1811–?）が、１８３９年にジュネーヴでパテック チャペックとして創業。リューズ引き出し時刻合わせ機構の発明者**J**《ジャン》＝**A**《アドリアン》・**フィリップ**（Philippe, Jean-Adrien：1815–94）をスカウトして１８５１年に**パテック フィリップ**（略称**PP**）となり、１９３２年から今日まではスターン家が代々、経営を受け継いでいます。

機械式腕時計の最高峰として不動の地位を保つ一方で、クオーツ式の開発やシリコン製ヒゲゼンマイの採用で他に先駆けた革新性も併せ持つPP。創業直後から内外のセレブの愛顧を得て、各国の有名宝飾店に別注品も供給してきました。１９３３年にアメリカの銀行家H・グレイヴスがティファニーを通じて発注した当時で最も複雑（89年にPP自身が記録を更新）な懐中時計は、２０１４年のオークションで約28億円で落札。腕時計でも、同じグレイヴスが１９３８年に購入したミニッツリピーターが２０１９年に5億円超で落札されています（１９７頁参照）。最近では、**PP**には珍しいSS（ステンレススチール）ケースの**〝ノーチラス〟**が世界中で人気が出て品薄となり、中古品が18Kケースの上位モデルの新品より高値で取引される逆転現象が起きて話題を呼びました。

このように、PPは**資産価値の高さ**も別格です。長きにわたって価値が下がらないのは、その時々で最も複雑な**〝グランド・コンプリケーション〟**を開発し続ける一方で、１９３２年に登場した**〝カラトラバ〟**をはじめ**〝ゴンドーロ〟**や**〝ゴールデン・エリプス〟**といった定番モデルはマイナーチェンジしながら限られた数だけ生産する姿勢を貫いてきたからでしょう。レファランス番号の末尾が**96**で終わる〝**カラトラバ**〟は日本のファンには「**クンロク**」の愛称で親しまれ、機械式腕時計の基本ともいえるデザイン。ちなみにカラトラバとは12世紀にスペインで設立された騎士団の名で、PPはその紋章である「**カラトラバ十字《クロス》**」をトレードマークにしています。

創業以来の全製品の修復が可能という**完璧なアフターケア体制**も価値を支える要因。**日本国内にもサービスセンターと工房**を構え、スイスの本社で研修を終えた認定技術者が多数常駐しています。ムーヴメントの性能から部品の仕上げ、アフターケアに至るまで、機械式腕時計の高級品とはこういうものだというお手本となるブランドです。

オーデマ ピゲ（AUDEMARS PIGUET 1875）

略称**AP**。日本では〝**ロイヤル オーク**〟が特に人気なせいか芸能・スポーツ界御用達のイメージが強いのですが、本来は複雑機構を得意とし、PPと並ぶ格式を誇る名門ブランド。意外に知られていませんが、リシャール・ミルの主要な株主でもあります。

1875年、スイス・ヴォー州のジュウ渓谷にあるル・ブラッシュで、2人の時計師**J《ジュール》＝L《ルイ》・オーデマ**（Audemars, Jules-Louis：1851–1918）と**E《エドアール》＝A《オーギュスト》・ピゲ**（Piguet, Edward-Auguste：1853–1919）が創業。今日に至るまで同じ地で両家の子孫が経営を受け継いでいます。ちなみにAudemarsはフランス語の発音では「オードマール」が近いようです。

複雑機構で定評のあるムーヴメントメーカー、**ルノー・エ・パピ**（現・オーデマ ピゲ ル・ロックル）を傘下に持ち、音響工学を駆使した「**スーパーソヌリ**」（198頁参照）や摩擦を軽減した「**AP脱進機**」

など独自の機構を開発。その成果は、クラシックな〝**ジュール オーデマ**〟をはじめ、楕円形ケースが特徴の〝**ミレネリー**〟や２０１９年に発表された〝**CODE 11.59**〟、そしてお馴染みの〝**ロイヤル オーク**〟コレクションにも、様々な形で搭載されています。

リシャール・ミル（RICHARD MILLE 2001）

フランスの宝飾ブランド、モーブッサンで時計部門を担当していた**R《リシャール》・ミル**（Mille, Richard：1951-）がスイスの時計製造業者**D《ドミニク》・ゲナ**（Guenat, Dominique：生年不詳）と共に、オーデマ ピゲの支援を受けて２００１年に創業。**「エクストリーム・ウォッチ」**をコンセプトに、チタンやカーボンなど**新素材を駆使した軽くて丈夫な複雑時計**を次々に発表しています。Ｆ１ドライバーのＦ・マッサやテニス選手のＲ・ナダルのシグニチャーモデルが有名です。

ロレックス（ROLEX 1905）

日本での一般的知名度が最も高いスイス製腕時計のブランドといえば、やはりロレックスでしょう。ドイツに生まれスイスの時計商で対英輸出業務に携わっていた**H《ハンス》・ウイルスドルフ**（Wilsdorf, Hans：1881-1960）が１９０５年にロンドンで創業したウイルスドルフ&デイヴィス社が母体。08年にスイスで商標登録した「ロレックス」を社名とし、20年にジュネーヴに移転します。26年に防水ケース**「オイスター」**、31年に全回転ローター式自動巻機構**「パーペチュアル」**（61頁参照）の特許を取得。以来、複雑機構よりも日常的な機能性を追求し続け、実用時計の最高峰としての揺るぎない地位を確立しました。

45年に瞬間日送りの特許機構を用いたカレンダー時計〝**デイトジャスト**〟、53年にアウトドア仕様の〝**エクスプローラー**〟と逆回転防止ベゼル付きダイバーズウォッチ〝**サブマリーナー**〟、55年に第2時間帯を24時間ベゼルで表示する〝**GMTマスター**〟、56年に1000ガウスの耐磁性能を持つ〝**ミルガウス**〟、63年にクロノグラフ〝**コスモグラフ デイトナ**〟を発表。いずれのモデルも、ムーヴメントやケース径、デザインなどを進化させながら今日まで作り続けられています。

一方、オイスターケースを使わないドレスウォッチ〝**チェリーニ**〟も健在。かつては角形で大きめのスモールセコンドを持つドクターズウォッチ〝**プリンス**〟や、ベルトが交換できるレディスウォッチ〝**カメレオン**〟なども作っていました。

世界中にコレクターが多くリセールバリュー（中古価格）が高いことも特徴で、文字盤の色やベゼルに刻まれた数字の違いといったマニアックなポイントで値段が何倍にも跳ね上がります。このため、膨大な数の中古品がアンティーク市場に出回っていますが、ロレックスは日本国内に大きなサービスセンターを構えていてアフターケア体制も万全なので、せっかくなら安心してケアを受けられる正規輸入品をお求めになることをおすすめします。

チューダー（TUDOR 1926）

H・ウイルスドルフ（前出）が1926年に代理人に登録させた商標を36年に買い戻し、46年に会社を設立。ロレックスのディフュージョン（普及版）・ブランドとして育て上げました。日本での正式販売が始まったのは2018年。かつては「チュードル」と呼ばれ海外でしか買えないブランドで、ロレックスにはないアラーム機構付きの**〝アドバイザー〟**(製造中止)などが人気でした。

現行品は、時針の先端に斜めの正方形を付けた「スノーフレーク」針(78頁参照)をトレードマークに、ロレックスの各モデルを彷彿させるラインナップと、**〝アンバサダー〟**と銘打ったD・ベッカムやレディー・ガガらのシグニチャーモデルの2本立て。ムーヴメントは長らくETAなど他社製を使用してきましたが、2015年には初の自社製ムーヴメントMT5612を開発して**〝ペラゴス〟**に搭載。**〝ブラックベイ クロノ〟**にはブライトリングと共同開発したMT5813が採用されています。

ブライトリング(BREITLING 1884)

1884年に**L《レオン》・ブライトリング**(Breitling, Leon：1860-1914)がベルン州サンティミエで創業し、同92年にヌーシャテル州ラ・ショー゠ド゠フォンに移転。3代続いた後、1979年にシュナイダー家に経営を譲り、同82年からはゾロトゥルン州グレンヒェンに拠点を移し、2017年にルクセンブルクの投資会社CVCキャピタル・パートナーズに買収されました。

早くから航空用腕時計の開発に取り組み、1915年にセンター・クロノグラフ針、同23年に2時位置の発停ボタン、34年に4時位置の復針ボタンを他に先駆けて採用(114頁参照)。**現在のクロノグラフ腕時計の原型を確立したブランド**です。69年には、今日まで続く汎用ムーヴメントの源流となる史上初の自動巻クロノグラフキャリバー**〝クロノマティック cal.11〟**を、ホイヤー、ハミルトン、デュボア・デプラと共同で開発しています(115頁参照)。

代表モデルは、1952年から続く航空用回転式計算尺付きの〝**ナビタイマーB01クロノグラフ**〟。同42年に発表され創業100周年の84年にリニューアルされた〝**クロノマット**〟は、機械式復活のきっかけを作りました（115頁参照）。旧クロノマットのデザインは、95年発表の〝**モンブリラン**〟が継承。〝**スーパーオーシャン**〟と銘打ったダイバーズウォッチのコレクションも充実しています。

ショパール（Chopard 1860）

1860年に**L《ルイ》＝U《ユリス》・ショパール**（Chopard, Louis–Ulysse：1836–1915）がベルン近郊ソンヴィリエで創業。1963年にドイツ・プフォルツハイムの宝石時計業者ショイフレ家が経営を引き継ぎました。日本では文字盤の周囲でダイヤが回るレディスウォッチ〝**ハッピーダイヤモンド**〟（クオーツ式）が有名でしたが、1996年にヌーシャテル州フルリエに工房を設け自社ムーヴメントを開発し始めてからは機械式ファンの評価も急上昇。同軸上に積載した二重香箱を二つ搭載する「**ツインテクノロジー**」（旧呼称「**クアトロ**」67頁参照）でハイビートとロングパワーリザーブを両立させた自社ムーヴメントを用いた〝**L.U.C**〟と、モータースポーツを意識したクロノグラフ〝**ミッレミリア**〟が特に人気です。

同じフルリエに工房を構えるボヴェとパルミジャーニ・フルリエと共に「**カリテ・フルリエ**」（Qualité Fleurier）という品質協定を結び、高品位を保ち続けています。

パルミジャーニ・フルリエ（PARMIGIANI FLEURIER 1996）

製薬会社サンド（現・ノバルティス）の創業家が運営するサンド・ファミリー財団が保有する時計コレクションの管理を任されていた時計師**M《ミシェル》・パルミジャーニ**（Parmigiani, Michel：1950–）が、同財団の支援で1996年にフルリエで創業し、99年に初コレクションを発表。「ゴドロン装飾」というギザギザを刻んだベゼルをトレードマークに人気を博しました。

2000年にケースメーカーのレ・ザルティザン・ボワティエ、01年に部品メーカーのアトカルパを買収し、03年にはムーヴメント製造部門としてヴォーシェ・マニュファクチュール・フルリエ社を設立。垂直統合型の自社生産体制を確立し、他社への供給や開発協力も開始します（274頁参照）。04年には自動車会社ブガッティとパートナー契約を結び（19年に終了）、輪列を縦積みして水平に置いた（つまり全ての歯車が垂直方向に回転する）前代未聞の腕時計〝**ブガッティ タイプ 370**〟を発表して業界を驚かせました。

現在は、「ゴドロン装飾」の〝**トリック**〟と丸型の〝**トンダ**〟、トノー型の〝**カルパ**〟の3コレクションそれぞれに、シンプルな3針から複雑時計まで幅広いモデルを展開。06年から新たに株主に加わったエルメス製の高級レザーストラップが標準装備されている点も見逃せません。

ファーブル・ルーバ（FAVRE-LEUBA 1737）

ブランパンに次いでスイスで2番目に古い現存ブランドとされています。1737年にヌーシャテル州ル・ロックルで**A《アブラアム》・ファーブル**（Favre, Abraham：1702–90）が創業。1815年に**A《オーギュスト》・ルーバ**（Leuba, Auguste：生没年不詳）を共同経営者に迎えファーブル・ルーバとなりました。

1962年には二重香箱の薄型キャリバー**FL251**とアネロイド気圧高度計内蔵の〝**ビバーク**〟、68年には深度計内蔵ダイバーズウォッチ〝**バシィ**〟と「史上初」を連発して一時代を築きますが、「クオーツ危機」後の'80年代に、ファーブル家が8代受け継いだブランドをついに手放します。

以後は転売が繰り返され事実上の休眠状態でしたが、2011年にインドのタタ財閥の時計メーカー、タイタンが買収し、ツークに本拠を移してブランドを復興。EMC製ムーヴメントを用いて往年の名機をさらに性能アップした〝**レイダー・ビバーク9000**〟や〝**レイダー・バシィ120メモデプス**〟、セリタ製ムーヴメントをベースにしたクロノグラフ〝**レイダー・ハープーン**〟などを、手頃な価格帯で展開しています。

ローマン・ゴティエ（Romain Gauthier 2005）

時計師の息子としてジュウ渓谷に生まれ、大学で精密機械工学を学んでMBAも取得した**R**《ローマン》**・ゴティエ**（Gauthier, Romain：1975–）が、独立時計師P《フィリップ》・デュフォー（後述）に学んで2005年に立ち上げた、年産数十本の個人ブランドです。デュフォー譲りの部品仕上げの美しさで定評があり、鎖引きフュージを搭載した〝**ロジカル・ワン**〟が代表作。

ジャン・ダニエル・ニコラ（JEAN DANIEL NICOLAS 2001）

フランス出身で、ジャガー・ルクルトやAPを経てショーメ傘下時代のブレゲを復興させた立役者**D**《ダニエル》**・ロート**（Roth, Daniel：1945–）が、1989年に独立して**ダニエル・ロート**を設立。97年にシンガポール資本のアワーグラスグループに同ブランドを売却（現在はブルガリが所有）後、2001年にヴォー州ルサンティエの工房を拠点に自らと妻子の名で立ち上げた個人ブランドがジャン・ダニエル・ニコラです。ブレゲ時代に同氏が初めて腕時計化したといわれるトゥールビヨンを得意とし、ダニエル・ロート時代からのトレードマークである分銅型のケースと部品磨きの美しさも変わっていません。

2-2 スウォッチ グループ

ポップなクオーツ式腕時計スウォッチの名を冠しながらも、その実体はスイスを代表する機械式の名門企業の集合体。半世紀にわたる合併劇の詳細は267頁～をご参照ください。

日本法人のスウォッチ グループ ジャパンが扱っているのは、プレステージ&ラグジュアリー（**ブレゲ**、**ブランパン**、**グラスヒュッテ・オリジナル**、**ジャケ・ドロー**、**オメガ**）、ハイ（**ロンジン**、**ラドー**）、ミドル（**ティソ**、**ミドー**、**ハミルトン**、カルバン・クライン）、ベーシック（スウォッチ）の4レンジ12ブランド。本書では右に太字で表記した機械式が多く揃う10ブランドと、2013年に買収した**ハリー・ウィンストン**（ハリー・ウィンストン・ジャパン扱い）について、簡単に解説していきます。

プレステージ&ラグジュアリーレンジのブランドは、いずれも独自のムーヴメントを開発している**マニュファクチュール**。ハイとミドルレンジはグループ傘下**ETA**のムーヴメントを使用することが多いとはいえ、いずれも歴史のあるブランドなので、往年の名モデルが思わぬお買い得価格で手に入ることも。同じＥＴＡのムーヴメントでもブランドによって仕上げが違うので、そのあたりを比べてみるのもマニアックな楽しみ方といえるでしょう。

オメガ（OMEGA 1848）

現在のスウォッチ グループの中核をなすブランドはオメガです。１８４８年に**L《ルイ》・ブラン**（Brandt, Louis：1825-79）がヌーシャテル州ラ・ショー＝ド＝フォンに開いた工房が母体。息子たちの代に現在と同じベルン州ビール（ビエンヌ）に本拠を移し、１８９４年に開発した19型**〝オメガ〟**キャリバーの名を１９０３年に社名とします。第１次世界大戦後の不況期にティソとＳＳＩＨ（スイス時計産業協会）を結成し、クオーツ危機後の83年にスウォッチ グループの前身ＳＭＨ（スイス精密電子工業および時計製造会社）に組み込まれた歴史については、２６９頁〜で述べたとおりです。

日本との関係も古くて深く、すでに明治の初めから現在のＤＫＳＨの前身であるシイベル・ブレンワルド商会がルイ・ブラン（当時はブラントと表記）兄弟社の懐中時計を輸入販売。１９６０年代の高度成長期にはオメガがスイス製高級腕時計の代名詞となり、パーカーの万年筆やロンソンのライターと並んで**「サラリーマン憧れの三種の神器」**と讃えられました。

１９３２年のＬＡオリンピックでは史上初の単独公式時計に採用され、同65年にはクロノグラフ**〝スピードマスター〟**をＮＡＳＡが公式採用。69年にアポロ11号の飛行士と共に月面に降り立ち、史上初の**「ムーンウォッチ」**となりました。

その〝**スピードマスター**〟（57年発売）をはじめ、防水時計〝**シーマスター**〟（48年）、クロノメーター精度の〝**コンステレーション**〟（52年）、ドレスウォッチ〝**デ・ヴィル**〟（67年）の４ラインは今も健在。コーアクシャル脱進機（43頁参照）とシリコン製ヒゲゼンマイを採用した自社製ムーヴメントで精度と耐磁性能を大幅に向上するなど進化し続けています。また、文字盤中央に配したトゥールビヨンが秒針を兼ねる〝**デ・ヴィル トゥールビヨン マスタークロノメーター**〟など、プレステージ＆ラグジュアリーレンジに相応しい複雑時計も見逃せません。

ブランパン（BLANCPAIN 1735）

現存する最古の、そして創業以来一度もクオーツ式を作っていない時計ブランドとして知られます。１７３５年に**J**《ジャン》**＝J**《ジャック》**・ブランパン**（Blancpain, Jehan-Jacques：1693-?）がベルン州ヴィルレで創業。１８５９にヴォー州ル・ブラッシュに本拠を移し、７代続いた後にフィスター家に経営を譲り、１９６１年にはＳＳＩＨに吸収されて同グループのムーヴメント製造を担いました。

クオーツ危機後は休眠状態に入りますが、82年にムーヴメントメーカーのフレデリク・ピゲと、ＡＰやオメガで経験を積んだ**J**《ジャン》**＝C**《クロード》**・ビバー**（Biver, Jean-Claude：1949-）が買収。ビバーの経営手腕で機械式製造を復興させ、92年にフレデリク・ピゲと共に（２０１０年に完全合併）スウォッチ グループに入りました。ブランパンとビバーの加入は、同グループがラグジュアリー戦略に舵を切る一大転機になったといわれています。

現在は４つのコレクションを展開。創業地の名を冠した〝**ヴィルレ**〟はシンプルな薄型の２針からいくつもの複雑機構を搭載したグランド・コンプリケーションまで幅広く、中でもトゥールビヨンやカルーセルを搭載したモデルが充実しています。水深50尋（約92ｍ）を意味する〝**フィフティ ファゾムス**〟はダイバーズウォッチ、〝**メティエダール**〟はエナメルや金工の職人技を尽くした工芸時計。高品位の機械式ムーヴメントと上品な宝飾がバランスよく融合したレディスが揃う〝**ウイメン**〟も見逃せません。

ブレゲ（Breguet 1775）

ヌーシャテル生まれの天才時計師**A**《アブラアム》**＝L**《ルイ》**・ブレゲ**（Breguet, Abraham-Louis：1747-1823）が、15歳でフランスに出てヴェルサイユの時計学校で学んだ後、1775年にパリで開業。巻上げヒゲやトゥールビヨンをはじめとする彼の偉大な発明の数々は、本書でも随所で紹介してきました。

ブランドとしてのブレゲは、1870年に孫のルイ＝クレマンが電信事業に転身（その孫のルイ＝シャルルは後に航空機メーカーのブレゲーを創業）したため、工房長を務めていたイギリス出身のE《エドワード》・ブラウンに譲渡。ブラウン家が3代継いだ後、1970年にパリの宝飾店ショーメが取得します。この時期に時計師の**D**《ダニエル》**・ロート**（前述）らがA＝L・ブレゲの偉業を腕時計化することで高級ブランドとして復興し、パリの工房を閉鎖して製造拠点をスイス、ジュウ渓谷のラベイエへと移転。その後、同87年にサウジアラビアのヤマニ元石油相が設立した投資会社インベストコープにショーメと共に買収され、92年にムーヴメントメーカーの**ヌーヴェル・レマニア**（旧レマニア）を合併（2007年に吸収）。93年に7代目にあたるE《エマニュエル》・ブレゲ（現・ブレゲ博物館館長）を迎え入れた後、99年にス

ウォッチ グループに入り、同グループのプレステージ&ラグジュアリーレンジを牽引する高級ブランドとして幅広いラインナップを展開しています。

側面に縦溝を刻んだ**「コインエッジケース」**や、**「クル・ド・パリ」**と呼ばれるギョシェ加工とサテン仕上げのインデックスリングを組み合わせた文字盤に**「ブレゲ針」**（70、77頁参照）など、A＝L・ブレゲが考案し今も他ブランドを含む多くの腕時計に影響を与え続けている意匠を継承した本家本元のラインが**〝クラシック〟**。同じくA＝L・ブレゲが発明し最新の技術で進化させた複雑機構をそこにプラスしたのが**〝クラシック・コンプリケーション〟**です。

さらに、左右対称のムーヴメントを文字盤側から見せる**〝トラディション〟**や、ナポリ王妃が注文した腕時計をモチーフにしたレディス**〝クイーン・オブ・ネイプルズ〟**など初代の作品を現代風にアレンジしたラインから、トノー型ケースの**〝ヘリテージ〟**、スポーツタイプの**〝マリーン〟**、１９５０年代にフランス海軍航空隊に納めていた航空時計をモチーフにしたクロノグラフ**〝タイプトゥエンティ〟**といったモダンなラインまで、あらゆるタイプの高級時計を網羅しています。

ジャケ・ドロー（JAQUET DROZ）

３体の自動人形（１７１頁参照）や、イギリス経由で中国に輸出されたからくり時計で知られるオートマタの天才、**P**《ピエール》**・ジャケ＝ドロー**（Jaquet-Droz, Pierre：1721-90）。この偉大な時計師の名を冠しながら、あえて創業年を謳わないのは、彼の工房が19世紀初頭に完全に断絶しているからでしょう。

１世紀半後の１９５０年代にブランド名として復活し、その後ＦＨ（スイス時計協会）の共有商標となって複数のメーカーがジャケ・ドロー銘の腕時計を販売しますが、クオーツ危機後の83年に再び断絶。93年にインベストコープが再復活させた商標を95年にブレゲ出身のＦ《フランソワ》・ボデが買い取って自動人形の復刻に取り組みますが、その名に相応しい高級時計ブランドとして真に再興するのは２００0年にスウォッチ グループに買収されてからのことです。

現在は、１７４頁で紹介したような超絶技巧を駆使した〝**オートマタ**〟をはじめ、12時側に偏心した時分針に大きなスモールセコンドを組み合わせた〝**グラン・セコンド**〟など、ジャケ＝ドロー親子の偉業を最新技術で腕時計へと進化させた見事なラインナップを揃えています。

グラスヒュッテ・オリジナル（Glashütte ORIGINAL）

その名の通りドイツのグラスヒュッテに本拠を構えるブランドですが、スウォッチ グループに属するため、ここで紹介。こちらも創業年を謳っていませんが、ジャケ・ドローとは事情が違い、どのタイミングを創業年とするかの判断が難しいためだと思われます。

Ｆ・Ａ・ランゲ（後述）がドレスデン郊外のグラスヒュッテで時計製造による村おこしを始めたのが、１８４５年。これが成功して数々のブランドが誕生しますが、第2次世界大戦後に同村は共産圏の東ドイツに組み込まれ、各メーカーは１９５１年にＧＵＢ《ゲーウーベー》（Glashütter Uhrenbetriebe）という国営公社に統合されてしまいます。このＧＵＢが東西ドイツ再統合後の90年に民営化して生まれたのが、グラスヒュッテ・オリジナル。２０００年にスウォッチ グループに入ってからも、時計学校や時計博物館を運営するなどグラスヒュッテ時計産業の振興に貢献しています。

ブランド名に相応しく、**「3／4地板」**（48頁参照）や**「スワンネック緩急針」**（32頁参照）などグラスヒュッテの伝統に則った自社製ムーヴメントを使用。10時側に偏心した時分ダイアルと左右2つのスワンネックを持つ緩急針が特徴の**〝パノ〟**、センター針の**〝セネタ〟**を中心に、ダイバーズウォッチ**〝SeaQ〟**、GUB時代の'60〜'70年代に作られた製品をモチーフとした**〝ヴィンテージ〟**と幅広いラインが揃い、レディスのバリエーションが充実しているのも特徴です。

ロンジン（LONGINES 1832）

氷河期の発見で知られる地質学者L《ルイ》・アガシの弟**A《オーギュスト》・アガシ**（Agassiz, Auguste：1809–77）が、1832年にベルン州サンティミエで創業。後を継いだ甥の**E《エルネスト》・フランシヨン**（Francillon, Ernest：1834–1900）が郊外のロンジンに工場を建て、その地名をブランドとして同80年に商標登録しました。

1919年に国際航空連盟の公式認定時計となり、同27年には米海軍のP《フィリップ》・ウィームス大佐（Weems, Philip Van Horn：1889–1979）と共にGMT信号に合わせて秒表示インダイアルを回せる**〝ウィームス セコンドセッティング ウォッチ〟**、31年には大西洋横断飛行で有名なC《チャールズ》・リンドバーグ（Lindbergh, Charles：1902–74）と共に経緯度が算出できる**〝アワーアングルウォッチ〟**を開発しています。クロノグラフ**〝13ZN〟**をはじめ幾多の名キャリバーを開発し、数々の冒険飛行や極地探検を支えて精度と丈夫さを世に示したロンジンの時計は、アインシュタインをはじめ多くの有名人が愛用。日本でも高度成長期にはオメガと並び称され、芥川賞の正賞にも使われたこともありました。

71年にASUAG傘下のGWC（269頁参照）に加入。83年にスウォッチ グループの前身SMH

に統合されてからはハイレンジのブランドとして主にETA製ムーヴメントを使用するようになりましたが、〝**ヘリテージ**〟コレクションには往年の名機のデザインを継承するモデルが揃っています。

ラドー（RADO 1917）

1917年にベルン州レングナウで創業したムーヴメントメーカー、**シュルップ＆Co.**の自社ブランドとして、57年に2匹のタツノオトシゴが向かい合うマークで知られる〝**ゴールデン・ホース**〟を発表。62年に独自の炭化タングステン超硬ケースとサファイアクリスタル風防で**スクラッチプルーフ**（耐傷性）を高めた〝**ダイアスター**〟が大ヒットし、日本でも'60～'70年代にテレビ番組の賞品としておなじみでした。ラドーは「**傷つかない腕時計**」の代名詞として知られ、86年の〝**インテグラル**〟で他社に先駆け**ハイテクセラミック**を採用することでますますその名を高めます。

ロンジン同様、GWCを経てSMHに統合され、現在はETA製ムーヴメントを用いていますが、往年の名モデルは揃って健在。2011年に発表されたオールセラミックでケース厚わずか5㎜の〝**トゥルー シンライン**〟にも、ETA2892A2ベースの日付カレンダー付き自動巻ムーヴメントを使って価格を20万円台に抑えた機械式モデルが用意されています。

ティソ（TISSOT 1853）

日本ではかつて「**チソット**」と呼ばれていました。1853年にヌーシャテル州ル・ロックルで、**C**《シャルル》＝**F**《フェリシアン》・**ティソ**（Tissot, Charles-Félicien：1804-73）父子が創業。1930年にオメガとSSIHを結成し、83年に共にＳＭＨに加入しました。30年に耐磁時計、60年に側と裏蓋を一体化したワンピースケース、69年にグラスファイバーケースの〝**シデラル**〟、71年には注油不要なプラスチック製ムーヴメントの〝**アストロロン**〟を発表するなど、古くから技術開発には定評のあるブランドです。

現行品に搭載されるキャリバーも、ＥＴＡ製を独自に改良。ETA2824-2をベースにパワーリザーブを倍以上の80時間に延ばした「**パワーマティック80**」を積んだギョシェ文字盤の〝**ル・ロックル**〟が6万円台、ヒゲゼンマイをシリコン製にして耐磁性能を高めた「**パワーマティック80 シリシウム**」搭載の〝**ジェントルマン**〟が10万円前後と、コストパフォーマンスの高さも見逃せません。

ミドー（MIDO 1918）

1918年に**Ｇ《ジョルジュ》・シャーレン**（Schaeren, Georges：1882-1958）がベルン州ビール（ビエンヌ）で創業。ＭＩＤＯはスペイン語で「測る」を意味する動詞medirの一人称単数形です。34年に当時としては画期的な耐磁・耐震・防水性を備えた自動巻〝**マルチフォート**〟を発表。'60年代には各地の天文台のクロノメーター・コンクールで名を馳せ、ロンジンやラドーと同じ過程を経てスウォッチ グループに入りました。

現行品もＥＴＡ製ムーヴメントをベースに精度にこだわり、〝**マルチフォート**〟や〝**オールダイヤル**〟コレクションには**COSC公認クロノメーター**が10万円台半ばというお買い得価格でラインナップされています。

ハミルトン（HAMILTON 1892）

ハミルトンは、アメリカ時計産業の歴史を象徴するブランドです。1892年、ペンシルヴァニア州ランカスターで、同市で倒産したKeystone Standard Watchを継承し、イリノイ州のAurora Watchを合併して創業。ブランド名はランカスター市を建設した**A《アンドリュー》・ハミルトン**（Hamilton, Andrew：c.1676–1741）父子にちなむそうです。

鉄道用の精度を謳う懐中時計からスタートし、1917年には現在も続く**〝カーキ〟**の原型となる腕時計を発表。第2次世界大戦時に軍用時計を大量生産しますが、戦後はその反動でスイス製に押されて苦戦します。起死回生を期して57年に発表したのが、電磁テンプ式による**「史上初の電池で動く腕時計」〝ベンチュラ〟**でした。R《リチャード》・アービブによる三角形のミッドセンチュリーデザインが特徴で、E《エルヴィス》・プレスリーが映画で着用した効果もあって大ヒット。日本でもリコーがハミルトンとの合弁会社を作って電磁テンプ式を生産しています。

それでもドル高のせいもあって輸出が伸びず、69年には米国内の工場を閉鎖してスイスのビール（ビエンヌ）に本拠を移転し、ハミルトンはスイスのブランドに。ホイヤーやブライトリングと**〝クロノマティック cal.11〟**（115頁参照）を共同開発したのもこの年です。

70年には**「史上初のLEDデジタル表示腕時計」〝パルサー〟**を発表して気を吐くも、アジア製クォーツに対抗できず、74年にSSIHに加入。その流れでスウォッチ グループに入りました。

現行ラインナップには**〝カーキ〟**や**〝ベンチュラ〟**も往年のデザインで揃っていますが、ムーヴメントはティソのパワーマティック80とほぼ同様のETA2824-2をベースにパワーリザーブを80時間に延ばしたキャリバー〝E-10〟などを使用。ちなみに〝パルサー〟は〝PSR〟名で受注生産されていて、LEDの代わりに液晶と有機ELを組み合わせたディスプレイになっています。

ハリー・ウィンストン（HARRY WINSTON 1932）

世界最大の青ダイヤ〝ホープ〟をはじめ数々の伝説的ダイヤを扱い「キング・オブ・ダイヤモンド」と讃えられたH《ハリー》・ウィンストン（Winston, Harry：1896-1978）が1932年にNYで創業。ジュエリーはもちろんのこと、実は機械式時計でも最高級ブランドのひとつです。

2001年のF＝P・ジュルヌ（後述）を皮切りに、才能ある独立時計師を毎年1人起用して費用を問わず最高の複雑時計を作らせる〝Opus〟シリーズを展開。09年からは〝イストワール・ドゥ・トゥールビヨン〟と銘打って、こちらも費用を問わずに多軸からマルチまでトゥールビヨンのあらゆる可能性を追求するシリーズを発表しています。桁違いの富豪を顧客に持つブランドだからこそ実現できる夢の企画で、買えないまでもお店で見せていただけるだけで眼福です。

その他のコレクションも、レディスも含めて単なる宝飾時計の域を超え、通好みの逸品揃い。2013年にスウォッチ グループ傘下に入ってからは、ますますその傾向に拍車がかかっていて、機械式時計好きとしては嬉しい限りです。

2-3 リシュモングループ

ロスマンズやダンヒルを保有していた南アフリカのタバコ産業コングロマリット、レンブラント・グループが、1985年にファッションブランドのクロエ、同88年にカルティエやピアジェを取得したのを機に、ラグジュアリーブランドに特化した持株会社**リシュモン**をスイスに設立。93年に「**ヴァンドーム・グループ**」を立ち上げました。

時計ブランドは、88年の時点で傘下にあった**カルティエ**、**ピアジェ**、**ボーム&メルシエ**、**モンブラン**(97年から時計に参入)に加え、96年には名門**ヴァシュロン・コンスタンタン**、97年に**オフィチーネ・パネライ**、99年に**ヴァン クリーフ&アーペル**、そして2000年には旧LMHグループの**ジャガー・ルクルト**、**IWC**、**A.ランゲ&ゾーネ**という強力なマニュファクチュール3社、同08年には**ロジェ・デュブイ**を買収。05年にはグループ内のブランドにムーヴメントを供給する**ヴァル・フルリエ**社を設立し、06年にはクロノグラフで定評のある**ミネルバ**をモンブラン傘下に編入するなど、開発製造力でもスウォッチ グループに迫る勢いです。一方、07年にラルフローレンと合弁で設立したラルフローレン ウォッチ&ジュエリーとは、現在は資本関係を解消しています。

カルティエ(Cartier 1847)

リシュモンが高級時計ブランドを買収していく原点となり、今もグループの中核をなすのがカルティエです。日本ではかつて「カルチェ」と呼ばれた時代もありました。

パリの宝飾職人**L《ルイ》＝F《フランソワ》・カルティエ**（Cartier, Louis-François：1819-1904）が1847年に師の工房を引き継ぐ形で独立。3代目ルイ＝ジョセフの時代に各国王室の御用達となり、「王の宝石商にして宝石商の王」と讃えられたことは有名ですが、その躍進の原動力がジュエリーだけでなく腕時計にもあったことは意外に知られていません。

ルイ＝ジョセフは早くも1904年に、友人のブラジル人飛行家A・サントス＝デュモンの注文で、当時は割れやすかった風防ガラスを交換しやすくするためベゼルをビス留めした〝**サントス**〟（96頁参照）を考案し、同19年には戦車のキャタピラにデザインのヒントを得たという〝**タンク**〟を発表（260頁参照）。時計専門ブランドに先駆けて腕時計の普及に貢献しました。ちなみに当時、カルティエにムーヴメントを供給していたのが後にジャガー・ルクルトを立ち上げるE《エドモンド》・ジャガー（後述）であり、それを製造していたのが同じくルクルト社です。

カルティエ家が手放した経営権を72年に取得した実業家R《ロベール》・オックは、「**レ マスト ドゥ カルティエ**」というディフュージョン・ラインを展開。〝サントス〟や〝タンク〟はこのラインでクオーツ式も含めて量産され、広く世界中に知られるようになりました。

機械式にはルクルトやピアジェなどのムーヴメントを使用してきましたが、88年にリシュモン傘下に入り93年に当時の「ヴァンドーム・グループ」の中核となってからは、スイスに複数の製造拠点を設けて自社ムーヴメントの開発製造を進めています。

現在は〝**サントス**〟と〝**タンク**〟に加え丸型の〝**ロトンド**〟や亀甲型の〝**トーチュ**〟、リューズの形が特徴的な〝**バロン ブルー**〟や〝**クレ**〟といったコレクションを展開していますが、毎年多くの新作が発表され、同じコレクションでもデザインもムーヴメントも価格も異なるさまざまなモデルが揃うのが特徴です。その中でもカルティエならではといえるのが、ルイ＝ジョセフ時代の1912年から作り続けられている置時計〝**パンデュール・ミュステリオーズ**〟に倣った、指針やムーヴメントやトゥールビヨンが宙に浮いて回って見える〝**ミステリアス**〟シリーズでしょう。こちらもいくつかのコレクションで見られます。

宝飾ブランドだけにレディスが充実している点も見逃せません。先述の各コレクションに加え、ジュエリーでもカルティエの代名詞のひとつになっている〝**パンテール**〟や楕円形の〝**ベニュワール**〟といったレディス中心のコレクションも豊富。レディスはクオーツ式が多いのですが、上位モデルには機械式もありますので、デザインや値段だけでなくムーヴメントのチェックもお忘れなく。

ピアジェ（PIAGET 1874）

1874年に**G**《ジョルジュ》＝**E**《エドゥアール》・**ピアジェ**（Piaget, Georges-Édouard：1855-1931）がヌーシャテル州ラ・コート＝オ＝フェでムーヴメントメーカーとして創業し、1943年からピアジェ銘で腕時計の自社製品を販売。同88年にリシュモン傘下に入った後も、4代目の**Y**《イヴ》**・ピアジェ**が指揮してきました。ちなみにイヴはバラの愛好家としても知られ、彼の名を冠した品種は日本でも人気です。

日本では宝飾時計のイメージが強いのですが、機械式好きにとってピアジェといえば何はさておき**薄型時計**。1957年にムーヴメント厚2㎜の手巻キャリバー〝**9P**〟、同60年に独自のマイクロローターを搭載した2・3㎜厚の自動巻〝**12P**〟を発表して以来、「世界最薄」に挑み続けています。

98年に2・1㎜の手巻〝**430P**〟、2010年に2・35㎜の自動巻〝**1200P**〟と、わずかに増した厚みと引き換えに精度と耐久性を大幅に向上させた名キャリバーを開発。極薄時計のコレクションを〝**アルティプラノ**〟と命名します。同14年にはムーヴメントとケースを一体化する驚きの発想で、風防も含めたケース厚を3・65㎜に抑えた〝**900P**〟（モデル名〝**アルティプラノ アルティメート・マニュアル**〟）、そして18年にはついに**ケース厚2㎜**に到達した〝**AUC**〟（同〝**アルティプラノ アルティメート・コンセプト**〟）を完成。ムーヴメントとケースの双方を自社で開発製造してきたピアジェだからこそできた芸当といえるでしょう。ちなみに17年には薄型時計60周年を記念して4・6㎜厚の極薄トゥールビヨンキャリバー〝**670P**〟も開発しています。

もちろん極薄時計以外にも、1979年発表の人気モデルをリニューアルした〝**ポロ**〟や、豪華な〝**ジュエリーウォッチ**〟のコレクションも見逃せません。

ボーム&メルシエ（BAUME & MERCIER 1830）

&はフランス語で「エ」と読みます。日本では「ボーム・メルシー」と呼ばれた時代も。1830年にジュラ州レ・ボアで**L**《ルイ》＝**V**《ヴィクトール》・**ボーム**（Baume, Louis-Victor：生没年不詳）兄弟が創業。1918年に3代目の**W**《ウイリアム》・**ボーム**（Baume, William：1885–1956）が事業家**P**《ポール》・**メルシエ**（Mercier, Paul：1879–1966）と共にジュネーヴにボーム&メルシエを設立し、同'20〜'40年代にかけクロノグラフや変形ケースの腕時計で一世を風靡した後、64年にはピアジェ傘下に入り、88年にリシュモングループに加わりました。

その後は丸型の〝**クリフトン**〟や〝**クラシマ**〟、角型の〝**ハンプトン**〟、スポーツタイプの〝**クリフトン クラブ**〟といったコレクションでETAやセリタのムーヴメントを用いた20万〜30万円台の中級モデルを展開してきましたが、2018年には自社ムーヴメントを前述のヴァル・フルリエと共同開発。'50年代に人気を博した自社製自動巻キャリバー「**ボーマティック**」の名を冠し、〝**クリフトン ボーマティック**〟コレクションに搭載しています。シリコン製ヒゲゼンマイを用いた〝**cal.BM12**〟を経て現在はメンテナンス性を考慮し金属ヒゲを採用した〝**cal.BM13**〟がメインですが、どちらもCOSC認定クロノメーターの精度に加え120時間のロングパワーリザーブと1500ガウスの耐磁性能を持つ高規格。それでいてSSケースなら30万円台とお買い得です。

モンブラン（MONTBLANC 1906）

今や時計ブランドとしても確固たる地位を築いていますが、元々はいわずと知れた筆記具の名門です。1906年にベルリンの技師が開発した万年筆を販売すべくハンブルクの文具商らが創業したジンプロ（SIMPLO）社を起源とし、同24年に今も続く〝マイスターシュテュック〟シリーズを発表して34年に社名をモンブランに変更。85年にダンヒルに買収され、現在のリシュモン傘下に入りました。

以来、筆記具以外にも分野を広げ、特に時計には力を入れて97年にスイスのル・ロックルに自社工場を設立。2006年にはクロノグラフで名高い**ミネルバ**（かつて日本の放送局で支給されていたストップウォッチの多くを生産）を合併吸収し、時計以外の分野を起源とするブランドが作りがちなノベルティウォッチの域をはるかに超えた、機械式ファンを唸らせる時計を作っています。ちなみに現在のモンブランの時計に見られる〝**1858**〟や〝**ヴィルレ**〟などのコレクション名は、ミネルバの創業年と創業地を意味しています。

現在は〝**1858**〟や〝**ヘリテイジ**〟といったコレクションで、クロノグラフの産みの親のひとりN・リューセック（112頁参照）にちなむサブダイアル回転型クロノグラフや、ミネルバのお家芸を継承した'40年代風モノプッシャークロノグラフなどを展開。外見はクラシックな機械式クロノグラフにしか見えない〝**サミット2**〟などのスマートウォッチも見逃せません。

ヴァシュロン・コンスタンタン（VACHERON CONSTANTIN 1755）

略称**VC**。日本ではかつて「バセロン・コンスタンチン」と呼ばれ、PP、APと共に「**3大時計ブランド**」と称されました。その中でも最も歴史が古く、1755年に**J《ジャン》＝M《マルク》・ヴァシュロン**（Vacheron, Jean-Marc：1731-1805）がジュネーヴで開業。3代目のジャック＝バルテルミが時計輸出商の**F《フランソワ》・コンスタンタン**（Constantin, François：1788-1854）を招聘して1819年にヴァシュロン＆コンスタンタン（1970年に「&」を省略）となり、同80年にはマルタ騎士団の紋章**マルタ十字**をトレードマークに定めて内外のセレブに顧客を拡大しました。

VCの経営権は4代目を最後にヴァシュロン家から離れ、何人かの手を経て1940年にケトラー家、同87年にヤマニ元サウジアラビア石油相、そして96年にリシュモンが取得します。

現在はシンプルな丸型の〝**パトリモニー**〟、クラシックな〝**トラディショナル**〟といった各コレクシヨンで、それぞれ2針からグランドコンプリケーションまで幅広く展開。複雑機構をエナメルや彫金で表現する工芸時計〝**メティエ・ダール**〟では、「3大ブランド」最古の格式と実力を遺憾なく発揮しています。ＳＳケースも揃うラグジュアリースポーツウォッチ〝**オーヴァーシーズ**〟も人気です。

オフィチーネ パネライ（OFFICINE PANERAI 1860）

Ｇ《ジョヴァンニ》**・パネライ**（Panerai, Giovanni：1825-97）が１８６０年にフィレンツェで開業。１９３６年にイタリア海軍からの注文を受け、取引のあったロレックスに技術供与を仰いでクッション型防水ケースの特殊部隊用潜水時計を試作。同38年から納入が始まるこのダイバーズウォッチは、パネライが16年に特許出願していた蛍光塗料〝**ラジオミール**〟を用いたことからその名で呼ばれるようになりました。49年には、より健康被害が少ない蛍光塗料〝**ルミノール**〟の特許を出願。こちらは翌50年から海軍への納入が始まるブリッジ型リューズガード付きのモデル名となりました。

イタリア海軍との契約を他社に譲渡後、93年に初の民生品腕時計を発表。97年にリシュモン傘下に入った後も、人体に無害な蛍光塗料を用いた〝**ラジオミール**〟と〝**ルミノール**〟の2コレクションを中心に展開しています。

パネライは初期はロレックス、'40年代からはアンジェリュス、93年の民生化後はＥＴＡ製ムーヴメントを用いてきましたが、２００５年に完成した〝**cal.P.2002**〟以降は自社製を採用。軍用時計時代からの伝統を引き継ぎ、どのモデルも非常に頑丈な造りになっています。

ヴァン クリーフ&アーペル（Van Cleef & Arpels 1906）

略称**VCA**。片仮名表記は英語読みなので「&」も「アンド」と読んでいいそうです。1906年に**A**《アルフレド》**・ヴァンクリーフ**（Van Cleef, Alfred：1872-1938）が義兄の**S**《サロモン》**・C**《シャルル》**・アーペルズ**（Arpels, Salomon Charles：1880-1951）とパリのヴァンドーム広場に創業。宝石の留め爪が見えない「ミステリーセット」で世界中に知られ、日本にもフランスの宝飾店としては最も早く73年に出店しています。日本では主に〝アルハンブラ〟シリーズをはじめとするジュエリーが有名ですが、実はカルティエと同様に時計も創業時からの主力商品のひとつ。2代目のP《ピエール》・アーペルは49年に自らの名を冠した腕時計を発表し、今もコレクション名のひとつになっています。99年にリシュモン傘下に入ってからは機械式がますます充実。男女の出会いと別れで時を示す〝**ポエトリー オブ タイム**〟や、C《クリスティアーン》・ファン・デル・クラーウーとコラボレーションしたプラネタリウム時計（161頁参照）もある〝**ポエティック コンプリケーション**〟コレクションは、複雑機構だけでなく宝飾やエナメルにも贅を凝らしたVCAならではの逸品。このレベルの機械式複雑時計でレディスが豊富に揃っているという点でも、貴重なブランドといえるでしょう。

ジャガー・ルクルト（JAEGER-LECOULTRE 1833）

ドイツ系とフランス系が共存するスイスならではのブランド名。これをどう発音すべきかは世界中の時計好きの間でいまだに議論になります。本来ならJaegerはドイツ語読みで「イェーガー」、LeCoultreはフランス語読みで「ルクルトル」と発音すべきでしょうが、日本では古くから「ジャガー・ルクルト」と呼んできました。ちなみに略称はトレードマークでもある**ＪＬ**です。

16世紀に宗教弾圧を逃れフランスから亡命した新教徒の子孫**Ａ**《アントワーヌ》**・ルクルト**（LeCoultre, Antoine : 1803-81）が１８３３年にヴォー州ル・サンティエで創業。彼の孫ジャック＝ダヴィドが、パリを拠点としていた時計師**Ｅ**《エドモンド》**・ジャガー**（Jaeger, Edmond : 1858-1922）と先述したカルティエの仕事などを通じて１９０３年から協業を続け、37年にジャガー・ルクルトをブランド名に。ただし北米には'70年代までルクルト銘の腕時計が輸出されていました。

カルティエやＶＣといった一流ブランドの高度な注文に応えてきただけあって、開発力は圧倒的。１２００種以上もの名キャリバーに加え、反転ケースの〝**レベルソ**〟（96頁参照）やアラーム付きの〝**メモボックス**〟（１８２頁参照）など、今日まで残る数々の名モデルを産んできました。

「クオーツ危機」の煽りを受け78年にドイツの自動車機器メーカーＶＤＯ傘下に入るものの、そこで**Ｇ**《ギュンター》**・ブリュムライン**（Blümlein, Günter : 1943-2001）という名指揮官を得て、91年にＩＷＣ、A.ランゲ＆ゾーネと**ＬＭＨ**（Les **M**anufactures **H**orlogères）を結成。２０００年にＬＭＨがリシュモンに入った後も、３軸で全方向に回転する〝**ジャイロトゥールビヨン**〟（39頁参照）や２系統の異なる輪列を１つの脱進機で調速する〝**デュオメトル**〟など画期的な機構を開発し続けています。

現在は角型の〝**レベルソ**〟と丸型の〝**マスター**〟、スポーツタイプの〝**ポラリス**〟コレクションを中心に、幅広いモデルを展開。特に高度な複雑時計のコレクションは〝**ハイブリス・メカニカ**〟と銘打たれ、〝**マスター・グランド・トラディション・ジャイロトゥールビヨン・ウエストミンスター・パーペチュアル**〟（１９９頁参照）をはじめ「これでもか」といわんばかりの超弩級モデルが並んでいます。

IWCシャフハウゼン（IWC 1868）

ボストン出身のアメリカ人時計師**F《フロレンタイン》・A《アリオスト》・ジョーンズ**（Jones, Florentine Ariosto：1841–1916）が1868年にスイス東北部のドイツ国境に近いシャフハウゼンに設立。スイスの有名時計ブランドでジュラ地方以外を拠点とするのはここだけです。正式社名はInternational Watch Company。日本の時計好きは**「インター」**と略して呼んだりもします。

IWCの歴史を語る上で欠かせない偉人が、1944年にVCから移籍して66年に亡くなるまで技術部長を務めた**A《アルベール》・ペラトン**（Pellaton, Albert：1898–1966）でしょう。彼が46年に開発し、50年に特許を取って**〝cal.85〟**から採用された**「ペラトン自動巻機構」**（62頁参照）は今も時計史とIWCの現行品に名を残しています。

手巻センターセコンドの名キャリバーとして長く使われた**〝cal.89〟**（46年）、耐磁シールドを内蔵した航空時計**〝マーク11〟**（48年）、技術者《インジュニア》用の耐磁時計**〝インヂュニア〟**（55年）など、ペラトンが残した名品は数多くありますが、何より大きな遺産は今日まで長きにわたってIWCの技術を率いる愛弟子**K《クルト》・クラウス**（Klaus, Kurt：1934–）かもしれません。IWCが78年にVDOに買収され、91年にLMHに入った後、クラウスは現在のルノー・エ・パピの協力を仰いでミニッツリピーター、永久カレンダー、トゥールビヨン搭載のグランドコンプリケーション**〝イル・デストリエロ・スカフージア〟**（93年）を開発。IWCに複雑時計という新たな地平を拓きました。ちなみに「デストリエロ」はイタリア語で「駿馬」、「スカフージア」はラテン語によるシャフハウゼンの古名。IWCのモットーである

「probus scafusia」は「シャフハウゼン優品」といった意味です。
２０００年にリシュモングループに入ってからも技術と伝統を重視する姿勢は変わらず、**〝ポルトギーゼ〟**、**〝インヂュニア〟**、**〝マークXVIII〟**をはじめとする**〝パイロット・ウォッチ〟**といったコレクションで、偉大な遺産を現代の技術で革新したモデルを展開。**〝ジュビリー〟**コレクションにはトゥールビヨンなど複雑時計も揃っています。

⌚ A.ランゲ&ゾーネ（A. LANGE & SÖHNE 1845）

&はドイツ語では「ウント」ですが、日本法人は「アンド」と英語読みしています。ちなみにゾーネ（ゾェーネ）は英語でいうサンズで「息子たち」の意。略称は**ALS**で、日本では単に**「ランゲ」**と呼ばれることが多いようです。本来ならドイツ時計の筆頭に挙げるべきですが、リシュモングループの時計ブランドの筆頭でもあるので、ここで紹介しておきます。

ザクセン王国（現ドイツ・ザクセン州）宮廷付き時計師J《ヨハン》・C《クリスティアン》・F《フリードリヒ》・グートケス（Gutkaes, Johann Christian Friedrich：1785–1845）の弟子で、パリに出てブレゲの弟子J＝T・ヴィンネル（１２９頁参照）の下で修業を積んで戻った**F《フェルディナント》・A《アドルフ》・ランゲ**（Lange, Ferdinand Adolpf：1815–75）が、首都ドレスデン郊外のグラスヒュッテを近代的時計産業で村おこしする計画を建白して政府の助成金を受け、１８４５年に同村に入植したのが、ALSと全てのグラスヒュッテの時計ブランドの始まりでした。

ランゲは**３／４地板**（48頁参照）や**スワンネック緩急針**（32頁参照）など今日でも同地の多くのブラン

ドが受け継ぐ共通規格を定め、グートケス門下の後輩M《モリッツ》・グロスマン（後述）や、同じく後輩で義弟のF《フリードリヒ》・A《アウグスト》・A《アドルフ》・シュナイダー、娘婿のJ《ユリウス》・アスマンらを次々に独立させ、グラスヒュッテの時計産業を瞬く間に成長させました。ALSを継いだ2人の息子リヒャルトとエミールも数々の特許機構を開発し、万国博や天文台の精度コンクールを席巻。第1次世界大戦の敗戦や大恐慌も乗り越えました。

　ところが、第2次世界大戦末の空襲とソ連軍による接収を経て、51年にはグラスヒュッテの全ブランドが東ドイツ国営公社GUB（前述）に管理統合されてしまいます。ALSが復興するのは、90年の東西ドイツ再統一後。西ドイツのプフォルツハイムに亡命して他社製ムーヴメントを用いたランゲ銘の腕時計を作っていた4代目**W《ヴァルター》・ランゲ**（Lange, Walter：1924–2017）が商標を再登録してLMHのG・ブリュムラインの協力を仰ぎ、94年に初のコレクションを発表したのです。

　新生ALSの目玉が、今も不動の定番として人気の〝**ランゲ1**〟。初代の師グートケスがドレスデンのオペラ座に設置したデジタル表示時計をモチーフにした「**ビッグデイト**」に加え、時分針とスモールセコンドとパワーリザーブを互いの表示が決して交差しないよう黄金比に基づいて配した文字盤のデザインや、かつてグラスヒュッテ製懐中時計の共通規格だったディテールを腕時計化して甦らせたムーヴメントの設計は、復興時のプロダクトマネージャーを務めた技術者で時計史家の**R《ラインハルト》・マイス**（40頁参照）の知見あってこそ。彼のトゥールビヨン研究は、史上初めて腕時計に鎖引きフュージを用いた〝**トゥールビヨン プール・ル・メリット**〟に活かされました。歴史的背景と高度な複雑機構と並ぶ新生ALSのもうひとつの特徴は、部品の面取りや磨きの驚異的な美しさ。こちらは旧共産圏で地道な手作業を続けてきたグラスヒュッテの職人ならではの技術が活かされました。

　2000年にリシュモン傘下に入ってからも、VCと並びグループの時計ブランドの頂点に君臨。現在は〝**ランゲ1**〟を筆頭に、クロノグラフ〝**ダトグラフ**〟を含む〝**サクソニア**〟（ザクセン州のラテン名）、かつて得意とした科学観測用時計をイメージした〝**リヒャルト・ランゲ**〟（2代目の名）、シンプルな〝**1815**〟（初代の生誕年）、ラグジュアリースポーツタイプの〝**オデュッセウス**〟、09年に発表されてALSのもうひとつの顔となった機械式デジタル表示時計〝**ツァイトヴェルク**〟（「時の作品」の意）の6コレクションを展開しています。伝統を受け継ぐだけでなく、15年には〝ツァイトヴェルク〟に画期的な「**10進法リピーター**」を搭載するなど、複雑機構の革新に取り組み続けている点も見逃せません。

ロジェ・デュブイ（ROGER DUBUIS 1995）

　ロンジンとPPで長く経験を積んだ**R《ロジェ》・デュブイ**（Dubuis, Roger：1938–2017）が、投資家でデザイナーの**C《カルロス》・ディアス**（Dias, Carlos：生年不詳）と1995年にジュネーヴで創業。クッション型の4隅を尖らせたケースが特徴の〝**サンパティ（シンパシー）**〟シリーズで、たちまち人気を博します。中でも3時位置に日付、9時位置に曜日を「**バイレトログラード**」表示する永久カレンダーはケースのデザインによくマッチして、ブランドの顔となっていました。

　2001年にジュネーヴ郊外メイランに大工房を新設するも、デュブイは03年に引退し、ディアスも08年に経営権をリシュモンに譲って離脱。ブランド名はそのままですが、現在の商品ラインナップはかつてとはうって変わり、新素材と先端技術を駆使して丸型ケースにスケルトナイズされた複雑機構を収めた〝**エクスカリバー**〟コレクションが主力です。

2-4 LVMHグループ

1971年にシャンパンのモエ（**M**）とコニャックのヘネシー（**H**）、さらに87年にバッグのルイ・ヴィトン（**LV**）が合併。グループを統率する**B**《ベルナール》**・アルノー**（Arnault, Bernard：1949-）は、酒類から服飾、時計まで一流ブランドを次々に買収し、LVMHを世界最大のラグジュアリーブランド・コングロマリットに成長させました。時計では、99年に名門マニュファクチュールの**ゼニス**と**タグ・ホイヤー**、宝飾時計に強い**ショーメ**を獲得し、2002年からは**ルイ・ヴィトン**も機械式を製造開始。08年に**ウブロ**、11年に**ブルガリ**を傘下に加え、21年には**ティファニー**も買収しました。

ゼニス（ZENITH 1865）

G《ジョルジュ》**・ファーヴル＝ジャコ**（Favre-Jacot, Georges：1843-1917）が1865年にヌーシャテル州ル・ロックルで創業し、1911年に懐中時計用のキャリバー名だった〝**Zenith**〟（「天頂」の意）を社名に。天文台コンクールで何度も優勝し、日本でも戦前から旧国鉄などに制式採用され「**ゼニット**」の名で知られていました。

腕時計時代の傑作は、69年に発表した10振動の自動巻クロノグラフ〝**cal.3019エル・プリメロ**〟（115頁参照）。米企業に買収され75年から機械式の製造が中断していた間も、これら名キャリバーの技術を守り続け、スイス資本に買い戻された後の84年に復活。99年にLVMH傘下に入った後も、今日まで進化させ続けています。

2017年には、通常計時用の10振動にクロノグラフ用の100振動脱進機を加え、クロノグラフ針が1秒に1回転して1／100秒まで計測可能な〝**エル・プリメロ21**〟（cal.9004）を発表し、〝**デファイ**〟コレクションに搭載。同19年には開発50周年を機に新たに〝**cal.3600エル・プリメロ2**〟を開発。こちらは〝**クロノマスター**〟コレクションに採用されています。

〝**デファイ**〟には、トゥールビヨンを常に水平に保つ独自のジャイロスコープ機構を持つ〝**ゼロG**〟や〝**ダブル トゥールビヨン**〟、鎖引きフュージを備えた〝**フュゼ・トゥールビヨン**〟も。一方、クロノグラフのないシンプルでドレッシーな〝**エリート**〟コレクションも健在です。

タグ・ホイヤー（TAG HEUER 1860）

1860年に**Ｅ**《エドゥアルト》**・ホイヤー**（Heuer, Edouard：1840-92）がベルン州サンティミエでホイヤーとして創業し、同67年に同州ビールに移転。現在はヌーシャテル州ラ・ショー＝ド＝フォンが本拠です。

クロノグラフを得意とし、87年に「**スイングピニオン式**」（122頁参照）の特許を取得。1916年には史上初の1／100秒まで計測可能なクロノグラフ〝**マイクログラフ**〟を発表しています。

腕時計時代にも回転ベゼル付きの〝**オータヴィア**〟（62年）をはじめ丸型の〝**カレラ**〟（63年）、映画

『栄光のル・マン』でS《スティーヴ》・マックイーンが着用して大人気となった角型の**〝モナコ〟**（69年）といった、現在のコレクションに続く名作を連発。64年にクロノグラフメーカーの**レオニダス**を買収し、69年に史上初の自動巻クロノグラフキャリバー**〝cal.11クロノマティック〟**をブライトリングやハミルトンと共同開発しますが、クオーツ危機で82年には4代目にしてホイヤー家から経営が離れてピアジェ傘下に入り、85年にはアラブ系先端技術投資会社**TAG**（Techniques d'Avant Garde）グループに買収されて**タグ・ホイヤー**に。99年にブランド名はそのままにLVMHグループに加わりました。

2000年代に入ると、4つの香箱を錘の回転ではなくベルトで回転を伝達する**〝モナコV4〟**（04年）、テンプがヒゲゼンマイではなく磁力で往復する**〝マイクロペンデュラム〟**（10年）、ヒゲゼンマイの代わりに直線バネを用い1／2000秒まで計測可能にした（29頁参照）**〝マイクロガーダー〟**（12年）といった革命的なコンセプトモデルを次々に発表。12年からは日本のセイコーから部品を調達し、15年には自社キャリバー**〝Heuer02T〟**を搭載したトゥールビヨン・クロノグラフを100万円台で発売するなど、あらゆる面で常識を覆し続けています。ちなみに14年から18年までCEOを務めたのは、ブランパンやウブロを復興した**J＝C・ビバー**（前述）です。

ショーメ（CHAUMET 1780）

ナポレオン1世御用達の宝石商として知られる**M《マリー》＝E《エティエンヌ》・ニトー**（Nitot, Marie-Étienne：1750-1809）がパリで1780年に創業。彼の息子の引退後、何人かを経て1885年に**J《ジョセフ》・ショーメ**（Chaumet, Joseph：1852-1928）が経営を引き継ぎ、1907年からヴァンドーム広場の現在地に店を構えています。以後はショーメ家が代々継いできましたが、87年にアラブ系投資会社インベストコープが買収。99年にＬＶＭＨグループに入りました。

初代のニトはナポレオン皇妃の注文で腕時計を製作（２５７頁参照）し、ショーメになってからは１９７０年にブレゲを傘下に収めて復興。そんな歴史を持つだけあって、シンプルな3針の〝**ダンディ**〟からフライング・トゥールビヨンなど複雑機構を搭載した宝飾時計まで、幅広い機械式コレクションを揃えています。

ルイ・ヴィトン（LOUIS VUITTON 1854）

１８５４年に**Ｌ《ルイ》・ヴィトン**（Vuitton, Louis：1821-92）がパリで旅行鞄店として創業。今日の日本では誰もが知る有名ブランドになっています。１９９７年にデザイナーのＭ《マーク》・ジェイコブスを迎えて（２０１４年に離脱）服や靴も展開してきたことは周知の事実ですが、02年にアトリエ・オルロジュリー・ルイ・ヴィトンを設立して時計にも力を入れていることは意外と知られていません。

同11年には複雑機構に定評のある**ファブリク・デュ・タン**（La Fabrique du Temps）を買収して**LFTLV**を設立。インデックスに配した12個の立方体が当該時間になると回転して数字を示す〝**スピン・タイム**〟や、ワールドタイム表示の〝**タイムゾーン**〟を開発しています。ドラム型ケースの〝**タンブール**〟と、ややスリムな〝**エスカル**〟のコレクションがありますが、どちらもクオーツ式が混在。機械式はモデル名に「オトマティック」などと謳っていますので、ムーヴメントの種類をチェックするのをお忘れなく。

ウブロ（HUBLOT 1980）

多くの時計宝飾ブランドを保有するイタリアのビンダ・グループ創業者一族の**C《カルロ》・クロッコ**（Crocco, Carlo：1944-）が、1980年にスイスのヴォー州ニヨンで創業。当初はフランス語で船の丸窓を意味するブランド名にちなんだビス留めベゼルやラバーバンドが特徴のクォーツ式腕時計を作っていましたが、ブランパンを復興後オメガのCEOに就いていた**J＝C・ビバー**を2004年に招聘して機械式に方向転換。同05年に今日まで人気の〝**ビッグ・バン**〟シリーズを発表しました。

クロノグラフキャリバー〝**ウニコ**〟を皮切りに、自社ムーヴメントも開発。中でもラック&ピニオン機構で動力を10日間持続させる〝**メカ-10**〟や、7つの香箱を縦積み水平置きして14日間持続させる〝**MP-11**〟など、ロングパワーリザーブのキャリバーが得意です。

伝統と革新、異なる素材の「フュージョン（融合）」をキーワードに独自の機構とデザインを融合させた幅広いラインナップを、丸型の〝**ビッグ・バン**〟とトノー型の〝**スピリット オブ ビッグ・バン**〟コレクションを中心に展開しています。

ブルガリ（BVLGARI 1884）

ギリシャ系の**S《ソティリオ》・ブルガリ**（Bulgari [Voulgaris], Sotirio：1857-1932）が、1884年にローマで創業。ビザンチン風の異国情趣あふれるジュエリーで人気を博し、世界中のセレブに愛されました。

1940年代に登場した腕に巻き付ける〝**セルペンティ**〟など宝飾時計は早くから手がけていまし

たが、同77年の〝**ブルガリ ブルガリ**〟発売を機に時計にも本格参入。スイスの部品メーカーを買収してヌーシャテルに自社工場**ブルガリ・タイム**を設立し、2010年に完成した自動巻の〝**cal.BVL168**〟をはじめ自社キャリバーも製造しています。また、00年に**ジェラルド・ジェンタ**（364頁参照）と**ダニエル・ロート**（前出）を傘下に収めることで、複雑機構にも開発の幅を広げました。この2つのブランドは現在ではブルガリに吸収され、コレクション名やモデル名のひとつになっています。

現在は〝**ブルガリ ブルガリ**〟と〝**オクト**〟の両コレクションを中心に複雑時計も含むさまざまなモデルをラインナップ。レディスでは〝**セルペンティ**〟など宝飾時計のコレクションも充実していて、トゥールビヨンを搭載した機械式のハイジュエリー・ウォッチもあります。

ティファニー（TIFFANY & Co. 1837）

C《チャールズ》・L《ルイス》・ティファニー（Tiffany, Charles Lewis：1812-1902）が1837年に創業し、翌年NYに出店。銀器や文具に始まり宝飾全般に進出し、自ら宝飾デザイナーでガラス工芸作家でもあった2代目**ルイス・コンフォート**（Tiffany, Louis Comfort：1848-1933）の活躍で世界的名声を確立しました。

早くから時計も扱い、1854年にはPPのアメリカにおける筆頭代理店に。同74年にはジュネーヴに自社工場を設立し、後にPPに売却しています。1933年にはアメリカの銀行家H・グレイヴスがティファニーを通じて当時最も複雑な時計をPPに注文（289頁参照）。PPやロレックスに別注したティファニーとのダブルネームの腕時計は、今もアンティーク市場で人気です。

2007年にスウォッチ グループと20年間の提携契約を結びましたが、わずか4年で解消。同13

年には再びスイスに自社工場を設立し、15年にはセリタベースのムーヴメントを用いた〝**CT60**〟、17年には自社開発の手巻キャリバーを積んだ角型時計〝**ティファニー スクエア**〟を発表しました。21年1月にLVMHが買収し、今後の動向が注目されています。

2-5 ケリンググループ

フランスの木材商社ピノーが百貨店のプランタンと通販のルドゥートを買収して1994年にPPR（Pinault–Printemps–Redoute）となり、同99年にグッチを買収。グッチグループのイヴ・サンローラン、ボッテガ・ヴェネタ、ブシュロンなどを次々に傘下に収め、LVMHやリシュモンに並ぶラグジュアリーブランド・コングロマリットに成長。2013年にグループ名をケリングに改めました。

時計の分野では、2011年に**ジラール・ペルゴ**と**ジャンリシャール**、同14年に**ユリス・ナルダン**と、数こそ少ないものの実力派のマニュファクチュールを取得しています。

ジラール・ペルゴ（GIRARD–PERREGAUX 1791（1852））

略称**GP**。1852年に**C**《コンスタン》**・ジラール**（Girard, Constant：1825–1903）がヌーシャテル州ラ・ショー＝ド＝フォンでジラール社を創業。**M**《マリー》**・ペルゴ**（Perregaux, Marie：1831–1912）と結婚後の56年にジラール・ペルゴと改称しました。1906年に、ジュネーヴの時計師**J**《ジャン》**＝F**《フランソワ》**・ボット**（Bautte, Jean-

François：1772–1837）が1791年に創業した名門工房を買収。現在のGPが謳う創業年はここに由来します。

C・ジラールは非常に優秀な時計師で、3本の棒状ブリッジで輪列を支える〝**スリー・ゴールドブリッジ・トゥールビヨン**〟を1889年のパリ万博に出品して金賞を受賞。これが現在の〝**ブリッジ**〟コレクションの原型です。腕時計においても先駆者で、早くも同80年にはドイツ海軍に風防ガードつき腕時計を納入しています（259頁参照）。

一方、妻マリーの弟**F**《フランソワ》**・ペルゴ**（Perregaux, François：1834–77）は世界中に販路を拡大。幕末のスイス通商使節団より一足早く1860年に来日して横浜に商館を開き、同地で没して外国人墓地に葬られています。**GPは日本に初めて正規輸入されたスイス時計**にほかなりません。

2代目までで後継者が途絶えたGPは、1928年にドイツのブランド、ミモが買収。同88年には元フィアットのラリーレーサー、〝ジーノ〟こと**L**《ルイジ》**・マカルーソ**（Macaluso, Luigi：1948–2010）がケリングの**F**《フランソワ》**＝H**《アンリ》**・ピノー**（Pinault, François-Henri：1962–）と創立したソーウインドが取得し、マカルーソ没後の2011年にケリンググループの前身PPRの傘下に入ります。

現在は伝統の〝**ブリッジ**〟に加え、丸型の〝**1966**〟と角型の〝**ヴィンテージ1945**〟、スポーティでモダンな〝**ロレアート**〟、レディスの〝**キャッツアイ**〟の各コレクションを展開。いずれも自社開発の機械式キャリバーが搭載されています。

ジャンリシャール（JEANRICHARD 1681（1988））

前述のソーウインドが1988年に立ち上げ、2011年にGPと共にPPR傘下に。ヌーシャテル州の時計産業の父として銅像も建つ（222頁参照）**D《ダニエル》・ジャンリシャール**（Jeanrichard, Daniel：1665-1741）の名を借りたブランドで、1681年は彼が初めて時計を作ったとされる年。ブランドの創業年ではありません。

当初はGPのカジュアル版といった位置づけでしたが、1994年に発表したクッション型ケースの〝**TVスクリーン**〟で人気を博し、2004年には初の自社キャリバー〝**JR1000**〟も開発して独自の地位を確立。現在はクッション型ケースに丸文字盤を組み合わせた〝**テラスコープ**〟、同型で自社キャリバー搭載の〝**1681**〟、ダイバーズの〝**アクアスコープ**〟、クロノグラフ〝**エアロスコープ**〟の4コレクションを展開しています。

ユリス・ナルダン（ULYSSE NARDIN 1846）

U《ユリス》・ナルダン（Nardin, Ulysse：1823-76）が1846年にヌーシャテル州ル・ロックルで創業。当初から精密時計を得意とし、2代目のポール＝ダヴィドの時代に海洋精密時計《マリンクロノメーター》に注力。ヌーシャテル天文台精度コンクールの100年以上の歴史の中でクロノメーター認定を受けた海洋精密時計の実に95%を独占する4324作を製造し、世界50ヵ国以上の海軍や海運会社に供給してきました。

日本でも日露戦争を機に**帝国海軍が制式採用**。1913年からは銀座・天賞堂を輸入代理店として一般にも普及し、30年には精工舎が同社の懐中時計に倣った「**ナルダン型**」を発売しています。精密時計の代名詞としての評価は腕時計時代になっても変わらず、ナルダン家は4代にわたってブランドを守り続けてきましたが、'70年代末にクオーツ危機に直面。83年に実業家の**R《ロルフ》・シュナイダー**（Schnyder, Rolf：1935-2011）に経営を譲渡します。彼は鬼才**L《ルートヴィヒ》・エクスリン**博士（43頁他参照）を起用して、85年の〝**アストロラビウム ガリレオ・ガリレイ**〟に始まる**「天文三部作」**（１５８頁〜参照）を発表。機械式ならではの魅力を見せつけることでクオーツ危機を乗り切りました。

エクスリン博士は、ボタンひとつで第2時間帯の時針を前後させられる〝**GMT±**〟（94年）や、リューズひとつで日付や曜日を前後させられる永久カレンダー〝**パーペチュアル ルードヴィッヒ**〟（96年）、シリコン製ガンギ車を採用したデュアルダイレクト脱進機を搭載しムーヴメント全体がカルーセルとなって指針の役割を果たす〝**フリーク**〟（２００１年）、独自のリピーター機構を持つ〝**ソナタ**〟（03年）、テルリウム天文時計〝**ムーンストラック**〟（09年）といった革命的なモデルを続々考案。機械式時計の発展に大いに貢献すると同時にユリス・ナルダンに今日まで続く財産を残し、現在は個人ブランドの**オクス・ウント・ユニオール**で新たな発想の天文腕時計（１５６頁参照）を開発しています。

２０１１年にシュナイダーが急逝し、ユリス・ナルダンは同14年にケリング傘下に。現在は、海洋精密時計がモチーフの〝**マリーン**〟、オーソドックスな丸型の〝**クラシック**〟、斬新なデザインの〝**エグゼクティブ**〟、その名の通りの〝**ダイバー**〟、そして〝**フリーク**〟の各コレクションで、精密時計の伝統とエクスリン博士が残した複雑機構を活かした幅広いモデルを展開。技巧の粋を凝らした数十本限定の〝**エクセプショナル**〟モデルも毎年、発表しています。

2-6 フランク ミュラー ウォッチランド グループ

気鋭の時計師**F《フランク》・ミュラー**（Muller, Franck：1958–）が、トルコ出身のアルメニア系宝飾師で時計ケース工場を経営していた**V《ヴァルタン》・シルマケス**（Sirmakes, Vartan：1956–）と、1991年にテクノウォッチを設立。翌92年にスタートさせたブランド、**フランク ミュラー**が大成功し、98年に**ウォッチランド**と改称しました。ジュネーヴ近郊ジャントゥに、城のような大工房を構えています。

以降、2000年に**E.C.W**、同02年に**ピエール クンツ**、05年に**クストス**と**ロドルフ**、06年に**マーティン・ブラウン**、08年に**ピエール・ミシェル・ゴレイ**など、外部から時計師やデザイナーを招いたり工房の職人を独立させる形で次々に新ブランドを立ち上げ、瞬く間に一大グループに。06年からはイギリスの老舗宝飾店**バックス&ストラウス**と提携し、同ブランドの時計も作っています。ちなみにグループの中核をなすフランク ミュラーは、今や時計だけでなくテーブルウェアやスイーツ、さらにはウエディング・プランニングまで手がける総合ブランドへと発展しつつあるようです。

フランク ミュラー（FRANCK MULLER 1992）

ジュネーヴ時計学校を首席卒業後、独立時計師**S《スヴェン》・アンデルセン**（後述）の下で博物館などが所蔵する時計の修復を手がけつつ1点物の複雑時計を自作していた**F・ミュラー**（前述）が、時計ケースの工場を持つV・シルマケス（同）と共に1992年に創業。

腕に沿ってカーブした**トノー型カーベックスケース**と、**「ソレイユ」**と呼ぶ放射状波模様のギヨシェ加工（70頁参照）を施した文字盤に独特の書体**「ビザン数字」**（81頁参照）でインデックスを大きく記した特徴的な外見。ランダムに配したインデックス数字に合わせて時針が飛ぶ〝**クレイジー アワーズ**〟や、3つの時間帯を表示する〝**マスターバンカー**〟、文字盤に仕込んだルーレットで遊べる〝**ヴェガス**〟、普段は12時位置で止まっている時分針がボタンを押すと現在時刻を示す〝**シークレット アワーズ**〟など、アイデアに富むギミックの数々――。そんな遊び心あふれる仕掛けで、瞬く間に人気ブランドになりました。2003年には経営方針で対立したミュラーが離脱する騒ぎがありましたがすぐに和解し、前述のように時計以外の分野にも活動の場を広げています。

現在も、〝**トノウ カーベックス**〟や〝**カサブランカ**〟、〝**ヴァンガード**〟などのトノー型を中心に、角型の〝**ロングアイランド**〟、正方形に近い〝**スクエア**〟、丸型の〝**ラウンド**〟といったケースデザインで、シンプルな3針から前述のギミックや複雑機構を盛り込んだバリエーション豊富なモデルを展開。量産モデルにはETA製など汎用ムーヴメントを使用してきたため軽く見られることもありますが、ミュラーは本来**「マスター・オブ・コンプリケーション」**と呼ばれた稀代の時計師。彼の本気がうかがえる超複雑時計も多数、揃っています。ただし、その場合は値段も本気。たとえば36もの特殊機構を盛り込んだ〝**エテルニタス メガ4**〟は、宝飾なしで定価3億7070万円です。

ヨーロピアン・カンパニー・ウォッチ（E.C.W 2000）

イタリアでスイス時計の輸入代理店を経営しフランク ミュラーもいち早く紹介していた**R《ロベルト》・カルロッティ**（Carlotti, Roberto：生年不詳）が、ウォッチランドと共同で2000年に設立。丸型の〝**パナ**

ール〟、トノー型の〝**レジョネール**〟、角型の〝**アルマダ**〟コレクションで、1930年代の腕時計を意識したシンプルでモダンなモデルを展開しています。1／8秒計測が可能なフドロワイヤント針（134頁参照）を備えたクロノグラフ〝**トルネード**〟も見逃せません。

ピエール クンツ（PIERRE KUNZ 2002）

ヴィンテージの修復や複雑機構の下請けを経てF・ミュラーに才能を見出され、1997年にウォッチランド工房に招かれた**P《ピエール》・クンツ**（Kunz, Pierre：1959-）が、2002年にグループ内で独立。「レトログラードの魔術師」を謳い文句に、秒針からカレンダーまで表示内容も数も多様な〝**レトログラード**〟コレクションを展開しています。角型の文字盤中央に大きなハートを置いて20秒でリレーしていく3つのレトログラード秒針を配した〝**キュピドン**〟は、特に女性に人気です。

ロドルフ（RODOLPHE 1989）

オメガやロンジンの時計をデザインしていた**R《ロドルフ》・カッタン**（Cattin, Rodolphe：1958-）が1989年に独立して始めたブランドで、2005年にウォッチランド傘下に入りました。カッタンは同09年に離脱して別ブランドで活動していますが、彼が残したデザインは今も健在。幅広のトノー型ケースに横長の文字盤を配した〝**インスティンクト**〟コレクション、中でも積算計と時分針を同じ大きさのサブダイアルで並べたクロノグラフが代表モデル。幅広のトノー型ケースに丸文字盤を配した〝**パニナロ**〟コレクションにも、エッジの効いたデザインのモデルが揃っています。

クストス（CVSTOS 2005）

カルティエやタグ・ホイヤーの時計をデザインしてきたイタリア系スイス人のA《アントニオ》・テラノヴァ（Terranova, Antonio：1967-）をチーフデザイナーに起用し、S《サスーン》・シルマケス（Sirmakes, Sassoun：1984-）が弱冠21歳で立ち上げました。クストスはラテン語で「見張」や「守護者」を意味する言葉。グループ創業者の息子のブランドだけに、ケースにも機構にもウォッチランドの技術が惜しみなく注がれています。美しい曲面の風防ガラスと一体をなすトノー型ケースと、表からもムーヴメントが見えるサファイアクリスタルの文字盤が特徴のメインコレクション〝**チャレンジ**〟には、トゥールビヨンやミニッツリピーター搭載モデルも。防水仕様の〝**チャレンジ シーライナー**〟、丸型の〝**チャレンジR**〟もあり、レディスの宝飾時計〝**リベリオン**〟も機械式です。

マーティン・ブラウン（MARTIN BRAUN 1998）

オールドムーヴメントを使った一点物を製作していたドイツの時計師M《マーティン》・ブラウン（Braun, Martin：1964-）が１９９８に創業。２０００年に日の出・日没時間を表示する〝**イオス**〟を発表して話題を呼び、同06年にウォッチランドに加わりました。ブラウン自身は後に離脱して現在は**アントワーヌ・マーティン**という個人ブランドで2振動腕時計などを製作していますが、〝**イオス**〟をはじめ均時差を表示する〝**ノトス**〟や、楕円軌道上の地球の位置を表示する〝**ヘリオセントリック**〟などの天文時計は今もマーティン・ブラウン銘で健在です。

バックス&ストラウス（BACKES & STRAUSS 1789）

グリム兄弟の故郷で知られるドイツのハーナウで１７８９年に創業した、ダイヤモンド商としては現存最古といわれる老舗宝飾店。19世紀にイギリスのロンドンに拠点を移しました。

２００６年からウォッチランドと提携し、オリジナルの時計を販売。楕円型の〝**リージェント**〟と八角形の〝**バークレー**〟、丸型の〝**ピカデリー**〟の3コレクションで、機械式の高級ムーヴメントをお家芸のダイヤで装った贅沢なモデルを展開しています。

ピエール・ミシェル・ゴレイ（PIERRE MICHEL GOLAY 2008）

ＰＰやＡＰで経験を積んだ後、１９７３年から98年までジェラルド・ジェンタの複雑時計を作り、２００２年にウォッチランドに招聘されてフランク ミュラーの〝**レボリューション**〟や〝**エテルニタス**〟の開発を指揮した**P**《ピエール》**＝M**《ミシェル》**・ゴレイ**（Golay, Pierre-Michel：1935-）が２００８年、73歳にして初めて自らの名を冠して立ち上げたブランド。クオーツ危機の時代に機械式の伝統を守り続けた「伝説の時計師」に相応しく、オーソドックスなデザインのグランドコンプリケーションが揃っています。

2-7 DKSH扱い

DKSHはメーカーの資本グループではなく製品の輸出入を行う商社であり、他とは括りが違いますが、あえて別枠で紹介します。というのも、日本にスイス時計を普及させたのは、ほかでもない同社だからです。

母体は、幕末にスイス通商使節団として来日した**C《カスパール》・ブレンヴァルト**（Brennwald, Caspar：1838-99）と同郷の**H《ヘルマン》・シーベル**（Siber, Hermann：1842-1918）が1865（慶応元）年に横浜で創業した**シイベル・ブレンワルド商会**。同社は日本の生糸を輸出する一方でスイス製の時計ムーヴメントを輸入し、日本人の好みに合わせた**「商館時計」**に仕立てて販売しました。そして1910年に**シイベルヘグナー**に名を変えた後も'80年代に至るまでオメガやブレゲなどの輸入代理店としてスイス時計の普及に努め、舶来高級時計＝スイス製というイメージを日本に確立したのです。

そのシイベルヘグナーが2002年に、同じく19世紀にアジアで創業しチューリッヒに拠点を持つディートヘルム・ケラーと合併し、**D**iethelm, **K**eller, **S**iber, **H**egner の頭文字を取ってDKSHに。同08年には、同じようにチューリッヒを拠点に日本で多くのスイス時計の輸入代理店を務めてきた商社**デスコ・フォン・シュルテス**を買収しました。

スイスの時計メーカーが次々に巨大資本に買収され、輸入代理業務が現地法人に取って代わられていく中、DKSHジャパンが扱うブランドも様変わり。時計からは撤退する方向との噂もありますが、150年以上にわたる伝統は伊達ではなく、2020年段階ではまだ錚々たる顔ぶれが並んでいます。

モーリス・ラクロア（MAURICE LACROIX 1975）

明治時代から日本法人を構え、オーデマ ピゲやジャガー・ルクルトの輸入代理店も務めていたチューリッヒの商社**デスコ・フォン・シュルテス**が、1975年に創業した自社ブランド。モーリス・ラクロアは時計師ではなく、創業時に亡くなった経営陣の一人を偲んでつけられたブランド名だとか。2011年からは、08年にデスコを買収したDKSHの自社ブランドとなりました。

同06年には、完全自社製ムーヴメントも開発。以前から得意とするレトログラード・カレンダーを搭載した**〝マスターピース〟**シリーズなどに使われています。

ボヴェ（BOVET 1822）

E《エドゥアール》**・ボヴェ**（Bovet, Edouard：1797-1849）とその兄弟が、1822年にロンドンで創業。彼らの故郷スイス・ヌーシャテル州フルリエで製造した懐中時計をイギリス経由で中国に輸出し、香港など広東語圏では漢字の商標「播喴《ぼうえい》」が懐中時計の代名詞となるほどに大成功。フルリエの時計産業を大いに発展させました。

ボヴェの商標は19世紀末以降、何度も転売された末に忘れられかけていましたが、1989年に会社として復活。2001年には製薬業で財を成したレバノン出身の**P**《パスカル》**・ラフィ**（Raffy, Pascal：1963-）がオーナーとなり、名門ムーヴメントメーカー、STT（旧・プログレスウォッチ、現・**ディミエ17**

38）などを傘下に収めてフルリエの隣町にある古城に工房を開設。超複雑時計〝**リサイタル**〟シリーズを筆頭に、エナメル装飾の枠を凝らした〝**フルリエ**〟など、高級化路線を邁進しています。
多くのモデルに共通する12時位置にリューズと「提げ環」を配したデザインは、かつて中国に輸出していた懐中時計をモチーフにしたものです。

ベダ（BEDAT & Co 1996）

レイモンド・ウェイルというブランドの共同創業者だった**S**《シモーヌ》**・ベダ**（Bédat, Simone：1931–2010）が息子の**C**《クリスティアン》**・ベダ**（Bédat, Christian：1964–）と1996年に創業。スクエアやトノーを変形させたSSケースにダイヤモンドをちりばめ、ETAベースのムーヴメントを積んだレディスモデルが豊富です。

2005年にグッチに完全買収され、ベダ母子は離脱。グッチを擁するケリンググループの一員となった後、09年にマレーシアの会社に買収されますが、日本における輸入代理店はDKSHとなっています。

スピーク・マリン（SPEAKE-MARIN 2002）

古時計修復で経験を積んだ後にルノー・エ・パピに勤めていたイギリス人時計師**P**《ピーター》**・スピーク＝マリン**（Speake-Marin, Peter：1968–）が、2002年にヴォー州ビュルサンで創業。彼自身は17年にフランスの投資家に経営を譲って離脱しましたが、円筒形の「**ピカデリー・ケース**」や先端がハート型の時針などはブランド名と共に継続。ムーヴメント開発から組立まで完全自社製で、シンプルな3針の〝**アカデミック**〟からサファイアクリスタル製ケースのカリヨン・ミニッツリピーター〝**レジェルテ**〟のような一点物までさまざまなモデルを発表する一方で、個人のオーダーにも対応しています。

ローラン・フェリエ（Laurent Ferrier 2008）

パテック フィリップの開発部門に37年勤めた**L**《ローラン》**・フェリエ**（Ferrier, Laurent：1946–）が２００８年に息子の**C**《クリスティアン》**・フェリエ**（Ferrier, Christian：1976–）と共に立ち上げ。細身のスペード&リーフ針がトレードマークです。トゥールビヨンを表に見せないなど、PP出身らしい奥ゆかしさを感じさせる〝**ガレ クラシック**〟シリーズが人気です。

2-8 独立時計師アカデミー

水平分業が伝統だったスイス時計産業界には、特定の組織に属さずさまざまなブランドのムーヴメントの開発や製造を請け負うフリーの時計師が大勢います。彼らの知的財産権はブランドに買い取られ、名前が表に出ないのが普通でした。そこで、有能な時計師の権利を守り独立を支援するため、**V**《ヴィンセント》**・カラブレーゼ**（Calabrese, Vincent：1944–）と**S**《スヴェン》**・アンデルセン**（Andersen, Svend：1942–）が発起人となって１９８５年に結成されたのが、**独立時計師アカデミー**こと**AHCI**（**A**cadémie **H**orlogère des **C**réateurs **I**ndépendants）です。

同年にル・ロックルで最初の展示会を開き、87年からはバーゼルフェアに参加。一定の条件を満たし実力が認められれば国籍や経歴を問わず入会でき、過去に在籍した名誉会員にはイギリスの故**G《ジョージ》・ダニエルズ**博士（43頁参照）や**P《ピーター》・スピーク＝マリン**（前述）、オランダの**C《クリスティアーン》・ファン・デル・クラーウー**（159頁参照）ら錚々たる名前が並んでいます。2021年春の時点の会長はドイツの**M《マルコ》・ラング**（後述）で、世界12ヵ国から31人の正会員と5人の準会員が所属。前述したように日本からは**菊野昌宏**と**浅岡肇**が正会員、**牧原大造**が準会員に迎えられています。

いずれも部品から手作りできる実力を持つ時計師たち。汎用ムーヴメントを使用する場合も独自のモジュールや仕上げを加え、大手メーカーとは一味違う**「作り手の顔が見える腕時計」**を作っています。その分、生産数は限られ、年に数十本程度も普通。ゆえに日本への入荷が不安定で、輸入代理店が何度も替わったりなくなったりする（つまり日本でのアフターケアが不安な）ブランドも少なくありません。

本書では、日本人会員3人は日本のブランドとして前述し、M・ラング（**ラング&ハイネ**）と準会員S《シュテファン》・クドケ（**クドケ**）はドイツのブランドとして後述。ここではスイスを拠点とする会員のうち、日本に商品が入ってきている主なブランドのみを紹介します。

フランソワ＝ポール・ジュルヌ（F. P. JOURNE 1999）

独立時計師の中でも品質と知名度と生産数で群を抜き（それでも年産900本程度）、日本にも（それも世界で最初の）直営ブティックを東京・青山に構えています。

F《フランソワ》**＝P**《ポール》**・ジュルヌ**は1957年、フランスのマルセイユ生まれ。パリ時計学校を卒業後、修復や開発の仕事を請け負い、同79年にロンドンの宝飾店アスプレイのためにプラネタリウム置時計を開発し、82年にはトゥールビヨン懐中時計を部品からケースまで全て自作しています。88年にAHCI会員に迎えられたのを機に翌年、スイスに拠点を移し、99年にジュネーヴにモントル・ジュルヌ社を設立して自らの名を冠したブランドを立ち上げました。

正式なブランド名はF.P.JOURNE Invenit et Fecit。後半は「発明し製作した」という意味のラテン語で、過去の偉大な時計師たちが自作に刻んだ銘文です。その言葉通り、2つのテンプを共振させて精度を保つ〝**クロノメーター・レゾナンス**〟や、ルモントワール機構（66頁参照）付き〝**トゥールビヨン・スヴラン**〟など、最初のコレクションからいきなり独自の特許機構を持つ自社キャリバー製品を発表。一躍、注目を浴び、2001年に独立時計師とのコラボレーションを開始するハリー・ウィンストンにもいの一番に指名されて〝**Opus1**〟を提供しました。

クロノメーター精度の手巻〝**スヴラン**〟と自動巻〝**オクタ**〟コレクションに耐磁性の高い**18金製ムーヴメント**を採用したかと思えば、1／100秒まで計測できるクロノグラフ〝**サンティグラフ・スポーツ**〟はアルミ合金製ムーヴメントとチタンケースを用いて超軽量に仕上げるなど、素材の使い分けも巧み。現在は文字盤やケースのメーカーも傘下に加え、ジュネーヴの工房で完全な自社製造を続けています。伝統と革新、手作りと量産のいいとこ取りで、機械式のいちばん美味しい部分が味わえるブランドです。

フィリップ・デュフォー（PHILIPPE DUFOUR 1992）

フランス語では「デュフール」に近い発音。独立時計師の存在とジュラ地方伝統の手仕事が日本で知られるようになったのは、この人のおかげといえるでしょう。

P・デュフォーは1948年にヴォー州ル・サンティエに生まれ、ヴァレ・ド・ジュー時計学校を卒業後、JLに入社。GWC（269頁参照）に出向しカリブ諸国で時計の組立に従事した経験もあるそうです。帰国後はジェラルド・ジェンタやAPを経て、同78年に故郷に工房を構えて独立。数々の一流ブランドのキャリバー開発や修理を請け負いながら自作に取り組み、APのために開発した機構をベースに完成した〝**グラン&プチソヌリ・ミニッツリピーター**〟を92年のバーゼルフェアに自らのブランドで発表しました。AHCIには97年に正会員として迎えられています。

96年には2つの脱進機をディファレンシャルギアで繋いだ〝**デュアリティ**〟、2000年にはシンプルさを極めた〝**シンプリシティ**〟を発表。いずれも全部品を金属塊から削り出し、歯車は柘植の円盤で、地板の面取り部などは**ジャンシャン**と呼ばれるリンドウ科の植物の枝にダイヤモンドペーストをつけて磨き上げる伝統的な手仕事で仕上げるため、年に計20本前後しか作れません。

日本では同00年からシェルマンが輸入代理店となり、02年にNHKが放送した『独立時計師たちの小宇宙』という番組でフィーチャーされたこともあって、独立時計師と手作り時計の代名詞として知られるようになりました。後続の育成にも熱心で、日本の牧原大造はじめ世界中の若い時計師たちに影響を与えています。

ヴィンセント・カラブレーゼ（Vincent Calabrese 1985）

AHCI発起人にして初代会長。１９４４年にナポリで生まれたイタリア人で、17歳でスイスに移り住んで時計工場で働き、同72年にヴァレー州のリゾート地クランで開業。数々のブランドの仕事を請け負い、77年に開発した、後にコルムの**〝ゴールデン・ブリッジ〟**に用いられることになるキャリバーでジュネーヴ国際発明博金賞を受賞して名を馳せました。85年に友人のＳ・アンデルセンとＡＨＣＩを結成し、独自のフライング・トゥールビヨンを発表。この頃から自らの名を冠したブランドで作品を発表し始めました。

２００８年から自ブランドを休止してブランパンでトゥールビヨンやカルーセルの開発に携わりますが、12年に復帰。現在はヴォー州レマン湖畔のモルジュに構えた工房で、文字や図形を象《かたど》った地板に最少輪列を並べたムーヴメントが透明ケースに浮かぶ**〝スペイシャル〟**コレクションや、昼夜でインデックスの数字がアラビア数字からローマ数字に変わる**〝ナイト&デイ〟**、分針の役を果たす回転マーカーの中で時を示す数字がジャンプする**〝グリッフェ〟**といったモデルを作り続けています。

アンデルセン・ジュネーヴ（ANDERSEN GENÈVE 1980）

ＡＨＣＩの共同発起人、**S《スヴェン》・アンデルセン**のブランド。彼は１９４２年にデンマークのベッケンに生まれ（現在はスイスに帰化）、地元の時計学校とコペンハーゲン王立工業学校で学んだ後、同64年にスイス・ルツェルンの老舗時計宝飾店ギュベリンに入社し、翌年からジュネーヴ支店に勤務。69年に細口瓶の中で組み立てたボトルクロックが目に留まってＰＰにスカウトされ、複雑時計の製造を担当しました。

80年に自らのブランドを立ち上げて、一点物の製作や修理を受注。この頃に**彼の下で働いていたのがF・ミュラー**です。85年にV・カラブレーゼと共にAHCIを立ち上げた後も受注生産が基本ですが、日本からのオーダーも可能。〝**400年永久カレンダー**〟や、昼夜12時間ずつを2重レトログラード時計で示す〝**グラン・ジュール・エ・ニュイ**〟などが代表モデル。AHCI会員でロシア出身の時計師**K**《コンスタンティン》**・チャイキン**と共同開発した、ジョーカーの目玉で時分、舌でムーンフェイズを示す〝**オートメーション・ジョーカー**〟などは、限られた数ながら既製品も用意されているようです。

アントワーヌ・プレジウソ（ANTOINE PREZIUSO 1996）

1957年にジュネーヴで生まれた**A・プレジウソ**は、同市の時計学校をF・ミュラーと並ぶ首席で卒業後、PPで2年、時計専門オークション会社アンティコルムで1年経験を積み、同81年にジュネーヴに工房を開いて独立。博物館所蔵品の修復の傍ら自作も受注生産し、91年にはベゼルでゼンマイを巻上げる永久カレンダー付きミニッツリピーターで特許を取得しています。

96年にAHCI会員となり、同年のバーゼルフェアで初めて自らの名を冠したブランドで作品を発表。2002年にはハリー・ウィンストンから〝**Opus2**〟の製作者に指名され、同04年にはジュネーヴにブティックも開店しました。

前述した02年放送のNHK番組でP・デュフォーと並んで紹介されたこともあり、日本でもっとに有名。汎用ムーヴメントを用いた手頃な価格のエロティック・オートマタ〝**アワーズ・オブ・ラヴ**〟

（173頁参照）ばかりが注目されがちですが、本来はトゥールビヨンが得意技です。ディファレンシャルギアで連結された3つのトゥールビヨンが自転しつつ公転する〝**TTR3**〟をはじめ、自社キャリバーのトゥールビヨン搭載モデルが豊富。丸型反転ケースの〝**B-サイド**〟や、半円形のサブダイアルと両翼になった指針を組み合わせた積算計が特徴的なクロノグラフ〝**グランドロブスト**〟、スケルトナイズされたムーヴメントが美しい〝**オルトレテンポ**〟といったコレクションも見逃せません。

ポール・ゲルバー（Paul Gerber 1996）

1950年にベルンで時計師を父に生まれ、時計学校卒業後、同77年にチューリッヒで工房を開設した**P・ゲルバー**。88年にAHCI会員となり、89年には高さ2・2㎝の「**世界最小の木製クロック**」を製作してギネスブックに記載されました。95年にはフレデリック・ピゲの創業者**L《ルイ》＝E《エリゼ》・ピゲ**（Piguet, Louis–Elysée：1836–1924）が残したムーヴメントにF・ミュラーがクロノグラフモデュールを積んだ腕時計に、自作のフライング・トゥールビヨンを上乗せ。2003年にソヌリやスプリットセコンドを追加して1166部品とし、「**世界一部品数の多い腕時計**」として再びギネスブックに記載されています。

1996年に自身のブランドを立ち上げると同時に、8日巻の自社キャリバー〝**cal.25**〟と、プゾー社のcal.7001をベースにレトログラード秒針を搭載した〝**レトログラード・セコンド**〟を発表。後者は2001年にツインローターの自動巻〝**レトロツイン**〟へと進化しています。同04年には、コーアクシャル脱進機（43頁参照）のように2枚ガンギ3枚爪で摩擦を減らした「**ゲルバー脱進機**」を用いた

〝**cal.33**〟を、球体ムーンフェイズ表示の〝**3Dムーン**〟に搭載。10年に発表した二重香箱とトリプルローターで100時間パワーリザーブの〝**cal.41**〟は、12年にステップ秒針モデル、13年にはETA2842ベースの普及版〝**cal.42**〟が追加され、手に入れやすくなりました。

ヴィアネイ・ハルター（VIANNEY HALTER 1998）

フランス語の発音は「アルテル」。**V・ハルター**は1963年にパリ近郊シュレンヌに生まれ、パリ時計学校を卒業後、博物館所蔵品などの修復を経て89年にスイスのヴォー州サント・クロワに移住。学校の先輩F＝P・ジュルヌらに協力後、94年に18世紀の偉大な時計師**A**《アンティド》**・ジャンヴィエ**(Janvier, Antide：1751-1835)の名を借りた会社を設立し、98年のバーゼルフェアで自身の名を冠したブランドを初公開。スチームパンク風の丸窓で永久カレンダーを表示する〝**アンティクア**〟が評価されて2000年にAHCIの正会員となり、同03年にはハリー・ウィンストンに〝**Opus3**〟の製作を任されました。

現在は〝アンティクア〟の丸窓を継承するカレンダー付き〝**トリオ**〟と、均時差や太陽と月の位置などを表示する天文時計〝**クラシック・ジャンヴィエ**〟、ドーム状風防の中心に3軸の立体トゥールビヨンが浮かんで見える〝**ディープスペース・トゥールビヨン**〟の3モデルが中心です。

ヴティライネン（VOUTILAINEN 2005）

K《カリ》**・ヴティライネン**は1962年、フィンランドのロヴァニエミ生まれ。地元の時計学校とスイスの時計師養成機関WOSTEPを修了後、パルミジャーニ社で修復や開発に従事し、2002年にヌーシャテル州モティエに工房を構えて独立。同05年のバーゼルフェアで、往年の名エボーシュを用いた10進法リピーターなどを自身のブランドで発表し、06年にAHCI正会員に迎えられました。

11年には、大型の天輪と2枚のガンギ車を持つ**「ダイレクトインパルス脱進機」**を搭載した自社キャリバー〝**cal.28**〟を完成。28を意味するフランス語で〝**ヴァントゥイット**〟と呼ぶシリーズで、シンプルな3針からトゥールビヨン搭載機まで幅広いモデルを展開しています。日本の漆芸で文字盤やケースを飾った〝**桜花紋**〟や〝**秋暮**〟と題したアートピースも人気です。

3 ドイツのブランド

数はスイス製に遠く及ばないものの、ここ数十年でどんどん存在感を高めてきているのがドイツ製の機械式腕時計です。

16世紀初頭に全欧の頂点に君臨したドイツの時計産業（214頁～参照）は、その後の宗教戦争で荒廃。19世紀にA・ランゲらが興したグラスヒュッテのブランド群も、第2次世界大戦後は旧東独の国営公社に管理統合されていました。それが1990年の東西ドイツ再統合以降、再び民営化し、往年の名ブランドが甦ると同時に新たなブランドも次々に誕生。スイス製とは一味違う時計作りで世界中の機械式好きを魅了しています。

一方、フランスとの国境に近い旧西独のシュヴァルツヴァルト地方も古くから時計産業が盛んで、機械式を作っているブランドがいくつか点在。旧東独と旧西独、それぞれに共通する特徴がありますので、地域別にまとめて紹介しましょう。

3-1 旧東独（グラスヒュッテとドレスデン）

ドイツの東端、ポーランドとチェコに接するザクセン州の州都ドレスデンから、20㎞ほど南に下ったグラスヒュッテ。廃鉱でさびれたこの村を時計産業で再興しようと1845年に入植したのが**F**《フェルディナント》**・A**《アドルフ》**・ランゲ**です（318頁参照）。彼の目論見は見事に当たり、グラスヒュッテは19世紀の終わりには数多くのブランドを擁する時計産業の一大中心地へと成長します。

ところが第2次世界大戦後、ドイツは東西に分断されてザクセン州は共産圏の東ドイツとなり、軍事に必要な海洋精密時計や時限信管の製造技術を持つグラスヒュッテの各ブランドは**GUB**《ゲーウーベー》（302頁参照）という国営公社が管理統合。「鉄のカーテン」と呼ばれた情報遮断が半世紀近くも続く中、日本では戦前のランゲの懐中時計に記されたGlashütteが地名であることも忘れられ、「ガラス風防」と誤訳されたりしていました。

けれども、その東独時代に培われた技術と精神が、スイスや日本など西側諸国にはない独特の時計作りを可能にしたのです。東西ドイツ再統合後、ここに目をつけたスイスの時計ブランドグループなどが相次いでグラスヒュッテに進出し、かつての名ブランドを復興させる一方で新たなブランドも設立。**M**《マルコ》**・ラング**や**S**《シュテファン》**・クドケ**のように、ドレスデンを拠点としてグラスヒュッテの伝統を独自に進化させる独立時計師も登場しています。

グラスヒュッテのブランドの特徴は、①**地名を誇らしげに示す**こと。**Glashütte I/SA**と記される場合もありますが、後半は**In Sachsen**の略。ドイツ国内に同じ地名が複数あるため、「ザクセン州グラスヒュッテ」と明記しているわけです。②自社製造できる**マニュファクチュール**が多く、③**3／4地板**（48頁参照）や**スワンネック緩急針**（32頁参照）など懐中時計時代にグラスヒュッテ製のトレードマークだったディテールを継承し、④地板に「**グラスヒュッテ・ストライプ**」と呼ばれる縞模様の磨き（54頁参照）を加えている点も、多くのブランドに共通。高級時計の場合はさらに⑤**全部品に驚異的な磨き上げ**が加えられています。これは公社時代に培われた単純作業をいとわない精神の賜物であり、西側諸国で起きたクオーツ危機をよそに機械式を作り続けてきたグラスヒュッテ製ならではの醍醐味といえるでしょう。

　復興においても先駆けとなった**A.ランゲ&ゾーネ**（318頁）はリシュモングループ、GUB本体を引き継いだ**グラスヒュッテ・オリジナル**（302頁）はスウォッチ グループの項で述べたので、ここではグラスヒュッテの他の5ブランドと、ドレスデンの独立時計師2人を紹介します。

モリッツ・グロスマン（MORITZ GROSSMANN 2008）

K《カール》・M《モリッツ》・グロスマン（Großmann, Karl Moritz：1826-85）はドレスデン出身。F・A・ランゲの師でもあった時計師J・C・F・グートケスに学んだ後、ヨーロッパ各地で修業を積み、1854年にグラスヒュッテに工房を開設。同78年に設立された時計学校の初代理事長も務めました。技術と理論に精通し、後代まで読み継がれる教本も著した、19世紀の時計史に残る偉人です。

　そのグロスマンの名を甦らせたのが、女性時計師**C《クリスティーネ》・フッター**（Hutter, Christine：1964-）。ミュンヘンの時計学校を卒業後、ヴェンペやモーリス・ラクロアを経てグラスヒュッテ・オリジナルとA.ランゲ&ゾーネで働いていた彼女は、グロスマンの商標が宙に浮いていることを知って直ちに取得。2008年に新たなブランドとしてモリッツ・グロスマンを立ち上げました。

ムーヴメントは完全自社製。振子式自動巻機構「**ハマティック**」や、リューズとプッシャーを併用して時刻合わせを安全確実に行う「**プッシャー付き巻上機構**」など、独自の機構を備えたキャリバーが揃っています。また、3／4ではなく2／3地板にして大径の天輪を用い、緩急針をスワンネックではなく精密ネジで調整し、スチール針の焼き戻し色をブルーではなくブラウンバイオレットにするなど、グロスマンが開発した機構やディテールを随所に取り入れながら独自のアレンジを加えている点も特徴。グラスヒュッテ製高級時計の中でも一味違った通好みのブランドといえるでしょう。

メインの〝**ベヌー**〟とエレガントな〝**テフヌート**〟の2コレクションで展開。後者にはレディスの機械式宝飾モデルも揃っています。

ミューレ（MÜHLE 1869）

正式なブランド名には地名に加え〝NAUTISCHE INSTRUMENTE〟（航海機器）とあるように、本来は海洋精密時計《マリンクロノメーター》メーカー。さらに歴史を遡れば、M・グロスマン工房出身の**R《ロベルト》・ミューレ**（Mühle, Robert：1841-1921）が1869年に創業した精密計測機器メーカーでした。特に自動車などのスピードおよびタコメーターが有名で、東独時代の1972年に国営化され同80年にGUBに統合された後も4代目のH《ハンス》＝J《ユルゲン》・ミューレが工場長の座を守り、東西再統合後の94年に海洋精密時計メーカーとして会社を再建。96年から腕時計も作り始め、2011年には初の自社キャリバーを開発しました。

現在は、〝**パノヴァ・グラウ**〟をはじめセリタ製などの汎用ムーヴメントを用いた手頃なラインと、自社キャリバーを搭載した〝**ロベルト・ミューレ**〟ラインで腕時計を発表しています。

ヴェンペ（Wempe 1878）

G《ゲルハルト》・D《ディートリヒ》・ヴェンペ（Wempe, Gerhard Diedrich：1857–1921）が1878年に創業したヴェンペは、ハンブルクを拠点に世界各地に支店を持つ、ドイツを代表する高級時計宝飾店。スイスの高級ブランド製品を販売する一方で、自社ブランドの腕時計をグラスヒュッテで作っています。

ヴェンペは1938年にハンブルクの海洋精密時計メーカーを買収して自社ブランド製品を作り始めた頃、A.ランゲ&ゾーネの3代目O《オットー》・ランゲと共同でグラスヒュッテ天文台に研究機関を設立して時計の生産も行っていました。東西分断で途切れていたこの関係を甦らせたのが、4代目のK《キム》=E《エヴァ》・ヴェンペ。彼女は廃止されていた同天文台を2005年に買い取って自社工房を設置する一方で、公的機関と連携したクロノメーター検定所としての機能も復活させたのです。ちなみにクロノメーター規格自体は世界共通ですが、スイスのCOSCがムーヴメントの状態で検査するのに対し、ドイツではケースに入れた状態で検査する分、より厳格といわれています。

その厳しい検査に合格したクロノメーター規格の腕時計は、3／4地板などグラスヒュッテ仕様を備えた自社キャリバーを積む**〝クロノメーターヴェルケ〟**はもちろん、ETA製など汎用エボーシュをリファインした**〝ツァイトマイスター〟**コレクションにも用意されています。

ノモス（NOMOS 1990）

ベルリンの壁が崩壊した直後の1990年1月に、旧西独デュッセルドルフのIT技術者で写真家でもあった**R《ローランド》・シュヴェルトナー**（Schwertner, Roland：1953-）がグラスヒュッテで創業し、同92年に最初のコレクションを発表。20世紀初頭のモダンデザインを牽引したドイツの美術工芸学校バウハウスに倣ったミニマルなデザイン、質実剛健な作りと手頃な価格で、たちまち人気を呼びました。

当初はＥＴＡやプゾーの汎用ムーヴメントを用いていましたが、２００５年からは自社キャリバーを採用。同14年からは、多くのブランドが専門メーカーに頼っている脱進機も、自社開発した**「スウィングシステム」**へと随時切り替えています。

現在は、丸型文字盤にアラビア数字の**〝タンジェント〟**、ローマ数字の**〝ラドウィッグ〟**、バーインデックスの**〝オリオン〟**、正方形文字盤の**〝テトラ〟**という創業以来の4コレクションを含め、全モデルに自社キャリバーを採用。３／４地板にグラスヒュッテストライプを施したシンプルな手巻キャリバー**〝α〟**を積んだ20万円台の**〝タンジェント〟**から、３・２㎜厚の自動巻**〝DUW3001〟**を用いた40万円台の**〝ミニマティック〟**、完璧なグラスヒュッテ仕様を備えた最高級キャリバー**〝DUW1001〟**を搭載した２００万円台の**〝ラムダ〟**まで、幅広い価格帯のコレクションが揃っています。

チュチマ（Tutima 1927）

ドイツ語の発音は「トゥティマ」。古い機械式ファンには旧ドイツ空軍やＮＡＴＯ軍が採用した航空クロノグラフで知られ、グラスヒュッテのブランドという印象は薄いはず。それはこのブランドがたどってきた複雑かつ数奇な運命のなせるわざです。

１９２７年、第１次世界大戦敗戦後の不況が続くグラスヒュッテで**Ｅ《エルンスト》・クルツ**博士（Kurtz,

Ernst：1899-1996）が、自らが法律顧問を務めていた会社を組立会社**UFAG**（**U**hren**f**abrik **AG** **G**lashütte）とエボーシュ会社**UROFA**（**U**hren-**Ro**hwerke-**Fa**brik AG Glashütte）に再編して社長に就任し、同社の最高品質モデルを安全確実を意味するラテン語の〝tutus〟から〝Tutima〟と命名。同41年にドイツ空軍に採用された**〝フリーガークロノグラフ〟**が高く評価されました。これが第1期チュチマです。

クルツ博士らは第2次世界大戦が終わる直前に西側に脱出してバイエルン州でクルツ社を設立し、51年にニーダーザクセン州ガンダーケゼーに移転。'60年代にD・デレカーテが経営を引き継いで自社キャリバーから汎用ムーヴメントに切り替え、83年に社名をチュチマに変更。翌年にクロノグラフ**〝ref.798〟**がNATO軍に採用されたあたりからが第2期で、**この時期のチュチマは西独のブランド**でした。

そして2008年にグラスヒュッテに帰還し、同13年に自社キャリバーの開発も復活させてからが第3期。現在は、往年の航空時計をモチーフにETAベースの**〝cal.330〟**を積んだ**〝グランド・フリーガークラシック〟**、初の自社キャリバーでグラスヒュッテ仕様の**〝cal.617〟**を搭載した**〝パトリア〟**、同じく自社製**〝cal.800〟**によるミニッツリピーター**〝オマージュ〟**といったコレクションを展開しています。

ラング&ハイネ（LANG & HEYNE 2001）

2020年現在AHCI（339頁参照）会長を務める**M**《マルコ》**・ラング**（Lang, Marco：1971-）が弟子の

M《ミルコ》・ハイネ（Heyne, Mirko：1976–）と始めたブランドですが、現在は両名とも在籍していません。

1971年にテューリンゲン州ゲーラで時計師一族の5代目として生まれたラングは、ドレスデン数学物理学サロンが所蔵する文化財時計の修復に携わる父親の薫陶を受け、グラスヒュッテで精密工学を学んだ後、ニーダーザクセン州ラステーデの名時計師**I《イーノ》・フレスナー**（Fleßner, Ihno：1948–）の下で修業してマイスター資格を取得。2001年にドレスデンでラング&ハイネを立ち上げ、翌02年のバーゼルフェアでグラスヒュッテ仕様の自社キャリバー〝**cal. I**〟を搭載した〝**フリードリッヒ・アウグスト**〟と〝**ヨハン**〟を発表します。同年にハイネが離脱した後も新たなモデルと自社キャリバーをコンスタントに発表してきましたが、13年にアメリカの投資家に経営権を売却し、19年に退社。現在は自らの名を冠した個人ブランドを新たに立ち上げ、受注生産をしています。

ラング&ハイネはブランド名として現在も存続し、大切な人の名前と誕生日を年齢と共に示す機能が付いた〝**アウグストゥスI世**〟やムーンフェイズに加え太陽入射角表示が付いた〝**モーリッツ**〟というフルカレンダー時計をはじめ、シンプルなスモールセコンドの〝**ヨハン**〟、ルイ15世針が印象的な〝**フリードリッヒ・アウグスト**〟、角型ケースのトゥールビヨン〝**アントン**〟など、ラングが在籍中に開発した9つの自社キャリバーと過去の王たちの名を冠したモデルを作り続けています。

クドケ（KUDOKE 2007）

S《シュテファン》・クドケ（Kudoke, Stefan：1978–）は旧東独のフランクフルト／オーダーに生まれ、地元の時計店とグラスヒュッテ時計学校で学び2001年にマイスター資格を取得。グラスヒュッテ・オリジナルの複雑時計工房で働いた後、NYに転勤し、同じスウォッチ グループのブレゲやブランパン、オメガの修理を任されました。同04年に独立し、07年には故郷で自らのブランドを立ち上げ。現在はドレスデン近郊に工房を構えています。

ユニタス製ムーヴメントをスケルトナイズして彫金を施した〝**HS1**〟や、そこに髑髏や蛸の装飾を加えた〝**スカル**〟や〝**クドクトパス**〟を作ってきましたが、18年に初の自社キャリバー〝**Kaliber1**〟を搭載した〝**クドケ1**〟を発表。グラスヒュッテ式3／4地板に、18世紀英国の懐中時計に多い彫金を施した大きなテンプ受けを融合させた独自のキャリバーが評価され、19年にAHCI準会員に迎えられました。同年にはナイト&デイ表示を加えた〝**クドケ2**〟がジュネーヴ時計グランプリ（GPHG）で「小さな針」賞を受賞。今後が楽しみな新進ブランドです。

3-2 旧西独（シュヴァルツヴァルトとフランクフルト）

西をフランス、南をスイスと接するバーデン＝ヴュルテンベルク州の**シュヴァルツヴァルト**（黒い森）地方は、郭公《カッコー》時計（日本でいう鳩時計）を伝統産業としてきた歴史も手伝い、腕時計や精密機器の製造が盛んです。この地域のブランドに共通する特徴は、①第2次世界大戦中に**軍用時計**《ミリタリーウォッチ》を供給し、今もその復刻モデルが多いこと。そして②地理的な近さから**スイスのメーカーとの関係が深く**、ETAをはじめスイス製ムーヴメントを用いたモデルが多いことでしょう。また、ブランドの歴史においては、クオーツ危機や内外の資本による買収劇の荒波に揉まれている点が、旧共産圏で国営公社として守られてきたグラスヒュッテの時計産業とは違います。

そんなシュヴァルツヴァルトの5ブランドと、場所は離れますがフランクフルト／マインに本拠を構え日本でも馴染みの深い2ブランドを紹介しましょう。

⌚ユンハンス（JUNGHANS 1861）

ドイツ語では「ユンクハンス」。日本ではかつて「ユングハンス」とも呼ばれました。1861年にシュラムベルクで**E《エアハルト》・ユンハンス**（Junghans, Erhard：1823-70）が義兄と創業。同66年に初の自社製品を発表するやたちまち急成長を遂げ、1903年には3000人の従業員が年に300万個を生産する当時世界最大の時計メーカーに。日本でも**掛時計や置時計の「舶来品」の代名詞**となっていたほど有名でした。シュラムベルクはユンハンスの企業城下町として発展。同18年に山の斜面に建造したテラス建築の大工場は、今では歴史的建造物に指定され、ユンハンス テラス建築博物館となっています。

28年から腕時計にも進出し、第2次世界大戦中は軍用時計も供給。戦後もいち早く復興し、57年には自動巻クロノメーターの名キャリバー〝**J83**〟、61年にはバウハウス出身のデザイナー**M《マックス》・ビル**（Bill, Max：1908-94）を起用して今日まで続く〝**マックス・ビル**〟コレクションを発表しました。

70年にドイツ初のクオーツ式腕時計〝**アストロクオーツ**〟を発表してからは電子化へと方向転換。90年に世界初の電波腕時計〝**メガ1**〟、95年にソーラー電波腕時計〝**メガソーラー・セラミック**〟を発表しますが、すぐに日本勢に追いつかれて経営が行き詰まり、２０００年からは宝飾メーカーのエガナ・ゴールドファイル傘下に入り、09年にはついに倒産。機械式を復活させることで独立企業として再建し、今日に至ります。現在は〝**マックス・ビル**〟、〝**フォーム**〟、〝**マイスター**〟の3コレクションで、主にＥＴＡ製ムーヴメントをベースにした機械式とクオーツ式の両モデルを展開しています。

ハンハルト (hanhart 1882)

J《ヨハン》・A《アドルフ》・ハンハルト（Hanhart, Johann Adolf：1856–1932）が１８８２年にスイスのトゥールガウ州ディースゼンホーフェンで創業し、１９０２年にドイツ・シュヴァルツヴァルト地方のシュヴェニゲンに移転。同34年からは同地方のグーテンバッハを本拠地としています。

ストップウォッチとクロノグラフを得意とし、中でも38年に開発したシングルボタンクロノグラフ〝**cal.40**〟と39年の2ボタンクロノグラフ〝**cal.41**〟は評価が高く、第2次世界大戦中には軍用時計にも使われました。戦後も57年にフライバッククロノグラフ〝**cal.42**〟を開発。各国の軍隊への供給を続ける一方で、コインエッジベゼルと黒文字盤の軍用時計レプリカで人気を博します。ストップウォッチでも圧倒的なシェアを誇り、'60年代には西独のほぼ全ての学校が採用。81年に開発した機械式の廉価版〝**cal.3305**〟を量産することで、クオーツ危機も生き延びました。

現在は〝**パイオニア**〟と〝**プリムス**〟の2ラインで、シングルボタンの〝**マークワン**〟や2ボタンの〝**タキテレ**〟といったクロノグラフ、スモールセコンドの〝**プリヴェンター**〟など、往年の名品のレプリカをＥＴＡベースで作っています。

ラコ（Laco 1925）

シュヴァルツヴァルトの玄関と呼ばれる精密産業都市プフォルツハイムで、**F**《フリーダ》**・ラッヒャー**（Lacher, Frieda：生没年不明）と**L**《ルートヴィヒ》**・フンメル**（Hummel, Ludwig：1889-?）が１９２５年に創業。ラコは**Lacher & Co.**という社名を略した商標で、日本ではかつて「ラコー」と呼ばれていました。

スイス製ムーヴメントからの脱却を目標に、同33年にはムーヴメント製造会社**DUROWE**（Deutsche **Uhrenrohwerke**）を併設。航空時計需要の拡大を受け月産３万個まで業績を伸ばし、第２次世界大戦中はドイツ軍に**〝B-Uhr**《ベーウア》**〟**を納めています。軍用時計ファンの間では**「Bウォッチ」**とも呼ばれて人気の高い〝B-Uhr〟は**Beobachtungsuhr**の略称で、直訳すれば「観測時計」。精度に加え視認性や操作性や耐久性においても特に厳しい基準が定められた制式時計で、ラコとA.ランゲ&ゾーネ、ヴェンペ、ストーヴァ、ＩＷＣの５社が製造していました。

空襲で工場が壊滅するも49年には再建し、自動巻**〝cal.552〟「ドゥロマット」**（52年開発）や、手巻**〝cal.630〟「ラコクロノメーター」**（同57年）といった名キャリバーを連発。日本のタカノがラコのムーヴメントをコピーした**「ラコー型」**（57年）を作っていたのもこの頃です。

ところが、58年に発表した電磁テンプ式腕時計の技術に目をつけたアメリカのタイメックスが、59年にラコを買収。さらに65年には、創業時に脱却を目指したスイスのムーヴメントメーカーでＥＴＡの前身であるEbauches SAに買収されてしまうのです。それでも社名は存続し、スイスが加盟していなかったＥＥＣ（欧州経済共同体）諸国への輸出を担って74年には年産55万個に達しますが、クオーツ危機で休眠状態に。88年にラッヒャーの息子が経営していた会社の役員がラコの商標を取得して、30年ぶりに西独のブランドとして復活しました。

現在は主にETA製ムーヴメントをベースに〝**B-Uhr**〟をはじめ往年の軍用時計をモチーフにした腕時計を作っていますが、〝**パイロットウォッチ**〟コレクションの一部は日本のミヨタ製ムーヴメントを搭載。かつてのタカノと立場が逆転したことに、一抹の感慨を禁じえません。

ストーヴァ（STOWA 1927）

1927年にホルンベルクで創業し、同35年にプフォルツハイムに移転。創業者**W**《ヴァルター》**・シュトルツ**（Storz, Walter：1906–74）の姓と名から最初の数文字を組み合わせたブランド名は、ドイツでは「シュトーヴァ」と発音されます。バウハウスに影響されたミニマルデザインの腕時計〝**アンテア**〟を37年に発表してヒット。空・海軍にも多くの軍用時計を納入し、〝**B-Uhr**〟の製造も任されています。

第2次世界大戦の空襲で本社が壊滅してラインフェルデンに疎開しますが、51年には同地に新工場を建てると同時にプフォルツハイム本社も復興。54年には部品製造会社**RUFA**（**Rheinfelder Uhrteile-fabrik**）を設立して耐衝撃機構〝**Rufachoc**〟を開発し、ストーヴァはもちろんDUROWEなど他社にも供給していました。'60年代には〝**シータイム**〟をはじめ多くのヒット作を出して繁栄しますが、クオーツ危機のあおりを受け、74年にはプフォルツハイムの6つのブランドが合併したパラスというグループが吸収。ブランドとしてのストーヴァは休眠状態に陥ります。

それを復活させたのが、次に紹介する**J**《ヨルク》**・シャウアー**。彼は96年にシュトルツの息子からストーヴアの商標を買取り、往年の名モデルをモチーフにした新作を発表して名門ブランドを復興したのです。ストーヴァは現在はエンゲルスブラントを本拠に、ETAやユニタス製ムーヴメントを用いて〝**アンテア**〟や航空時計モチーフの〝**フリーガー**〟といったコレクションを展開しています。

シャウアー（SCHAUER 1995）

ストーヴァを指揮する**J**《ヨルク》**・シャウアー**（Schauer, Jörg：1968–）の個人ブランド。彼は1968年に北シュヴァルツヴァルトのアルテンシュタイクに生まれ、プフォルツハイムで金工を学んだ後にスペインの時計宝飾店で修業を積み、同90年に独立してプフォルツハイムに工房を開設しました。5年間で400本以上を受注生産し、95年に自らの名を冠したブランドで初のコレクションを発表。翌年に買収したストーヴァを指揮する傍ら、12本のビスでベゼルを留めた特徴的なデザインの腕時計をシャウアー銘で作り続けています。ETAの7750系キャリバーを用いたクロノグラフ〝**エディション**〟シリーズや、同じくETA〝**A07.171**〟を用いて6時位置に6つのイベントを文字表示してその時刻を回転ベゼルで示せる〝**アナログ・リマインダー**〟などがよく知られたモデルです。

ジン（Sinn 1961）

創業者の**H**《ヘルムート》**・ジン**（Sinn, Helmut：1916–2018）は、第2次世界大戦時に爆撃機パイロットとして2万時間・100万km以上の飛行を達成して少尉まで昇進した「空の英雄」。戦後はカーレーサーに転身し、1953年のアフリカ縦断ラリーで優勝して「韋駄天《シュネル》ヘルムート」の異名をとりました。

それらの経験から計時装置の重要性を痛感し、同61年にフランクフルト／マインで創業したのが**ジン特殊時計《シュペツィアルウーレン》**です。社名が物語るように、パイロットやレーサーなどプロフェッショナルユースの腕時計と、航空機のコックピットクロックに特化。85年には西独航空宇宙局D1ミッションでスペースシャトルに搭乗したR・フラーがジンの〝**140.S**〟（ムーヴメントはレマニア製）を装着し、**無重力下でも自動巻機構が機能**することを初めて証明しました。

94年にジン氏は経営を離れ、次に紹介するギナーンで新たな活動を開始。ブランドとしてのジンの経営は、IWCの技術者でA.ランゲ＆ゾーネの復興にも係わった**L《ローター》・シュミット**（Schmidt, Lothar：1949–）が引き継いで、よりタフな仕様を追求しながら民生品のラインナップも広げてきました。

乾燥剤カプセルと不活性の希ガスを特殊パッキンで封じ込める「**Arドライテクノロジー**」や、風防内に特殊オイルを封入して5000m防水と視野角向上を実現させた「**ハイドロ**」、ムーヴメントの精度をマイナス45℃からプラス80℃まで保つ「**66‐228オイル**」など、ジンが開発してきた特殊技術は枚挙にいとまがありません。ETAやセリタ製のムーヴメントをベースにしながらも他ブランドにはない堅牢さは、「出動用計時装置」（Einsatz ZeitMesser）の頭文字をとった〝**EZM**〟シリーズをはじめ、〝**インストゥルメント クロノグラフ**〟や〝**ダイバーズ**〟など、幅広いコレクションで体感可能。ファンが多い日本に向けた限定モデルもしばしば発売しています。

⌚ ギナーン（GUINAND 1865）

ドイツ語読みすると「グヴィナント」ですが、フランス語で「ギナーン」が正解。元は1865年にスイスのヌーシャテル州レ・ブレネで**C**《シャルル》**・L**《レオン》**・ギナーン**（Guinand, Charles Leon：生没年不詳）とその兄弟が創業したブランドだからです。ドイツや北欧への輸出で成長し、同81年頃からはクロノグラフに特化して積算計付きやスプリットセコンド、フライバックなどを次々に開発。1910年代には腕時計にも進出し、同'40〜'50年代には200以上ものブランドにムーヴメントを供給してスプリットセコンドクロノグラフの代名詞として知られましたが、クオーツ危機後は次第に休眠状態に陥ってしまいます。

96年に**H・ジン**が工場ごと商標を買い取ってフランクフルト／マインに新本社を構え、ようやく復活。ユニタス製ムーヴメントをベースにジン氏が独自の機構を加えたキャリバー〝**HS-81**〟を開発し、2004年には同キャリバーを搭載したワールドタイム〝**WZU-5**〟を発表しました。同06年にジン氏が90歳で引退した後もブランドは受け継がれ、現在は〝**21**〟、〝**40**〟など番号によるシリーズで展開。クロノグラフは主にETA7750系ムーヴメントがベースですが、〝**31**〟シリーズには今でも〝**HS-81**〟を搭載したモデルがあります。

コラム3 「時計界のピカソ」G《ジェラルド》・ジェンタ

単なる実用的な道具ではなく身を飾るアクセサリーとしての側面も持つ腕時計にとって、デザインはとても重要なはず。それにもかかわらず、服飾や宝飾とは違い、腕時計のデザイナーの名が語られることが少ないのはどうしてでしょうか。

水平分業を伝統とするスイスの時計産業では、それぞれ別のメーカーが作った文字盤やケースや針を組み合わせる手法が一般的で、腕時計全体をデザインするという発想が育ちにくかったからでしょう。一方、日本のセイコーのような垂直統合型の大企業の場合も、社内に専門部署を擁して組織でデザインすることが多いため、やはり個人名が公になる機会は限られます。

そんな中、スイスや日本の名門ブランドに数多くの作品を提供し、たとえ公表されなくとも製品を見るだけで名前がわかる時計デザイナーが存在しました。**「時計界のピカソ」**と呼ばれる**G《ジェラルド》・C《シャルル》・ジェンタ**（Genta, Gérald Charles：1931-2011）（図1）です。

オーデマ ピゲ〝ロイヤルオーク〟（図2）と、**パテック フィリップ〝ノーチラス〟**（図3）。彼が1970年代にスイスの2大名門ブランドのためにデザインした2大名品は、半世紀近く経った今も全く人気が衰えず、それどころか21世紀に入ってからのラグジュアリースポーツウォッチ・ブームを牽引し、常に品薄でプレミアムがつくほどの勢いです。

1931年にジュネーヴでイタリア系の両親の下に生まれた彼は、宝飾と金工を学んだ後に、当時は珍しかったフリーの時計デザイナーとして活動。**ユニバーサル〝ポールルーター〟**や**オメガ〝コンステレーションCライン〟**などの主にケースをデザインし、同68年に手がけた**ユニバーサル〝ゴールデンシャドウ〟**で「国際ダイヤモンド賞」を獲得して注目を集めます。

この頃から、彼は日本のセイコーの仕事も手がけています。腕時計をトータルでデザインするという、スイスではいまだ主流ではなかった発想を、彼は日本から学んだのかもしれません。

70年には、戦艦の舷窓をモチーフに、ブレスレットまで含め腕時計全体を初めてデザイン。72

図1　G・C・ジェンタ（1931-2011）

図2　オーデマ・ピゲ〝ロイヤルオーク〟のデザイン画

図3　パテック フィリップ〝ノーチラス〟のデザイン画

図4　ブルガリ〝ローマ〟のデザイン画

図5　セイコー〝クレドールロコモティブ〟のデザイン画

年に〝**ロイヤルオーク**〟として製品化されたこの画期的な作品は、機械式の老舗オーデマ ピゲに「クオーツ危機」の荒波を乗り越える新たな風を吹き込みました。ちなみに〝ロイヤルオーク〟をデザインしたのがジェンタであることを最初に報じたのも、日本のメディアだったそうです。

そこからは破竹の快進撃。76年には潜水艦をイメージした**パテック フィリップ〝ノーチラス〟**、**IWC〝インヂュニアSL〟**、**ブルガリ〝ローマ〟（図4）**（後の〝**ブルガリ・ブルガリ**〟）、79年に**セイコー〝クレドール ロコモティブ〟（図5）**、82年に**オメガ〝シーマスター ポラリス〟**と、時計史に残る名品を次々にデザインしています。

〝ロイヤルオーク〟と〝ノーチラス〟が近年のラグジュアリースポーツウォッチ・ブームを生んだ事実が物語るように、ジェンタのデザインの特徴は**「高級感を失わないカジュアルさ」**に尽きるといえるでしょう。この場合の「カジュアルさ」は「使いやすさ」と同義であり、背景にあるのは装着性と視認性と耐久性の高さです。彼が得意とする多角形のケースはもちろん、丸型でも角型でも一目でジェンタとわかるのは、このポリシーが一貫しているからにほかなりません。それがあまりにも明確なため、同様の特徴を持つ腕時計は全て彼の作品と誤解されがちなほど。パテック フィリップ〝ゴールデン・エリプス〟やカルティエ〝パシャ〟、ヴァシュロン・コンスタンタン〝222〟なども彼のデザインに帰されることがありますが、その事実はないそうです。

ジェンタの功績としてもうひとつ忘れてはならないのは、73年から自らの名を冠したブランドで、高級機械式時計を自社生産していた事実。後にフランク ミュラー ウォッチランドの技術監督となる時計師P＝M・ゴレイ（Golay, Pierre-Michel : 1935-）（335頁参照）の協力でル・ブラ

図6　〝レ・ファンタジー〟のデザイン画

ッシュに工房を設立し、永久カレンダーやリピーターを載せた複雑時計を作り続けることで、'70～'80年代の「クオーツ危機」の中で機械式の技術的伝統を次代に残す重要な役割を果たしています。

もっとも、この自社ブランドは彼のデザインほど成功しませんでした。八角形ケースの〝**サクセス**〟やミッキーマウスの腕がレトログラード分針になったジャンピングアワーの〝**レ・ファンタジー**〟**（図6）**など人気ラインはあったものの売上は伸びず、機械式の復興と共に役割を終えるかのように96年に外資に売却された後、2000年にブルガリが買収。ジェラルド・ジェンタはブルガリの時計の一ライン名となりました。ジェンタ自身はデスコ・フォン・シュルテスの出資を受けて新たなブランド、**ジェラルド・チャールズ**を立ち上げますが、やがて離脱。05年以降はデザインの仕事からも事実上の引退状態でした。

06年に時計雑誌『クロノス日本版』によるインタビューでどんな時計を作りたいかと聞かれ、ジェンタはこう答えたそうです（webChronos21年2月28日付記事より引用）。

「できればメーカーのデザインをもう一度したい。制約が大きいからこそ、デザインは楽しいんだよ」

時計史に不朽の足跡を残した巨匠が晩年に残すには、あまりにも淋しい言葉ですが、時計のデザインとは何かを考える上では、どこまでも深い名言ともいえるでしょう。

第5章

機械式腕時計の選び方と買い方

1 何を選ぶ?

まずは百貨店の時計売り場で「相場」を知る

時計選びの第一歩は、なんといっても情報収集。各ブランドのカタログや時計専門誌に加え、現在はインターネットを通じて驚くほど大量かつ詳細な情報が手に入ります。とはいえ、時計に限らずどんな物でも、やはり自分の目で見て肌で触れてみなければ本当のよさはわからず、見る目を養うこともできません。**まずはできるだけ多くの情報と現物に触れてみる**ことから始めましょう。

その際に心がけていただきたいのは、自分に興味や縁がなさそうなブランドやモデルにも、一通りは目を通しておくこと。世の中にはどんな時計があって、いくらくらいで売られているか。全体像を大まかにでも把握しておいた方が、時計を選びやすくなります。そうした**「相場感覚」を養うには、百貨店の時計売り場を回るのがいちばん**。さまざまなブランドと価格帯の商品が一堂に会しているからです。

高いからいいとは限らない

腕時計を「正確な時刻を知る装置」としての機能性だけから見た場合、価格と性能は正比例するとは限りません。すでに述べてきたように、機能性とコストパフォーマンスでは、より安価なクオーツ式の方が優れています。機械式に限っても、**価格と性能が比例するのはある一定のラインまで**。そこから先はトゥールビヨンなど複雑な補正機構が搭載されるようになって一気に値段が跳ね上がり、日差を1秒向上させるごとに加速度的に価格が上昇していきます。

機械式のもうひとつの魅力である装飾性に関しても同じです。部品の磨きや鳴り物の音質の差が、価格に比例するのはある程度まで。そこを超えると価格が上がれば上がるほど差が小さくなり、好みの問題に入っていきます。

要するに、10万円の時計が5万円の時計の2倍いいからといって、1000万円の時計が500万円の時計の2倍いいとは限らないということです。

ならば機能性と装飾性の双方において価格と品質が比例するギリギリのラインはどこかというと、これが時代や為替によって常に変動しますし、人によって意見が違いもするので、一概には申せません。日頃からできるだけ多くの時計を見たり触れたりする中で養った、自分自身の「相場感覚」に従うのがいちばんでしょう。

ちなみに、異論覚悟であくまで大まかな目安として私見を述べさせていただくと、2020年時点において、特別な複雑機構や宝飾を伴わない機械式腕時計で、スポーツウォッチなら50万円、ドレスウォッチなら100万円といったあたりでしょうか。一般にこのラインを超えていれば、機能的にも装飾的にも「高級時計」と呼ばれる水準を満たしているはずです。

時計も人も見た目より中身が重要

欲しいタイプやブランドや価格帯が絞れてきたら、目当てのモデルについてさらに詳しい情報を集めましょう。

カタログスペックを読む際は、まずは**品番（ref.No.）**の確認から。同じブランドの同じモデルでも、品番が違えばどこかが変わっているはずです。ネットなどで旧モデルを見て欲しくなり、買いに行ったら微妙にモデルチェンジされていたというのは、よくある話。文字盤のデザインだけでなく、ケースの外径やムーヴメントの**キャリバー番号（cal.No.）**も、自分が欲しいと思った商品と同じであるかを確認しましょう。

モデルチェンジに関しては、色やデザインや大きさなど外見上の変化ばかりに目が行きがちですが、むしろムーヴメントが変わったかどうかの方が重要。パワーリザーブ（ゼンマイ動力の持続時間）や振動数など、機能上の変化に直結するからです。一般的には新しく開発されたムーヴメントの方が高性能ですが、味わい重視であえて昔のキャリバーを復活させることもあれば、残念なことに単なるコストダウンのための変更もないとはいえません。一方、高性能の新機構に予期せぬ不具合が発生することもあるでしょう。

「見た目が気に入って買ったけどパワーリザーブが少なくて毎日巻かなければならないのが面倒」とか、「ネットで調べたら自分が持っているモデルに搭載されたキャリバーはハズレらしくてがっかり」とかいった嘆きを、実によく耳にします。モデルチェンジの有無を問わず、旧来品でも新製品でも、機械式腕時計を選ぶ際には必ず**ムーヴメントの種類と性能と評判を事前にチェック**しておくことをおすすめします。

最初から売ることを考えない

機械式腕時計には、機能性と装飾性に加え、資産性という価値もあります。俗にいう**リセールバリュー**です。世の中には、最初から転売目的で腕時計を買ったり、値上がりを期待して箱から出さずに保管したりするような、投機精神が旺盛な方もいらっしゃいます。人気が高く品薄のモデルはプレミアム価格で取引され、元々が安くない商品ゆえ利幅も大きいからでしょう。

けれども、そういう投機的側面があるからこそ、下手に儲け心を出すとケガをします。株や美術品と同様に、何がいつ値上がりしていつ暴落するかは素人に判断できません。少なくとも、さらなる値上がりを期待して定価以上でお買いになることは、避けた方が無難です。

そもそも使わずに転売するのでは、時計を楽しむことにはなりません。腕時計は使ってなんぼ。どんな故障でも修理できて何百年も使い続けられるのが、機械式時計の魅力です。それでもリセールバリューを考えるなら、**値上がりを期待するより値下がりを心配する**方がまだしも建設的でしょう。

では、どんな腕時計が値下がりしにくいかというと、①長年にわたり**ブランド価値を保ち続けてきた実績**があり、②**供給とアフターケアの管理が万全**で、③**各モデルが年産数千本**程度までに抑えられている時計です。この条件を満たし、世界のオークション市場における基軸通貨的な役割を果たしているブランドの代表がパテック フィリップ。一方、より多くの生産数と幅広い層の人気を背景に、外装の違いや有名人の着用で落札額が乱高下しがちな投機銘柄の一例がロレックスです。ご興味のある腕時計のブランドがどちらのタイプに近いかで、リセールバリューの方向性をある程度は推測できるかもしれません。

2 どこで買う？

失敗こそが見る目を養う

今日では機械式腕時計の大半がインターネット経由の通信販売で購入できます。けれども、繰り返し述べてきたように、時計の質感や重量感や操作感や装着感には、現物を見て触れてみなければ絶対にわからない部分が多々あります。特に機械式は、各メーカーが定めた厳しい基準を満たす中にも微妙な個体差が生じ、厳密にいえば**同じ商品は二つとありません**。たとえ売り場で現物を確認した上で、メーカーの公式サイトを通じて同じモデルを注文しても、全く同じ商品が届くわけではないのです。

一方、過去のモデルなど、ネットを通じてしか手に入らず事前に現物の確認ができない商品も沢山あります。その場合はさらにリスキー。写真やデータだけで明確な実体をイメージし、ムーヴメントの種類や状態まで推測できる知識と経験がない限り、うかつに手を出さない方が無難です。どうしてもという場合は先達に相談するのがいちばんですが、**信頼できる先達ほど判断をためらう**はず。経験を積んだ人ほど失敗体験も多く、現物を見ずに判断する怖さを身をもって知っているからです。

このように、**機械式腕時計は初心者がネットで買うにはかなり危険**な商品です。とはいえ、時計に限らずどんな趣味でも、実は**失敗こそが上達の道**。贋物や粗悪品を摑まされることが逆に本物のよさを実感させ、**骨の髄からの後悔が逆に見る目を磨く**のです。筆者が知る限り、世界中の時計好きで失敗した経験のない方は一人もいらっしゃいません。それどころか、むしろ失敗自慢こそが、世界中の時計好きの間で「絶対にスベらない」人気の話題ですらあります。

ゆえに危険を自覚し失敗覚悟の上でなら、ネットオークションも通販も大いに結構。暮しが傾かない程度にどんどん失敗し、その都度、自分なりの教訓を学んでいきましょう。

正規店と並行店と中古店を使い分けよう

もちろん実店舗での購入も、単に安心なだけでなく、現物に触れて見る目を養う絶好の機会。機械式時計の販売店は大まかに正規店、並行店、中古店の3種に分けられます。それぞれの性格に応じて使い分けましょう。

正規店は、文字通り正規の販売代理店が商品を卸すお店。ブランド**直営店**だけでなく、**時計専門店**や**百貨店**の時計売り場も含まれます。当然、定価販売が基本ですが、その分、安心。店員さんの商品知識も間違いがなく、公式情報を得る上でも頼りになります。一般にブランド商品は直営の旗艦店が最も品揃えが豊富ですが、逆に人気モデルが売り切れるのも早め。セール時などの値引率が微妙に違う場合もありますので、専門店や百貨店も併せてチェックすることをおすすめします。

並行店と呼ばれるのは、正規の代理店を通さない**並行輸入品**を扱うお店。といっても、贋物や違法な商品ではありません。**並行輸入とは日本以外の国の正規代理店が輸入した商品の再輸入**。かつては為替レートの違いを利用して日本の正規代理店を通すより安く仕入れることも可能でしたが、現在では多くのブランドが為替を考慮した**国際的な価格統一**を図っているため、経済面でのメリットはあまりなくなりました。代わって増えたのが、日本市場で品薄な人気商品や旧モデルの在庫の並行輸入。つまり、日本で手に入りにくいモデルを探すなら、並行店が狙い目かもしれないということです。ただし、そのようなモデルは逆に**正規品より高額**になっている場合が多いので、ご注意を。ちなみにアフターケアに関しては、並行輸入品でもちゃんと**国際保証書**がついてさえいれば原則として日本の正規代理店でも対応してくれるはずですが、例外もあるでしょうからご注意を。

現行品を正規より安く手に入れたい、あるいは並行店にもないほど古いモデルが欲しいとなれば、**中古店**を訪れるしかありません。中古店と一口にいっても、扱う商品の古さも出所も千差万別で玉石混淆。そもそも中古品の定義からしてあやふやです。最近では数年前のモデルも**アンティーク**と呼ばれますが、本来は100年以上昔の骨董品。機械式腕時計なら少なくとも1960年代以前に作られたものでなければアンティークとは呼べず、それ以降は単に**ユーズド**と呼ぶべきでしょう。もっとも、中古品にはユーズドならぬ未使用の在庫品、つまり**デッドストック**が含まれることもあります。このデッドストック、傷や摩耗が少ない反面、長い間止まっていたため潤滑油が固化してすぐにオーバーホールが必要になることもあるので、ご注意下さい。

詳しくは次項で述べますが、機械式時計の中古品の善し悪しを見分けるのは上級者でも至難の業。先達の意見を参考に、**アフターケアも含めて信頼できる店を選ぶ**しかありません。また、最近ではF.P.ジュルヌの〝パトリモワンヌ〟やフランク ミュラーの〝プレミアム・アプルーヴド・ウォッチ〟のように、各ブランドが自社でオーバーホールして正規店で販売する「**認定中古時計**」も増えています。中古品は怖いという方は、まずはここから入門なさってみるのもいいでしょう。

3 どこを見る？

選んだ腕時計の情報を集め、探しに行くお店を決め、いざ現物と対面となったとき、どこをどう見ればよいのでしょうか。

新品をそれなりのお店で見る場合は、真贋や状態まで疑ってかかる必要はないでしょう。意中の商品と同じで間違いないか、品番やキャリバー番号を店員さんに確認し、トレーに出していただいたら、まずは文字盤側からじっくり拝見。色味や質感、サイズ感が想像通りか、値段に見合った仕上げになっているかを、85頁からの「外装」の項を参考にチェックしてください。針やインデックスの視認性や輝き方を、**さまざまな角度から見てみる**ことも忘れずに。次に時計を裏返し、シースルーバックになっていれば、45頁からの「伝達機構」の項で触れた地板の磨きや穴石の取り付け状態なども見ておきましょう。さらにベルトやブレスレット、留め具も点検して、視認完了。

実際に腕につけてみなければわからない

続いてが最も大切な確認作業。**実際に腕につけてみる**ことです。これをやらなければ何のためにお店を訪れたのかわかりません。もちろん店員さんの許可が必要ですが、よほど希少なモデルでもない限りは、つけさせてもらえるはず。稀に手袋の装着を求められますが、よくある白手袋はかえって滑りやすくなるので要注意。**必ずトレー上で装着**し、留め具が確実にはまっていることを確認してから腕を動かすようにしてください。

ここでチェックすべきポイントは、まず**サイズ感**と**重量感**と**装着感**。外した状態と腕につけた状態では、大きさや重さの印象が変わってきます。自分の腕につけた状態で大きすぎたり重すぎたりしないか、気持ちよくフィットするかどうかを、腕を軽く動かしながら確認しましょう。その際に、自分がよく着る服と似合うかどうかを、具体的なコーディネートを頭に思い浮かべながらチェックすることも忘れずに。

見逃しがちな「袖口の引っかかり」

長袖のシャツと合わせることが多くなるドレスウォッチを見る際は、当該の**シャツを着ていくこと**をおすすめします。シャツの袖丈は手首位置がジャストサイズですから、どうしても腕時計が引っかかります。このため、シャツは**時計をする側だけ袖口を広めにオーダー**したり、既製品ならボタンの位置をつけ替えたりするものですが、今時の厚い腕時計が収まるところまで広げてしまうと今度はシャツのカフがジャケットの袖口に引っかかってしまいかねません。フォーマルな装いに合わせる**ドレスウォッチは薄型がいい**とされる所以です。

要するに、厚い腕時計はシャツの袖口より先の位置にむき出しでつけざるをえなくなり、引っかかりまくる場合が多いということです。腕時計が引っかかってシャツやニットの袖口が擦り切れている方をたまに見かけます（筆者を含む）が、あまり格好のいいものではありません。ラグのエッジが鋭角に切り立っている場合などは特に擦り切れやすくなるので、腕時計のどの部分が袖口に当たるか、袖口が変にまくれ上がったりしないかを、忘れずチェックしておきましょう。

いじらせてもらえない商品は買わない方が無難

以上が全ての腕時計に共通するチェックポイント。続いては、手巻なら**「巻上げ感」**、クロノグラフならボタンの**「押し感」**や帰零時の針の**「戻り感」**、カレンダーなら**日送り感**、鳴り物なら**音色**といった、それぞれのモデルに特有な機能の**「操作感」**も確認しておきたいところです。ここでチェックするポイントは、単純に**心地よいかどうか**だけ。優れた機構は操作感もいいからです。

この段階になると、お店の方針や商品の希少性によってはいじらせてもらえない場合もありますが、臆さず申し出てみましょう。自分で操作させてはもらえずとも、店員さんが実演してくださるかもしれません。それもできないほどデリケートな商品だというのなら、買った後も扱いに困るはずなので、選ばない方が無難です。

中古品のチェックは修業と心得よ

前項でも述べたように、中古品の購入は初心者にはハードルが高く失敗する怖れもあるがゆえに、逆に最良の修業にもなります。腕につけてみてから確認すべき項目は新品と同じですが、視認の段階で真贋や状態の善し悪しを判断しなければならないからです。そのためには、目当てのモデルに関する正確な情報を、新品の場合以上にしっかり頭に入れてから現場に臨まねばなりません。

まずは外装のチェックから。傷は少ない方がいいことはいうまでもありません。**オリジナルと違う**

風防は、交換せねばならないほどのダメージを受けた可能性を示唆します。**文字盤についた斑点**は、水滴の名残かもしれません。裏蓋の縁の**「こじ開け痕」**は、修理した回数に比例。**指針のふらつきやインデックスの浮き**があれば、元々の加工精度が低いか乱暴に使われてきたかのどちらかです。**リューズのぐらつき**をチェックする際には、**巻上げと針送りのスムーズ**さも併せて確認しましょう。

続いて、より重要かつ難度の高いムーヴメントのチェックです。**中古品の場合は必ず裏蓋を開けてムーヴメントを見せてもらうこと。**それを拒む店は信用できないと思った方がよいでしょう。

いの一番に確認すべきは、**外装とムーヴメントが合っているか。**中古品の中には、同じあるいはサイズが共通するモデルの部品を寄せ集めて作ったものもあるからです。ひどい場合は、有名ブランドのケースに別メーカーの安い現行ムーヴメントが入っていることも。ムーヴメントやケースやブレスレットに品番が刻印されている場合は、それらが一致しているかどうかでわかります。けれどもいずれかに刻印がなく、同モデルの同時期のケースとムーヴメントが組み合わされている場合は、メーカーの担当者でさえ判別不能。そういうものとして納得するしかありません。

ムーヴメントの状態チェックは、まずは全体の見渡しから。**地板や歯車に錆が浮いたり、潤滑油が固化して埃が溜まっていたりする**のは、長くオーバーホールされていない証拠です。続いてここだけは**絶対に見逃せないポイントが脱進機。**他の部品の状態がどんなによくても、機械式時計の心臓部である脱進機に欠陥があれば台無しです。**天真に傾きやぐらつきがないか、天輪の振り角が充分でぶれずに水平に回っているか、ヒゲゼンマイに錆や変形がなく同心円状に膨張・収縮しているか**などを、目を皿にして確認しましょう。

コラム4 腕時計のドレスコード

西洋の服飾にはかつて細かいドレスコードが存在し、それぞれの服装に相応しい時計も決まっていました。男性ファッションの場合は特にそうで、ブリティッシュ・トラッドやアイビーが元気だった1980年代初頭までは、そうしたドレスコードをいかに忠実に守るか、あるいはどのように崩すかが、着こなし上手と呼ばれる条件だったものです。

スーツにもストレッチ素材が使われる昨今、着こなしにおけるフォーマルとカジュアルの境目はどんどん曖昧になっています。時計はラグジュアリースポーツウォッチ、車は高級SUVが人気なのも、そんな状況を反映してのことでしょう。

とはいえ、今でも冠婚葬祭などで昔ながらのマナーを要求される場合があります。いざというときに恥をかかないよう、時計とフォーマルウェアの伝統的な合わせ方について最低限の原則は知っておいても損はありません。

最初に記憶に止めておきたいのは、そもそも腕時計という形式自体が懐中時計よりもカジュアルであるという事実。人前で時計を見るのは、早く話を終わらせたがっているようで失礼にあたることはいうまでもありません。いつでも時刻を見られる腕時計は、まずその点でカジュアルです。さらに259頁で述べたように、腕時計は軍用あるいはスポーツ、労働といった機能上、実用上の需要から普及したという歴史的背景においても、装飾性と形式性を重んじるフォーマルとは相容れません。このため、現在も男性の最上級の礼服とされる昼のモーニングや夜のテイルコートには腕時計は合わせず、ベスト（英国流にいうならウエストコート）のポケットに懐中時計を忍ばせるのが正式とされています。少しくだけたタキシードや略礼服でベストポケットがない場合は腕時計でもかまいませんが、その場合もできるだけシンプルな薄型の2針（時分針のみ）かスモールセコンド付きのドレスウォッチが基本。フォーマルな場では、多機能時計は実用的すぎ、デカ厚やスポーツウォッチは武骨すぎるというわけです。

冠婚葬祭以外のより日常的な場で、最も目にすることが多い時計のドレスコード違反は、スーツにごついスポーツウォッチを合わせてしまうことでしょう。いくら日常業務でも、改まった場で得意先や年長者と顔を合わせる際に着るスーツは、いうなればビジネスの礼服。薄型の2針とまではいかずとも、少なくともドレスウォッチを合わせるべきです。そう指摘すると「でもこの時計は○万円もしたんですよ」と反論する方がいらっしゃいますが、それは礼儀と贅沢をはき違えた成金根性。何万円しようがスポーツウォッチはスポーツウォッチで、安くてもドレスウォッチはドレスウォッチです。逆に休日のカジュアルな服装に高価なドレスウォッチを得意げに合わせている方もたまにお見かけしますが、何万円しようが似合わないものは似合いません。

こう考えると、社会人たるもの、少なくともドレスウォッチとスポーツウォッチの2タイプは持っておきたいもの。さらに着る服とのコーディネートを考えて、ケースは金色と銀色、ベルトは黒系と茶系の2タイプを揃えておけば万全です。

トラッド世代ならご存知でしょうが、男性の洋装には「金属と革は色を揃える」という暗黙のルールがあります。カフリンクスが金なら時計も金、革靴が茶系ならズボンや時計のベルトも茶系の革で合わせるといった具合です。本来は色調や素材（18K同士やワニ革同士など）まで合わせたいところですがキリがなく、革に関しては黒系や茶系以外の色を身につける場合も多いので、厳密に守るのは至難の業。ここはあまり神経質になる必要はなく、ちぐはぐに見えないようにだけ気をつければよいでしょう。

以上が男性のドレスコード。一方、女性にとっての腕時計は、これも258頁で述べたように、古くから装飾品としての歴史があります。このため、フォーマルな装いにおいては特に細かい決まり事はなく、ドレスに似合ってさえいればＯＫ。フォーマルなドレスには似合わないスポーツウォッチは、自動的に除外されます。

お仕事でスーツをお召しになる場合は、基本的に男性のドレスコードに準拠。一般にレディスの腕時計の方がデザイン性に富み、フォーマルにもカジュアルにも対応可能なモデルが多いため、着こなしの幅も広めです。ただし、あまり華美な宝飾は、ビジネスの場に相応しいとはいえません。

また、これも一般にレディスの腕時計の方がクオーツ式率が高く、同じブランドの同じラインでもメンズは機械式でレディスはクオーツ式という場合が少なくありません。ひとつの男女差別ですが、おかげで女性が機械式の腕時計をなさっているだけで「おっ」と思われ、営業トークが弾むきっかけになる場合もなきにしもあらずなことを、蛇足までに申し添えます。

あとがき

鉄腕アトムと鉄人28号で育った高度成長期の少年の常としてメカ好きになり、興味の中心がロボットから時計に移って半世紀以上。趣味として、長じては時に仕事として、機械式腕時計の黄金期からクオーツ危機を経ての復活、国際資本によるブランドの統合再編までを見つめてきました。

筆者の時計人生を振り返ると、小学生の頃は家にある時計を片っ端から分解して親に怒られ、中学に入ると骨董市で壊れた安時計を探す楽しみを覚え、高校時代に澁澤龍彦の『胡桃の中の世界』とE・ユンガーの『砂時計の書』を読んで機械式時計の文化的意義に開眼。食うにも事欠く極貧の大学生活を耐え、ようやくまともな時計が買えるようになったのは社会人になってから。時あたかもクオーツ式の全盛期で、日本中の時計店や質店で機械式のデッドストックが投げ売りされていました。調子に乗って買い漁るも、新入社員の安月給ではたちまち資金が枯渇。そんなとき、有楽町の東京交通会館でアンティーク・ウォッチ店「金銀堂」を経営されていた故・米原徹夫さんにG・ダニエルズ博士の名著〝The Art of Breguet〟を薦められ、機械式時計の構造と歴史は書物からも学べる、むしろその方が理解が早いかもしれないと、目からうろこが落ちました。

以来、時計そのものより時計に関する文献を集めることに軸足を移動。インターネットもなく洋書の取り寄せは時間も費用もかかった時代ゆえ、闇雲に古書肆を回り、海外に出るたびに洋書を渉猟してきました。時計関係の本は概して高価な上に大判で重く、帰りの飛行機で手荷物の超過料金を取られることも再三でしたが、それでも現物を買い集めるよりははるかに安上がり。後にバーゼルフェアで意気投合した時計史の世界的権威、R・マイスさんも仰るように、「時計1個の値段で何十冊もの本が買える」のですから。

幸運にもちょうど同じ頃から、時計専門誌に拙稿を寄せる機会をいただけるようになりました。おかげで、趣味として歴史を遡り、仕事を通じて自分では買えない高価な商品にも触れながらメカやブランドの現状を取材するという、我ながら理想的な時計人生を歩んでこられたのです。

＊

本書には、そんな時計人生で学んだ全てを詰め込みました。筆者の怠慢と遅筆と我儘により1年以上かかってしまった執筆・校正作業に辛抱強くお付き合いくださった講談社学芸部学術図書編集次長の原田美和子さんに、まずは心からのお礼とお詫びを申し述べます。

筆者本来の守備範囲である歴史に関しては、これまでも書いてきましたし今後も稿を改める機会があることを期し、誤解されがちな逸話を通じて機械式時計の7世紀を通観するに留めています。その分、基本構造や複雑機構、ブランドに関しては手厚く扱ったつもりですが、筆者自身の理解が及ばず、紙数を費やしてもなお至らぬ点が多々あるかと存じます。わかりやすくしようと図解を簡略化した結果、かえってわかりにくくなったり、辻褄が合わなくなったりした箇所もあるでしょう。あらかじめお詫びするとともに、お気づきの点はどうかご教示くださいますようお願い申し上げます。

またブランドに関しては、本文中にも述べたように今なお再編の真っ最中。現行商品のモデル名や表記もしばしば変わりますので、本書の記載はあくまで２０２０年時点の情報に基づくものとご理解いただければ幸いです。

＊

本書は、半世紀に及ぶ時計人生でお会いしてきた全ての皆様から頂戴したご厚意とご指導の賜物にほかなりません。日頃取材でお世話になっている各ブランドの広報ご担当者や技術者の皆さん、時計関係の仕事を最初にくださった『世界の腕時計』編集長・香山知子さんや本書草稿を査読して最新の情報をご教示くださった『クロノス』日本版編集長・広田雅将《まさゆき》さんら編集者諸氏、服飾や中国茶の師でもある松山猛《たけし》さんはじめ時計評論家の先輩各位に、心からお礼を申し上げます。

G・ダニエルズ博士（中央）来日時に小牧昭一郎先生（右）と（2001年）

セイコーミュージアム 銀座には、同館が東向島にあった頃から取材や文献の閲覧でたびたびお邪魔しています。本書でもご所蔵品を撮影させていただきました。館長の村上斉《ひとし》さんはじめ皆様に、改めて感謝いたします。

本書の中でも特に機構に関する部分は、多くのご専門家の親身なご指導なしには書けませんでした。筆者が文献派に転向するきっかけとなった〝The Art of Breguet〟の著者でもあるダニエルズ博士には、イギリス王領マン島のご自宅と工房にお招きいただき、ご自身の作品とコレクションを通じてさまざまな複雑機構の仕組みを教えていただく光栄に浴しました。ご自慢の1930年代製ベントレーを駆ってのピクニックやF1テレビ観戦のお供をしながら折に触れて時計作りの極意をうかがった、夢のような日々。「昔ながらの完全な手作りで食べていける時計師は私の世代で最後だろうからよく覚えておいてほしい」と仰った寂しげな横顔が、今も忘れられません。

筆者をGPHG（ジュネーヴ時計グランプリ）アカデミー会員に推薦してくださったF＝P・ジュルヌさんとは歳が近いこともあり、来日されるたびに時計談義に花を咲かせ、中でも脱進機の設計に関して興味深いお話をふんだんに聞かせていただいています。天文表示機構について多くの教えを受けたのは、L・エクスリン博士。お話の内容はもちろんスイス特有のドイツ語とジョークが理解できず、しばしばお叱りを受けたことは、本文中でも告白したとおりです。彼ら一流の時計師は皆、歴史にも精通していらっしゃいますので、話し出すと止まりません。

ヒコ・みづのジュエリーカレッジ校長・水野倫理《りんり》さんとウォッチメーカーコース学科長・石崎文夫さんには、同校で機械式時計の歴史を講義する機会を与えて

セイコーミュージアム 銀座にて（2021年）

いただき、おかげで調速理論の第一人者である小牧昭一郎先生やAHCI（独立時計師アカデミー）正会員・菊野昌宏さんら講師の方々の知己を得ることができました。小牧先生とは『ウオッチアゴーゴー』誌で新作時計の機構を解説する連載のお相手を長らく務めさせていただいた中で、専門用語や物理法則をいかに数式を用いず平易な言葉で説明するかを深夜まで語り合いました。このたびは同校の教科書と小牧先生のご著書からの図版やグラフの引用をご快諾いただいたご厚情に、重ねて深謝いたします。

＊

国籍も世代も立場も違う皆さんと、初対面からすぐに歯車が噛み合って打ち解けることができたのも、時計好きという共通点があってこそ。何より感謝すべきは、機械式時計かもしれません。

時計が縁の出会いの場にしばしば同席してくれたのが、『世界の腕時計』から『タイムシーン』を経て『クロノス』日本版の初代編集長を務めた故・古川直昌さんでした。四半世紀にわたってよき話し相手になってくれた同好の士を若くして亡くしたことは、楽しいことばかりだった私の時計人生で唯一最大といっていい痛恨事です。一足先に帰天されたダニエルズ博士をマン島に訪ねた際も、彼が同行してくれました。この拙い一書を、謹んでお二人の霊前に捧げます。

令和3年　7月7日

山田五郎

主要参考文献

外国語文献

Abeler, Jürgen, *Zeit-Zeichen*, Dortmund, 1983

Abeler, Jürgen, *In Sachen Peter Henlein*, Wuppertal, 1980

Bach, Henri, *Das Astrarium des Giovanni De Dondi*, Nürnberg, 1985

Baillie/Lloyd/Ward, *The Planetarium of Giovanni de Dondi*, London, 1974

Breguet, Emmanuel, *Breguet Watchmakers since 1775*, Paris, 1997

Bruton, Eric, *The History of Clocks and Watches*, London, 1989

Cardinal, Catherine, *The Watch*, Fribourg, 1985

Chapiro, Adolphe, *Lépine*, Paris, 1988

Chapuis, A/Droz, E, *Automata*, Neuchâtel, 1958

de Carle, Donald, *Complicated Watches and Their Repair*, London, 1977

de Carle, Donald, *Watch&Clock Encyclopedia*, New York, 1975

Emch, Manuel, *Jaquet Droz*, New York, 2009

Hampel, Heinz, *Automatic Wristwatches from Switzerland*, Atglen, 1992

Hanke, Marcus, Dr., *Ulysse Nardin - The Trilogy of Time*, Le Locle

Howse, Derek, *Greenwich Time and The Longitude*, London, 1997

Huygens, Christiaan, *Horologium Oscillatorium*, Paris, 1673 (reprint London, 1966)

Kahlert/Mühe/Brunner, *Armbanduhren*, München, 1983

Kreuzer, Anton, *Die Uhr aus der Fabrik*, Klagenfurt, 1987

Lang, G/Meis, R, *Chronographen Armbanduhren*, München, 1992

Meis, R, *Das Tourbillon*, München, 1986

Patrizzi, O/Ripa di Meana, C, *Gerald Genta*, Imola, 2006

Richon, Marco, *OMEGA: A Journey through Time*, Bienne, 2007

Robertson, J. Drummond, *The Evolution of Clockwork*, London, 1931

日本語文献

小田幸子、佐々木勝浩監修　『図録　和時計』　財団法人科学博物館後援会　第４版　一九九三年

小田幸子編　『セイコー時計資料館蔵　和時計図録』　セイコー時計資料館　一九九四年

小牧昭一郎　『機械式時計講座』　東京大学出版会　二〇一四年

スウォッチ　グループ　ジャパン編『All about OMEGA』　スウォッチ グループ ジャパン　二〇一〇年

スタジオ　タック　クリエイティブ編『機械式時計入門』スタジオ タック　クリエイティブ　二〇一四年

ドレイク、スティルマン／田中一郎訳　『ガリレオの生涯①〜③』共立出版　一九八四-八五年

ドンゼ、ピエール＝イヴ／長沢伸也監修・訳　『「機械式時計」という名のラグジュアリー戦略』　世界文化社　二〇一四年

ドンゼ、ピエール＝イヴ　『スイス時計産業の展開１９２０－１９７０年』（『経営史学』第44巻第４号）経営史学会　二〇一〇年

中島秀人『ロバート・フック』朝倉書店　一九九七年
ニーダム、ジョセフ／東畑精一、藪内清監修『中国の科学と文明　第9巻　機械工学　下』思索社　一九七八年
原亨吉編、原亨吉他訳『ホイヘンス（科学の名著　第II期10）』朝日出版社　一九八九年
依田和博編『WATCH THEORY I総論』ヒコ・みづのジュエリーカレッジ　二〇〇二年
小牧昭一郎編『WATCH THEORY II脱進機・調速機』ヒコ・みづのジュエリーカレッジ　二〇〇二年
米国時計学会日本支部編『標準時計技術読本』グノモン社　一九六〇年
ユンガー、エルンスト／今村孝訳『砂時計の書』講談社学術文庫　一九九〇年
レティ、ラディスラオ／小野健一他訳『知られざるレオナルド』岩波書店　一九七五年

図版出典

第1章

1 図2 Bruton, Eric, *The History of Clocks and Watches*, London, 1989

1 図4、15 依田和博編『WATCH THEORY I総論』ヒコ・みづのジュエリーカレッジ 二〇〇二年

1 図5、9 Kahlert/Mühe/Brunner, *Armbanduhren*, München, 1983

1 図8 Kahlert/Mühe/Brunner, *Armbanduhren*, München, 1983（一部著者により加工）

1 図10 Breguet, Emmanuel, *Breguet Watchmakers since 1775*, Paris, 1997

1 図11 スウォッチ グループ ジャパン／ブレゲ

1 図13 スウォッチ グループ ジャパン／ブランパン

1 図14 ジャガー・ルクルト提供

1 図16『クロノス日本版 オメガスペシャル オメガのすべて』シムサム・メディア 二〇〇八年

1 図17 セイコーウオッチ（株）提供

2 図1 小牧昭一郎『機械式時計講座』東京大学出版会 二〇一四年（一部著者により加工）

3 図1 小牧昭一郎『機械式時計講座』東京大学出版会 二〇一四年

3 図2 小牧昭一郎『機械式時計講座』東京大学出版会 二〇一四年（一部著者により加工）

3　図5、6、7、8　Hampel, Heinz, *Automatic Wristwatches from Switzerland*, Atglen, 1994
3　図12　ＰＰジャパン株式会社提供
3　図13　小牧昭一郎『機械式時計講座』東京大学出版会　二〇一四年
3　図14　レティ、ラディスラオ／小野健一他訳『知られざるレオナルド』岩波書店　一九七五年
3　図15　Wikimedia Commons
4　図1、8　スウォッチ グループ ジャパン／ブレゲ
4　図3　ＰＰジャパン株式会社提供
4　図11　A.ランゲ&ゾーネ提供
5　図1、2　https://theassayoffice.com/international-convention-marks
5　図3　造幣局ＨＰ
5　図5、6　Kahlert/Mühe/Brunner, *Armbanduhren*, München, 1983

第2章

1　図2　Wikimedia Commons
1　図3、6　Lang, G/Meis, R, *Chronographen Armbanduhren*, Müinchen, 1992
1　図9　依田和博編『WATCH THEORY Ⅰ総論』ヒコ・みづのジュエリーカレッジ　二〇〇二年（一部著者により加工）

2　図1　ＰＰジャパン株式会社提供

3　図1　ＰＰジャパン株式会社提供
3　図4　レティ、ラディスラオ／小野健一他訳『知られざるレオナルド』岩波書店　一九七五年
3　図5、7、9　Hanke, Marcus, Dr., *Ulysse Nardin - The Trilogy of Time*, Le Locle
3　図6　Bruton, Eric, *The History of Clocks and Watches*, London, 1989
3　図8　ヴァン クリーフ&アーペル提供
3　図10　A.ランゲ&ゾーネ提供
3　図11　スウォッチ グループ ジャパン／ブレゲ
3　図12　シチズン時計提供

4　図1、5　ジャケ・ドロー（スウォッチ グループ ジャパン）提供
4　図2　Wikimedia Commons
4　図3　Chapuis, A/Droz, E, *Automata*, Neuchâtel, 1958
4　図4　Emch, Manuel, *Jaquet Droz*, New York, 2009

5　図1　ＰＰジャパン株式会社提供
5　図2　Vulcain Watches 提供
5　図3　ジャガー・ルクルト提供
5　図6、9　Wikimedia Commons

5　図11　オーデマ ピゲ ジャパン提供
5　図12　セイコーウオッチ（株）提供

第3章

1　図1、2　ニーダム、ジョセフ／東畑精一、藪内清監修『中国の科学と文明　第9巻　機械工学　下』思索社　一九七八年
2　図1、2、3　レティ、ラディスラオ／小野健一他訳『知られざるレオナルド』岩波書店　一九七五年
2　図4　Bach, Henri, *Das Astrarium des Giovanni De Dondi*, Nürnberg, 1985
2　図5、6　Wikimedia Commons
3　図2　Wikimedia Commons
4　図1　Wikimedia Commons
4　図2、3　Cardinal, Catherine, *The Watch*, Fribourg, 1985
5　図2、3　セイコーミュージアム 銀座所蔵
5　図7　千葉県香取市　伊能忠敬記念館所蔵
5　図8　国立科学博物館常設展示（株式会社東芝 寄託）

5　図10　菊野昌宏氏提供

6　図1、3、7　Wikimedia Commons

6　図2　ドレイク、スティルマン／田中一郎訳『ガリレオの生涯③』共立出版　一九八五年

6　図4　Huygens, Christiaan, *Horologium Oscillatorium*, Paris, 1673 (reprint London, 1966)

6　図5、6　原亨吉編、原亨吉他訳『ホイヘンス（科学の名著　第II期10）』朝日出版社　一九八九年

6　図8　中島秀人『ロバート・フック』朝倉書店　一九九七年

7　図1、2、10　Wikimedia Commons

7　図3、4、7、8、9　Howse, Derek, *Greenwich Time and The Longitude*, London, 1997

8　図1、2、3　Wikimedia Commons

8　図4、5、6、7　Breguet, Emmanuel, *Breguet Watchmakers since 1775*, Paris, 1997

9　図1　Chapiro, Adolphe, *Lépine*, Paris, 1988

9　図2　Wikimedia Commons

9　図3　FHH (FONDATION HAUTE HORLOGERIE) HP

9　図4　Kreuzer, Anton, *Die Uhr aus der Fabrik*, Klagenfurt, 1987

10　図1、2、3、4　Kahlert/Mühe/Brunner, *Armbanduhren*, München, 1983

10　図5　セイコーミュージアム 銀座所蔵

11　図1　セイコーミュージアム 銀座所蔵

11　図2　Richon, Marco, *OMEGA: A Journey through Time*, Bienne, 2007

13　図1　https://www.eta.ch/en/

13　図2　https://www.sellita.ch/index.php/en/movements

第4章

コラム3　図1～6　Patrizi, O/Ripa di Meana, C, *Gerald Genta*, Imola, 2006

山田五郎（やまだ・ごろう）
一九五八年、東京都生まれ。評論家。ＡＨＳ（イギリス古時計協会）、ＧＰＨＧ（ジュネーヴ時計グランプリ）アカデミー会員。東京国立博物館評議員。上智大学文学部在学中にオーストリア・ザルツブルク大学にて、西洋美術史を学ぶ。現在は西洋美術、街づくり、時計、ファッションなど幅広い分野で講演、執筆活動中。主な著書に『知識ゼロからの西洋絵画史入門』『知識ゼロからの近代絵画入門』（ともに幻冬舎）、『へんな西洋絵画』（講談社）、「闇の西洋絵画史」シリーズ（創元社）、共著に『ヘンタイ美術館』（ダイヤモンド社）など多数。二〇二一年、YouTubeチャンネル『山田五郎 オトナの教養講座』を開設。

本文デザイン　奥定泰之
撮影　椎野　充（講談社写真部）
図版作成　山田五郎　さくら工芸社

機《き》械《かい》式《しき》時《ど》計《けい》大《たい》全《ぜん》

二〇二一年 八月一〇日 第一刷発行
二〇二三年一二月一八日 第七刷発行

著者 山《や》田《ま》五《だ》郎《ご》《ろう》

発行者 森田浩章
発行所 株式会社 講談社
東京都文京区音羽二丁目一二―二一 〒一一二―八〇〇一
電話 (編集) 〇三―五三九五―三五一二
(販売) 〇三―五三九五―五八一七
(業務) 〇三―五三九五―三六一五
装幀者 奥定泰之
本文データ制作 講談社デジタル製作
本文印刷 信毎書籍印刷株式会社
カバー・表紙印刷 半七写真印刷工業株式会社
製本所 大口製本印刷株式会社

ISBN978-4-06-523368-9 Printed in Japan N.D.C.535 397p 19cm
KODANSHA

講談社選書メチエの再出発に際して

講談社選書メチエの創刊は冷戦終結後まもない一九九四年のことである。長く続いた東西対立の終わりはついに世界に平和をもたらすかに思われたが、その期待はすぐに裏切られた。超大国による新たな戦争、吹き荒れる民族主義の嵐……世界は向かうべき道を見失った。そのような時代の中で、書物のもたらす知識が一人一人の指針となることを願って、本選書は刊行された。

それから二五年、世界はさらに大きく変わった。特に知識をめぐる環境は世界史的な変化をこうむったとすら言える。インターネットによる情報化革命は、知識の徹底的な民主化を推し進めた。誰もがどこでも自由に知識を入手でき、自由に知識を発信できる。それは、冷戦終結後に抱いた期待を裏切られた私たちのもとに差した一条の光明でもあった。

その光明は今も消え去ってはいない。しかし、私たちは同時に、知識の民主化が知識の失墜をも生み出すという逆説を生きている。堅く揺るぎない知識も消費されるだけの不確かな情報に埋もれることを余儀なくされ、不確かな情報が人々の憎悪をかき立てる時代が今、訪れている。

この不確かな時代、不確かさが憎悪を生み出す時代にあって必要なのは、一人一人が堅く揺るぎない知識を得、生きていくための道標を得ることである。

フランス語の「メチエ」という言葉は、人が生きていくために必要とする職、経験によって身につけられる技術を意味する。選書メチエは、読者が磨き上げられた経験のもとに紡ぎ出される思索に触れ、生きるための技術と知識を手に入れる機会を提供することを目指している。万人にそのような機会が提供されたとき初めて、知識は真に民主化され、憎悪を乗り越える平和への道が拓けると私たちは固く信ずる。

この宣言をもって、講談社選書メチエ再出発の辞とするものである。

二〇一九年二月　　野間省伸